제 2 판

최신

창의적 공학설계 기초

김창환 저

D.B.Info

PREFACE

지난 몇 년 동안 공학 기술은 고객 필요성의 고도화 그리고 기업의 성장전략에 힘입어 새로운 패러다임 전환을 시도하고 있다. 이러한 발전과 사회 변화로 인하여, 대학교에서 공학기술의 마인드와 체계적인 창의적 공학설계 능력을 심어주기 위하여 공학교육인증제도(ABEEK)를 도입하였다.

초기에는 학생들이 이해하지 못한 상태에서 운영되어 많은 혼란을 경험했지만 지금은 좋은 길라잡이 교재와 교육경험에 의한 노하우를 축적하여 어느 정도 자리를 잡아가고 있는 것 같다. 주로 1학년 신입생들에게 적용되고 있는 과목이기 때문에 문제 인식과 창의적 발상 그리고 아이디어 평가에는 다소 해결해야 할 부분이 숙제라고 생각한다.

종전에 발간된 교재 중에는 기계, 토목, 전자 등의 다양한 공학 분야에 창의적 공학설계를 학습하도록 추구하는 바, 일부 정보통신, 컴퓨터 분야의 학생에게 창의적 공학설계를 적용하기가 어려워 본 교재를 저술하게 되었다.

이 책은 비교적 접근하기 쉬운 용어로 집필하였으며 독자들이 스스로 문제점을 해결할 수 있도록 다음과 같은 내용에 중점을 두었다.

1. 이론을 중심으로 체계적으로 정리하였으며, 문제 탐구를 통해 아이디어 평가를 하는 사례를 수록하여 쉽게 이해할 수 있도록 하였다.
2. 각 장마다 이해력을 높이기 위해 그림을 많이 실었으며 어려운 용어라고 생각하는 부분에는 '용어 설명'이라는 블록에서 설명을 더하였다.
3. 각 장의 끝 부분에 전체 요약을 제시하여 독자들에게 중요한 부분을 한 번 더 상기시켜 정리할 수 있는 기회를 가지도록 하였다.
4. 이해에 대한 폭을 넓히기 위하여 연습 문제를 제시하여 학습자 스스로 종합 · 분석 · 평가할 수 있도록 하였다.

그러나 이와 같이 노력에도 불구하고 만족스럽지 못함을 자인하지 않을 수 없다. 앞으로 계속 노력하여 학문의 발전에 순응시켜 보다 좋은 책으로 개정되기를 바라면서 선배 제현들의 사랑스런 관심과 충고를 바라는 바이다.

끝으로 이 책을 출간하도록 협력을 아끼지 않는 송광헌 사장님에게 감사를 드리며 관심을 늘 보여준 지인들에게 감사를 드립니다.

저자 드림 profeng@hanmail.net

CONTENTS

제1장

역사 속에서 본 공학설계

학습 목표

1. 공학설계의 출현에 대하여 설명할 수 있다.
2. 중세의 공학설계에 대하여 설명할 수 있다.
3. 과학혁명기의 공학설계에 대하여 설명할 수 있다.
4. 산업혁명에 대하여 설명할 수 있다.

설계와 관련된 역사적 배경은 인류가 탄생한 역사만큼 오랜 시간을 거쳐 지금까지 이르고 있다. 인류는 외부 환경에 빨리 그리고 창의적으로 대처할 수 있는 천부적인 능력을 가지고 있다. 이런 능력이 창의적 공학설계에 많은 영향을 주고 있다.

구석기 시대에 선사시대 사람들은 부싯돌을 서로 부딪쳐 불꽃을 만들어 불을 일으키는 것을 배웠다. 이런 활동은 재료의 적절한 선택과 처리, 개개의 부품을 창의적으로 조립하여 새로운 인공물을 만드는 기술을 필요로 하기 때문에 공학설계적인 관점에서 대단히 중요하다.

공학설계는 과학기술을 바탕으로 형성되며 오늘날의 기술 문명이 과학 발전의 토대 위에 서 있으므로 과학을 발전시켜야 우리의 생활이 편리해진다는 말을 늘 듣는다.

실상 과학과 기술은 역사를 따라가 보면 추구하는 목적이나 방법이 다르고 그 기원도 달랐으며 발전하던 시대도 달랐으며 종사해 온 인적자원도 판이하게 다르다. 그러므로 오늘날 과학과 기술이 긴밀하게 연합된 것은 특이한 역사적인 현상이라고 할 수 있다.

이 장에서는 고대의 공학설계에 대한 역사로부터 중세의 공학설계를 거쳐 과학혁명기의 공학설계까지 설계와 관련된 역사적 배경을 통하여 역사 속에서 과학과 기술의 구별되는 특징을 살펴보고자 한다.

1. 공학설계의 출현

신석기 시대 후반에는 농사를 짓기 시작하고 가축을 기르기 시작했다. 나무와 돌로 농기구들을 제작하여 경작하고, 곡식을 탈곡하여 밀가루로 만들면서 농업의 발전은 중요한 공학적 요소를 포함하게 되었다. 거의 같은 시기에 미숙한 형태의 방직 산업이 시작되어 의류 기술이 태동하게 되었다. 이 산업은 초기 형태의 기계들을 만드는데 공학설계 활동을 자극하였다.

기원전 3천년 경에는 이집트와 이라크 등 메소포타미아에서 동시에 문자가 나타났다. 이런 형태의 전달 수단은 주로 상업상의 거래를 하기 위해 개발되었으며 또한 시와 책의 기술을 통해 인류, 즉 호모 사피엔스의 창의성을 발휘하는 계기가 되었다.

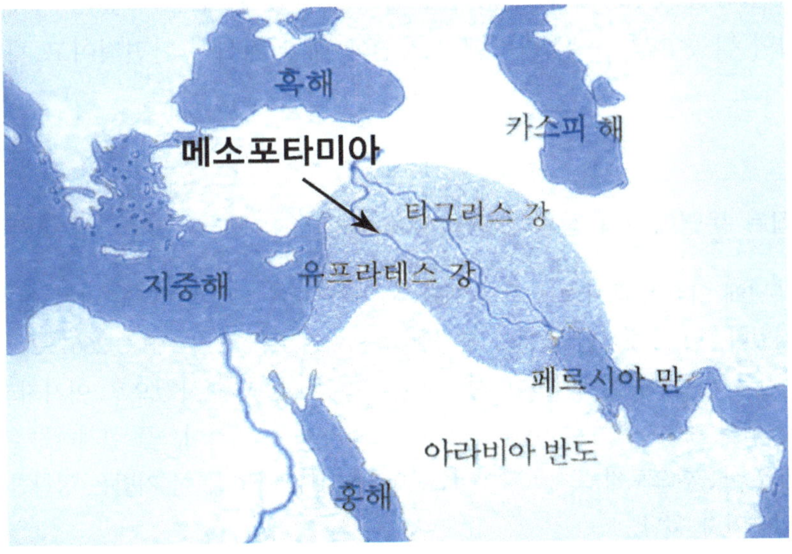

[그림 1-1] 문명 발생 지역(메소포타미아)

이와 같이 기술은 자연에서 살아남기 위해 필요한 방편들을 추구하는 생존적 활동이지만 과학은 자연에 대한 지적 호기심에서 시작된 여가적 활동이라고 할 수 있다. 전자는 먹고 살기 위해 추구하는 것이고 후자는 사람이 먹고 여유가 있을 때 추구하는 것이다.

인류의 역사 초기 원시인들은 자연에 대한 호기심과 생존의 전략을 찾는 설계 과정을 동시에 추구했다. 원시인들은 자신의 주변 세계를 이해하기 위해서 노력함과 동시에 생산성을 높이기 위해서 여러 가지 방편을 찾는 일을 했다. 그들에게도 여가 시간 동안 자연에 대한 호기심을 충족시키기 위한 활동을 했을 것이다. 원시인들의 장례 문화가 좋은 예인데, 그들은 죽은 사람은 다시 살아나지 않으며 인간의 목숨은 유한하다는 과학적 이해에 도달했고 죽음 이후에는 어떤 일이 벌어지는 가에 대하여 호기심이 생겼다. 그래서 죽은 사람을 위하여 평소 사용했던 물건들을 함께 넣어주는 풍습으로 사후 세계에 대한 나름대로의 믿음을 가지고 있었다.

기술이 일정 수준에 도달했을 때 과학은 점점 쇠퇴하고 있었으며 호기심 차원의 자연 현상에 대한 탐구는 더 이상 기술상의 발전과 연결되지 않았다. 기술은 이제 전문적인 엔지니어들의 전문 분야가 되었다. 이들은 엔지니어들이 필요한 기술의 진보를 위해서 자연에 대한 더 깊이 있는 지식을 요구하게 되었지만 공학적인 설계 관점에서 볼 때 지식 활동 자체가 직업에 대한 필수 요소로 간주되었다.

이집트 문명이나 메소포타미아 문명에서 발견되는 창의적 활동, 천문 관측, 달력 제작, 기하학, 의술 등은 실용적인 목적에 의해 기술적 산물을 생산하기 위한 공학설계의 결과물이다. 이러한 활동을 성공적으로 수행하기 위해서 자연에 대한 더 깊은 이해가 필요하지만 이것은 과학 활동이라고 단정하기에는 자연에 대한 지식이 단편적이고 체계가 결여되어 있다.

쉼터 **이집트 문명에서의 창의적 공학설계 활동**

기원전 2630년에 이집트 멤피스 근처의 계단식 파라미드가 임호텝이라고 하는 엔지니어에 의해서 설계되었다. 이 세계적인 고대의 불가사의는 이집트왕 조세르(B.C.2667~2648)를 보호하기 위해 건설되었는데 설계자가 역사 속에 기록된 첫 번째 사건으로 여겨지고 있다.

그 후에 임호텝의 계승자들이 기자에 있는 케오프스의 대형 피라미드를 설계하는 과정에서 해석적인 기법을 사용함으로써 토목공학이라는 직업을 태동시켰다. 이 기법은 정확한 대수와 기하학으로 이루어져 있다.

한편, 기술과 분리된 독립적인 여가 활동으로서의 과학의 출현 과정에서 일반적이고 보편적인 자연에 대한 설명 방식이 추구되었고 고대 그리스 사상가인 탈레스가 창시하였다.

인물연구 **탈레스(Thales, B.C.624~546)**

물이 모든 물질의 본질이라는 데 기초한 우주론과 많은 연구자들이 B.C.585년 5월 28일에 일어난 것으로 추정하는 일식을 예언한 것으로 유명하다. 그리스의 사상가 아폴로도로스에 따르면 탈레스는 B.C.624년에 태어났다. 그리스의 역사학자 디오게네스 라에르티오스는 제58회 올림픽 대회(B.C.548~545) 때를 그가 죽은 나이(78세)로 잡았다.

그는 만물이 물로 이루어져 있고 물 위에 떠 있는 평평한 땅과 그 위를 덮고 있는 둥근 하늘로 세계를 묘사했다. 이는 곧 자연철학의 시작이 된 계기가 되었다. 그러나 그가 주장한 이론에 대해서 비판하고 견제하는 사람들이 있었는데 아낙시만드로스, 아낙시메네스가 대표적인 인물이다.

그러나 일단 과학 활동 자체가 생계 수단을 제공하기는 어려웠기 때문에 스스로 먹고 살 수 있는 재원을 마련할 수 있거나 후원을 받아야만 했다. 그런 의미에서 소피스트의 출현은 지식을 사고파는 일이 하나의 직업이라는 사실을 암시하고 있다. 이런 근거들 때문에 여러 철학 학교들이 설립되어 운영될 수 있었다. 플라톤의 아카데미아나 아리스토텔레스의 리케이온, 에피쿠로스학파나 스토아학파도 이러한 지식 탐구를 통해서 과학의 가치를 높였다.

용어설명 **소피스트(sophist)**

'소피스트'라는 말은 그리스어 sophists에서 유래했으며, '영리한' 또는 '능숙한 사람'을 뜻했으나 점차 '현인'이라는 뜻으로 사용되었다. B.C.7~6세기의 '7현인'도 소피스트라고 불렸다. 프로타고라스는 소피스트를 '직업적 교사'라는 뜻으로 썼지만 사실은 현인이라는 뜻과 연결된, 지혜의 교사라는 뜻도 나타내려고 했다. 소피스트가 '궤변가'라는 뜻으로 쓰이게 된 것은 순전히 플라톤과 아리스토텔레스 때문이다. 로마 시대에는 일반적으로 수사학자 · 산문작가를 뜻했고, 이들이 2차 소피스트 운동을 했다.

이렇게 과학이 나름대로의 존속의 이유를 찾아나가는 동안 기술은 다수의 장인들에 의해 발전되었다. 주로 장인들은 사회에서 하층계급에 속하여 있었고 손을 써서 하는 노동에 대한 그리스인들의 천대 때문에 그들의 기술상 혁신이 별로 사회에서 인정받지 못했다.

B.C.1000년에 발생한 그리스 문명으로 인하여 지중해 일대에는 새로운 창의성이 탄생되기 시작하였다. 그리스인들은 그 시대의 가장 진보된 재료, 즉 철을 사용하였다. 이와 같이 단단하고 강한 재질과 풍부한 재료를 바탕으로 그들은 공학설계를 한 단계 발전시킬 수 있었다. 아마도 그 시대의 가장 위대한 인물은 시라쿠사의 아르키데메스(B.C.287~ 212)일 것이다. 그는 과학자이면서 엔지니어였는데 다양한 무기를 발명했다. 또한 이외에 복합 도르래와 아르키데메스의 나사 펌프를 발명하였다.

2. 중세의 공학설계

기술과 과학이 별개의 활동으로서 서로 다른 목적을 가지고 다른 인력에 의해 추구되다 보니 한쪽의 발전이 반드시 다른 쪽의 발전을 저해했다. 예를 들면, 그리스 문명과 로마 문명을 비교할 때 그리스 문명이 과학적 업적이 두드러지는 반면 로마 문명은 기술적 업적이 두드러진다. 전자는 체계적이고 이론적인 자연에 대한 설명들을 다양하게 제시한 반면에 기술상 혁신은 미약했다. 반면에 후자는 매우 실용적이어서 그리스의 이론적인 과학 지식을 쓸데없는 활동으로 여겼고 건축이나 도로 건설, 수차 건설 등 실제적인 기술상의 진보를 이루어 내는 데 탁월했다.

중세 전기 동안 서유럽에서의 과학은 처참한 상태에 빠져 있었는데 공학설계를 주도하는 기술은 발전에 발전을 거듭하였다. 그리스의 과학 전통을 로마인들이 무시한 탓에 수준 높은 과학 문헌들이 후대에 제대로 계승되지 않았고 알렉산드리아의 도서관이 불타면서 그리스의 과학 전통은 거의 소실되다시피 했다.

이 시기에 중동과 중국을 포함한 좀 더 성숙한 문명 지역의 아이디어를 결합하여 사용하면서 기계를 토대로 한 문화가 나타나기 시작하였다. 이런 시도는 풍차의 설계와 제작, 동력을 발생시키기 위한 수차, 좀 더 효율적인 경작을 위한 농기구, 선반의 발명, 원운동을 왕복운동으로 바꿔주는 링크 기구의 고안 등으로 이어졌다. 이 시기의 혁신적인 설계는 르네상스 시대의 많은 학습과 변화의 기초가 되었다.

공학설계로 인한 기술상의 변혁은 계속적으로 요구되었다. 특히 농업상의 혁명이 두드러졌다. 지중해 지역에서는 긁는 쟁기로 밭을 갈아주어도 필요한 수확을 얻기에 충분하였지만 알프스 이북 지역의 농경지에서는 취약한 환경으로 인해 무거운 쟁기가 개발되었다. 무거운 쟁기는 사람의 힘으로는 끌 수 없었기 때문에 몇 마리의 소를 이용해야 했고 개인이 구입하기에는 너무 비쌌기 때문에 마을 공동체가 공동으로 구입하여 운영할 필요성이 생겼다. 이것이 장원제도가 형성되는 계기가 되었다.

용어설명 **공학(engineering)**

천연자원을 인간에게 이익이 되도록 최적으로 바꾸기 위해 과학을 응용하는 학문으로 'engine'과 'ingenious'는 '창조하다'는 뜻의 동일한 라틴어 'ingenerare'에서 유래했다. 초기의 영어 동사 'engine'은 '발명하다'를 뜻했다. 따라서 전쟁용 발명(engine)은 투석기나 공격용 탑과 같은 장치였다. 이러한 것들을 고안하는 사람들은 엔지니어(engineer) 또는 군사공학자(military engineer)들이었다. 이와 대응되는 사람들은 토목 공학자였으며, 이들은 똑같은 지식과 기술을 구조물, 도로, 상수도, 하수처리시설 그리고 민간인에게 도움이 되는 여러 가지 공사에 적용했다.

8세기에서 9세기 사이에 유럽의 생산력을 크게 높일 또 다른 공학설계상의 혁신이 일어났는데 말과 쟁기의 융합이었다. 말의 경정맥을 누르지 않는 마구의 발명으로 말을 견인 동물로 쓰게 됨으로써 농업 생산력은 크게 증가하였다. 또한 그 후에 11세기에는 편자가 널리 사용되면서 말은 더 강한 힘을 발휘할 수 있는 길이 열렸다.

중세에는 동력을 이용하는 공학설계의 진화가 두드러졌다. 캠(cam)이라는 부품을 사용하게 된 것이 물레방아를 다양한 용도로 이용할 수 있는 길을 제시하였다.

용어설명 **캠(cam)**

기계의 회전 운동을 왕복 운동이나 진동 따위로 바꾸기 위한 장치이다.

이 발명품에 대한 첫 번째 언급은 890년에 생갈 수도원에서 나타났다. 이 장치는 B.C. 2, 3세기까지 거슬러 올라가는 헬레니즘 시대의 발명품이었다. 그것의 가장 단순한 형태는 굴대의 측면에 고정시킨 나뭇조각이었다. 캠과 수차의 융합으로 유럽은 아주 적기에 필요한 동력원을 얻게 되었다.

용어설명 **생갈 수도원**

스위스에 위치해 있으며 중세 유럽에서 가장 큰 양조장을 갖고 있던 곳으로 유명하다.

이렇게 기술상의 발전이 중세동안 이룩된 것을 보면 과학의 뒷받침이 없어도 기술 혁신은 가능하다는 것을 알 수 있다. 과학이 침체되어 있었기 때문에 기술상의 발전이 침체될 수밖에 없었던 것이 아니라 기술 자체의 혁신 경로를 따라 공학설계의 혁명이 일어날 수 있었다.

쉼터 **공학설계**(ABET, 1997)

공학설계란 필요한 것을 만들기 위해 시스템, 요소, 프로세스를 고안하는 과정이다. 즉, 기초 과학, 수학, 공학을 적용해 자원을 목표에 부합하도록 가공하는 의사결정 과정이다.

3. 과학 혁명기의 공학설계

이 절에서는 과학에 뚜렷한 변화가 일어난 르네상스 시기와 과학 혁명기는 어떠하였는지 살펴보도록 한다.

14세기에서 16세기에 걸쳐 유럽에서의 르네상스는 중세에서 현대로 옮겨가는 가교 역할을 했다. 이 시기의 르네상스는 예술과 과학 전반에 걸쳐 일어났다. 사실상 1500여 년 전에 그리스인들이 정역학의 기초를 마련한 후 처음으로 과학적인 사고에 큰 변화가 일어났다. 이런 변화로 인해 르네상스 시대의 사람인 레오나르도 다빈치로부터 비롯한 다양한 발명품과 창의적인 설계가 창출되었다. 이 천재는 예술과 과학에서 엄청난 재능을 가지고 있었는데 '모나리자'와 '최후의 만찬' 그리고 4,000쪽에 달하는 생명공학, 광학, 유체역학, 생리학, 기계설계에 관한 도표와 글에 그의 천재성이 나타나 있다.

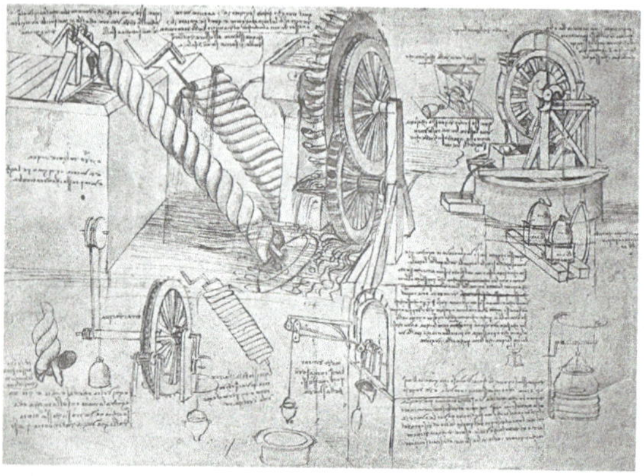

[그림 1-2] 공작기계

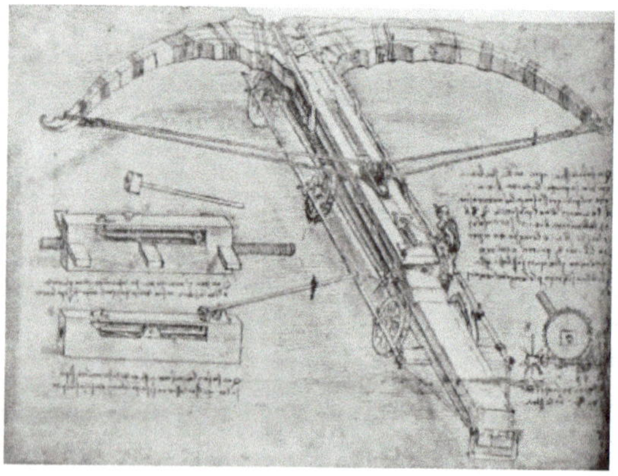

[그림 1-3] 초대형 발리스타

인물연구 **레오나르도 다빈치**(1452~1519)

레오나르도 다빈치는 15세 때부터 안드레아 델 베로키오의 도제가 되어 회화 · 조각 등 여러 분야에서 훈련을 받았다. 20세 때 화가 길드에 들어갈 수 있었지만, 스승의 공방에 더 머물면서 기량을 키워나갔다. 이후 밀라노 대공의 후원으로 17년간 밀라노에 머물렀는데, 이 시기에 '최후의 만찬' 등 대작을 그렸다.

생애 후기에 그는 그림보다 과학에 매달려 인체를 해부하고 신체기관을 연구했으며, 새의 비행이나 물의 성질 등을 연구했다. 말년에는 정부로부터 '왕의 수석 화가 · 건축가 · 기술자'라는 칭호를 부여받았다. 이 시기에 신비감을 주는 그림을 소작 남겼고, 과학 연구를 분류 · 편집하며 대부분의 시간을 보냈다.

용어설명 **발리스타**

활의 원리를 이용하여 큰 목제의 틀에 동물의 힘줄, 말의 털, 여자의 머리털 등으로 만든 시위를 걸고 그 장력을 이용해서 돌, 나무 탄알, 화살, 창 등을 날리도록 만든 장치이다.

16세기와 17세기에 전통적인 방법이 점차적으로 공학 원리에 근거한 분석적인 방법으로 대체됨에 따라 새로운 공학설계의 시대가 오게 되었다. 시행착오적인 방법이나 입으로 전해 내려오던 경험적인 방법으로 이루어져 있던 공학기술에 이론을 근거로 한 과학적인 방법이 추가되었다.

대표적인 기술상의 변혁으로 두드러지는 것은 전쟁 기술의 발전이었다. 화약의 도입으로 총포가 유입되면서 전쟁 기술 자체에 근본적인 변화가 일어났다. 총은 14세기 중엽부터 사용되기 시작했고 15세기 초부터 대포가 사용되기 시작했다. 전자는 전투 방식의 변화를 가져왔고 후자는 축성술 자체의 변화를 가져왔다. 포를 정확하게 사격하기 위해 평판 측량술이 발전하였고 이는 지도 제작 기술의 발전으로 이어졌다.

많은 학자들이 제안된 업적으로 인해 혁신적인 발전이 이루어져 과학 혁명기에서의 공학설계를 이어갔다. 갈릴레오는 천문학의 아버지이며 그의 관찰은 현대 수학의 발전에 대한 논리적인 선구자 역할을 하였다. 케플러는 천체운동의 법칙과 기하학의 개념을 정립하였다. 뉴턴은 운동법칙과 미분학을 정립하였고 내피어는 대수학을 개발하였다.

금속을 녹이는 제련기술의 발명, 이와 관련된 금속처리 기술의 개발, 그리고 대수와 기하학의 사용은 인류를 지구상에서 가장 강력한 존재로 만들었다, 그리고 사상 처음으로 이들은 복잡한 공학적인 원리를 사용하기에 이르렀다.

한편, 지리상의 발견과 해외 무역에서 핵심적인 역할을 한 조선술과 항해술의 발전에 대하여 살펴본다. 범선의 제작술에 있어서 가장 뛰어났던 나라는 네덜란드이다. 16세기 말에 네덜란드에서는 플루이트라는 범선을 제작함으로써 해외 무역을 독점했다.

원거리 항해를 위해서 꼭 필요한 것은 배가 어느 위치에 있는 지를 정확하게 알기 위한 측정 기구들이다. 정밀한 천문표와 나침반 그리고 측도계를 사용하면 배의 위도를 알아낼 수 있었고, 용수철을 사용하는 기계식 시계를 사용함으로써 경도를 알 수 있다. 정밀한 천문표를 얻는 것은 천문학에서 오래전부터 추구해 왔던 관측 천문학의 결과물이었는데 그 활동 자체를 과학의 범주에 넣는 것은 실용성에 위배된다.

17세기에 유럽 경제를 발전시킨 기술상의 변혁들도 과학의 도움을 받은 것은 거의 없었다. 다만 새롭게 등장한 과학과 기술의 연결은 기구를 통한 것이었다. 기구를 제작하는 것은 기술의 뒷받침에 크게 의존했다. 과학에서 경험주의가 진작되면서 실험과 관측을 중시하게 되었고 정확한 관찰을 수행하기 위해 기구를 사용해야 할 것이 요청되면서 기구를 통해 과학과 기술이 긴밀하게 맞물리기 시작한 공학설계의 개념을 구축하기 시작했다.

17세기 초 경험주의를 진작시키고 실험 과학을 진작시키는데 결정적인 기여를 한 사람은 공학의 개념을 정립한 베이컨이다. 베이컨은 과거의 지식을 비판하면서 지식의 개혁을 주장했는데 그가 타파해야 할 네 가지 우상, 곧 종족의 우상, 동굴의 우상, 시장의 우상 그리고 극장의 우상으로서 공리공론을 바탕으로 한 이론은 인정하지 않고 철저하게 경험을 토대로 한 기술만을 인정하였다.

결론적으로 기술은 경험을 중시하고 실물을 직접 다룸으로써 진일보한 공학을 설계하고자 했고 그것은 효과가 있었다. 그러므로 과학도 기술을 따라서 경험적 방법과 손을 써야 하는 작업으로 인류에게 유익을 끼칠 수 있는 공학을 창출해야 한다고 보았다.

과학 혁명기 때 변화를 거듭했던 천문학, 역학 그리고 생리학이 새로운 이론의 출현으로 새로운 변화를 겪었는데 이러한 과학이 새로운 기술상의 혁신을 이루기에는 아직 충분히 성숙하지 않았을 뿐만 아니라 실용적인 기술에 응용될 성격의 지식과 긴밀하게 연결되지 않았다.

4. 산업혁명과 공학설계

1750년부터 1900년까지 영국에서 산업혁명을 불러온 중요한 사회적 변화의 시기에는 수많은 혁신적인 공학시스템이 설계되었고 이 변화를 통해 농업경제 기반의 국가를 산업국가로 탈바꿈시켰다. 증기 동력은 주조, 섬유산업, 선박, 기차, 석탄 광산 등에서 사용되었다. 공학의 여러 분야가 좀 더 발달되고 다변화됨에 따라 공학이 더 뚜렷하게 구체화되었다. 더 나아가서 토목, 기계, 전기, 화학 공학 분야별로 학회가 성립하게 되었으며, 이들 전문학회가 활발하게 움직임으로써 각 분야의 공학설계 방법이 발달하게 되었다.

사건연구 **산업혁명**

산업 혁명의 특징은 기술적 측면에서는 철과 같은 새로운 소재 사용, 석탄, 증기, 전기 및 내연 기관과 같은 새로운 에너지원 이용, 새로운 기계의 발명, 공장제 노동의 발달, 교통과 통신의 발전, 과학의 산업적 응용 등이 있다. 산업 혁명은 사회관계에서도 큰 변화를 가져왔는데 특히 산업 부르주아지와 임금 노동자라는 새로운 계급을 만들어 냈다. 특히 전통적 지배계급이었던 지주 계급에 대해 부르주아지가 신흥 지배 계급으로 등장했다. 또한 산업 혁명은 17세기까지 총인구의 3/4를 차지하고 있던 농민 인구의 비율을 감소시키고 도시 주민의 비율을 늘어나게 한 도시화 과정을 동반했다. 도시화는 공동체적 농경 사회를 해체시켰고, 주택문제, 빈민층과 같은 도시 문제를 발생시키기도 했다.

산업혁명을 특징짓는 새로운 발전은, 가내 수공업 중심의 소규모 산업 체제가 공장제로 알려진 대규모 작업 조직체로 변모한 것이었다. 이러한 변화를 근본적으로 가능하게 한 것이 새로운 에너지원의 사용이었다. 증기 기관으로 대표되는 동력 혁명으로 인해 운송이 가속화됨으로써 물품 생산과 소비가 신속하게 소통될 수 있었고 원거리 이송을 통해 무역의 효과를 극대화하여 큰 수익을 창출시켰다.

이러한 산업상의 변화는 국가와 사회와 인간의 삶까지 변화시키는 특징을 낳게 되었다. 제국주의와 해외 팽창, 계급 차별과 노동의 문제, 그리고 보통 교육과 도시 생활 등 산업 사회의 특징적인 요소들이 출현하였다.

산업혁명은 과학과 기술에 대한 현대적 관념을 과거에 투영한 결과이다. 산업혁명을 유발한 핵심적인 요인은 새로운 과학 지식에 있었던 것이 아니라 축적된 자본과 자본을 투입할 만한 기술의 창출에 있었다.

쉼터 **빛의 과학**

이슬람 세계의 과학자 이븐 알하이삼은 "빛은 눈에 보이는 물체로부터 온다."는 가장 기본적인 원리를 찾아냈다. 그전까지는 눈에서 빛이 발사되기 때문에 볼 수 있다고 생각했다. 알하이삼은 빛이 물체 자체에서 나오며, 이 빛이 눈의 굴절에 의해 안구 안쪽으로 들어와 신경과 뇌에 이미지를 심어준다고 주장했다. 그는 이 같은 주장을 1015년 '광학의 서(書)'로 집대성했다. '광학'은 12세기 말과 13세기 초에 라틴어로 번역돼 서구에 알려졌다.

프랑스의 물리학자 프레넬이 1814년 빛이 파동임을 증명하였는데 빛의 에너지가 마치 물결처럼 일정한 굴곡을 갖고 있다는 것이다. 당시 과학계에서는 '빛이 입자'라는 아이작 뉴턴의 주장이 절대적인 지지를 받고 있었다. 프레넬은 이에 맞서 빛이 파동이어야만 관찰할 수 있는 간섭(서로 다른 빛을 동시에 비추면 세지거나 약해지는 현상)을 실험으로 보였다. 빛이 입자라면 합쳐진 빛은 무조건 강해져야 하지만 그렇지 않다는 것이다.

오늘날 빛은 파동을 가진 입자로 이야기한다. 영국의 물리학자 맥스웰은 1865년 전기장과 자기장이 한 쌍이 되어 공중으로 전달되는 것이다, 빛도 전자기파의 일종일 것이라고 예언했다. 맥스웰의 전자기파 이론은 오늘날 레이저에서 DVD, 무선통신에 이르기까지 IT 산업의 기초가 됐다.

1915년에는 아인슈타인이 프로이센과학아카데미에 일반상대성이론 논문을 제출했다. 강한 중력 속에서 빛의 진로가 굽어진다는 일반상대성이론은 현재까지 중력과 관련된 가장 확고한 이론의 위치를 지키고 있다.

1965년 찰스 가오는 중심의 굴절률이 높고, 바깥 부분은 굴절률이 낮은 유리를 사용해 광섬유를 만들어냈다. 이 기술을 이용하면 내부 에너지가 밖으로 빠져나가기 힘들어 데이터 손실률이 낮고, 외부 영향도 거의 받지 않는다. 인터넷이 수천km 거리에서도 서로 연결될 수 있는 비결이다. 가오는 이 공로로 2009년 노벨 물리학상을 받았다.

연습문제

1. 소피스트의 탄생 배경과 관련되는 철학자들의 활동에 대해 서술하시오.

2. 중세 시대의 기술과 과학의 추구 방향에 대한 차이점을 자세히 설명하시오.

3. 베이컨의 실험 과학을 설명한 후 타파해야 할 우상에 대해 열거하고 이유를 서술하시오.

4. 산업혁명의 탄생 배경과 문제점을 설명하고 해결방안을 제시하시오.

5. 20세기 활동했던 과학자들을 예로 들고 추구했던 업적에 대하여 자세히 서술하시오.

요약

1. 기술은 자연에서 살아남기 위해 필요한 방편들을 추구하는 생존적 활동이지만 과학은 자연에 대한 지적 호기심에서 시작된 여가적 활동이다.

2. 고대 과학의 출현 과정에서 일반적이고 보편적인 자연에 대한 설명 방식이 추구되었고 고대 그리스 사상가인 탈레스가 창시하였다.

3. 고대 철학 학교에서는 플라톤의 아카데미아나 아리스토텔레스의 리케이온 그리고 에피쿠로스학파나 스토아학파가 있다.

4. 아르키데메스는 과학자이면서 엔지니어였는데 다양한 무기를 발명했을 뿐만 아니라 복합 도르래와 나사 펌프를 발명하였다.

5. 그리스 문명이 과학적 업적이 두드러지는 반면 로마 문명은 기술적 업적이 두드러진다.

6. 레오나르도 다빈치는 예술과 과학에서 엄청난 재능을 가지고 있었는데 '모나리자'와 '최후의 만찬' 그리고 생명공학, 광학, 유체역학, 생리학, 기계설계에 관한 이론을 제시했다.

7. 경험주의를 진작시키고 실험 과학을 진작시키는데 결정적인 기여를 한 사람은 공학의 개념을 정립한 베이컨이다.

8. 산업혁명은 수많은 혁신적인 공학시스템이 설계되었으며 농업경제 기반의 국가를 산업국가로 탈바꿈시켰다.

9. 산업혁명을 통해 제국주의와 해외 팽창, 계급 차별과 노동의 문제, 그리고 보통 교육과 도시 생활 등 특징적인 요소들이 출현하였다.

제2장

공학설계

학습 목표

1. 공학 포지셔닝에 대하여 이해할 수 있다.
2. 공학설계의 정의에 대하여 이해할 수 있다.
3. 창의적 공학설계에 대하여 이해할 수 있다.
4. 지식 창조를 공부하고 이해할 수 있다.
5. 의사소통의 장애 원인에 대하여 이해할 수 있다.

우리 주위에는 과학(science), 기술(technology) 그리고 지식(knowledge) 등 인류 역사와 함께 해 온 단어들이 무수히 존재하는 데 그 중에 공학(engineering)이라는 용어는 무수히 많이 들었으며, 현재 공부하는 분야가 바로 전문 공학의 일부라는 것을 알 수 있다.

인터넷 포털 사이트에서 검색해보면 공학이란 "천연자원을 인간에게 이익이 되도록 최적으로 바꾸기 위해 과학을 응용하는 학문"으로 정의하고 있다. 자연과학을 연구해 온 학자들에 의해서 응용 분야의 연구로 해석되었으므로 기술과 과학을 접목하여 공과대학이 19세기 후반부터 출현하여 공학이란 학문을 오늘과 같은 의미로 사용하게 되었다.

우리가 사용하는 제품은 우연히 생긴 것이 아니며, 대부분 엔지니어가 설계하여 공장에서 제조한 공산품이다. 공산품이 성공적으로 사용되기 위해서는 고객의 요구 사항을 만족해야 하며, 사회에 유익해야 하고, 합리적인 가격이어야 한다. 따라서 제품을 생산 판매하는 개인이나 회사가 성공적인 사업을 하기 위해서 가장 중요시해야 할 일이 '공학설계'라고 할 수 있다.

오늘날 대부분의 공산품은 대량으로 생산하여 판매된다. 대량 생산의 경우, 생산, 판매, 품질 보증 등에 소요되는 비용이 많이 든다. 만일 생산된 제품이 사람의 건강이나 안전에 관련된 물건이나 시설일 경우, 예기치 못한 사고로 인해 큰 피해가 발생될 수 있다. 그러므로 '공학설계'의 중요성은 아무리 강조해도 지나치지 않다.

본 장에서는 공학 포지셔닝(positioning)을 공부한 후에 공학설계의 정의에 대하여 공부하도록 한다.

1. 공학 포지셔닝(Positioning)

공학(engineering)은 천연자원을 인간에게 이익이 되도록 최적으로 바꾸기 위해 과학을 응용하는 학문이다. 종종 과학과 기술을 혼동되어 사용되기도 하며, 시대적, 문화적, 환경적 요인에 따라 구분하기는 어렵지만, 공학은 그 동안 많은 학자들과 여러 협회에 의해 발전해왔다.

미국의 공학인증협회(Accreditation Board for Engineering and Technology), 즉 ABET에 의하면 "공학은 연구, 경험과 숙달된 실천적 연습으로 얻어진 수학과 자연과학 지식을 인류의 이익을 위하여 자연물질과 에너지의 경제적 이용 방법 개발에 사려 깊게 적용한 분야"라고 정의한다.

미국의 NSF(National Science Foundation)에 의하면 "과학은 현상을 탐구하는 과정으로서 이러한 과정을 통해서 이론, 개념, 방법 및 결과들로 이루어진 지식의 총체에 도달하게 된다."라고 정의한다. 이때 공학은 문제의 해결 방안을 탐구하는 과정으로서 이 과정을 통해서 개념, 방법, 데이터베이스, 많은 경우에는 발명, 설계, 제품 같은 결과를 물리적 표현 등으로 만들어진 지식의 총체에 도달하게 된다.

[표 2-1] 공학과 과학, 기술의 정의

구 분	내 용
과 학	– 자연에 대한 지적 호기심에서 시작된 여가적 활동 – 자연세계에서 보편적 진리나 법칙의 발견을 목적으로 한 체계적 지식
공 학	– 자연자원을 인간에게 이익이 되도록 최적으로 바꾸기 위해 과학을 응용하는 학문
기 술	– 자연에서 살아남기 위해 필요한 방편들을 추구하는 생존적 활동 – 공학의 연구결과를 바탕으로 제품을 제작 및 생산하는 과정과 이에 소요되는 요소들

공학과 기술은 추구하고자 하는 지향 목표에 따라 서로 차이가 나는데 전자는 실천적 활동을 추구하며, 추상적 이론보다는 실용성, 효용, 디자인을 강조하여 실제 생활에 편리함을 주는 공산품을 창조하기 위하여 과학을 응용하지만 후자는 생존적 활동을 추구하며 공학의 연구결과를 바탕으로 제품을 생산하는 과정과 수반되는 요소들을 요구한다.

이러한 관계를 정립하면 공학과 과학 및 기술의 상호 관계를 [그림 2-1]을 통하여 알 수 있다.

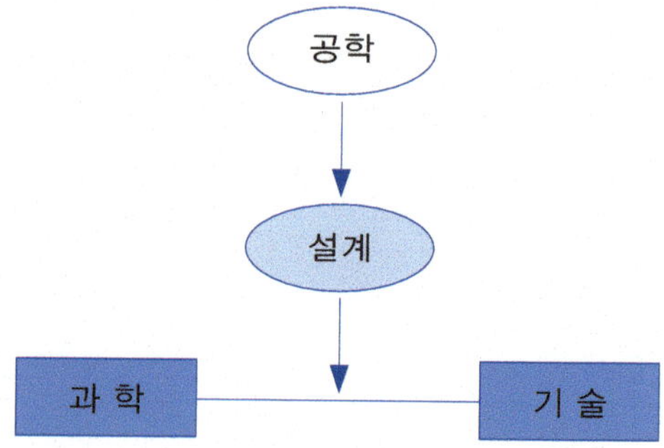

[그림 2-1] 공학, 과학 그리고 기술과의 관계

공학에는 일정한 분류 기준이 없으며 19세기 말에서부터 기술이 자연과학과 밀접한 관계를 갖게 되고, 자연과학의 대상을 기초로 하는 응용과학의 각 부문이 공학의 체계에 더해지게 되었다.

공학체계는 종합화되면서 또한 세분화되고 어떤 공학 분야는 몇 개의 다른 명칭을 갖게 되기도 하며, 또 대상이 중복되는 경향을 피할 수 없다. 현대공학은 대략적으로 기구와 동력을 대상으로 하는 기계공학, 에너지 및 정보 전송을 대상으로 하는 전기전자공학, 반응과 장치를 대상으로 하는 화학공학, 재료와 자원을 대상으로 하는 재료공학 및 구조와 시공을 대상으로 하는 건축공학 및 토목공학의 5대 분야로 분류할 수 있다.

쉼터 **전자공학의 시대적 특징**

1980년대 중반에 전자산업은 미국의 가장 큰 제조업이 되었고 일본과 서유럽은 물론 한국에서도 크게 발달했다. 전자공학이 현대생활에 미치고 있는 영향은 19세기의 산업혁명에 견줄 만하며 세계는 전자혁명의 물결 속에 있다 해도 과언이 아니다. 현재 정보는 신호를 펄스군(群)으로 바꾸어 디지털 형태로 전달된다. 음성 · 텔레비전 · 컴퓨터 정보를 하나의 채널을 통해 일련의 신호로 보내는 것이 디지털 기술의 발달로 인해 가능해졌다. 또 산업용 기계의 전자제어와 제조과정의 자동화로 인해 생산성과 효율면에서 획기적인 개선이 이루어졌다.

2. 공학설계의 정의

1) 사전적 의미

공학설계에 대한 공식적인 정의라고 생각되는 미국의 공학인증협회(ABET, Accreditation Board for Engineering and Technology)의 정의를 보면 “공학설계란 필요한 것을 만들기 위해 시스템, 요소, 프로세스를 고안하는 과정이다. 즉, 기초 과학, 수학, 공학을 적용해 자원을 목표에 부합하도록 가공하는 의사결정 과정이다.”라고 서술하고 있다.

[그림 2-2] 미국공학교육인증협회 사이트

한편, Clive L. Dym(1994년)은 “설계란 그 형태와 기능이 목표에 부합하고 구체적인 조건들을 충족시키는 제품에 대한 체계적이고 지적인 창조 행위이자 평가 행위"라고 정의하였다.

공학설계는 목표하는 기능과 성능을 포함한 제반 요구조건을 만족하는 시스템이나 시스템의 일부를 고안하는 전 과정을 포함한다. 설계 과정을 표현하는 구성 요소에는 목표와 기준의 설정, 합성, 분석, 제작, 시험, 평가 그리고 결과 도출 등이 포함된다. 또한 여러 가지 현실적인 제한 조건 즉, 경제, 환경, 사회, 윤리, 미학, 보건 및 안전, 생산성과 내구성, 산업표준 등을 반영해야 한다.

공학설계 과정에서 다루어야 할 내용들을 자세히 살펴보면 다음과 같다.

① 고객 요구를 공학 기술로 바꾸어서 제품으로 만들 수 있도록 하기
② 기계, 토목, 건축, 전기, 컴퓨터, 화공, 디자인 등 거의 모든 분야의 지식과 기술을 통합적으로 응용하기
③ 구체적으로 특성을 정하고, 그 특성의 성능이 발휘되도록 기술을 적용하기
④ 부품들을 자체 제작할 것인지, 외부에 제작 의뢰할 것인지를 결정하기
⑤ 제품의 소형 제품을 제작하여 시험 평가해서, 설계 목표에 맞는 지를 확인하고, 부족한 경우에는 상위 설계 단계로 피드백하기
⑥ 시장에 판매된 제품에 관한 고객의 반응을 조사하고, 개선 제품의 설계에 반영하기

고전적인 생산 설계는 [그림 2-3]에서 판매에 목적을 두고 제품에 대한 형상화를 하여 요구 사항을 결정하면 연구 개발을 거쳐 공학설계 절차에 따라 진행하고, 최종적으로 연구 개발이 완료되면 제조 단계를 거친다. 이때 전문가들은 설계를 평가하고, 이들의 결과를 엔지니어에게 전달하여 개선을 하게 된다. 이에 비해 현대의 공학설계는 매우 다양한 내용을 포함하고 있으며 언급한 고전적인 생산 설계에 비해 계속 확대되고 있다. 따라서 이러한 변화에 탄력적으로 대응하기 위한 체계적인 설계 과정이 필요하다.

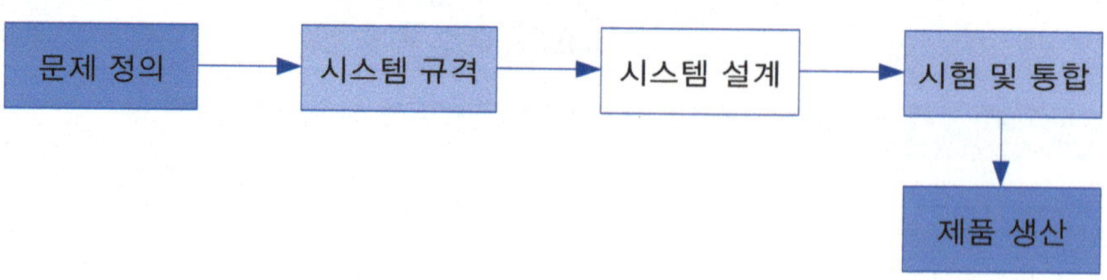

[그림 2-3] 고전적 생산 설계 단계

설계자는 우선 제품 또는 기기를 서면 또는 컴퓨터에 나타내기 이전에 여러 종류의 문제 해결 방안을 생각해보아야 한다. 이때 일반적으로 해결 방안은 여러 가지이고 절대적으로 유일한 정답이란 없다. 따라서 설계자는 제품을 실제 사용하게 될 소비자가 설정한 목적에 맞는 해결안 중에서 선택해야 한다. 예를 들면 제품, 기기 또는 구조와 관련된 모든 특성이 설계에서는 선택 대상이 된다. 설계자는 설계 내용을 상세하게 표현하기 위하여 모양, 재질, 크기, 조립 방법 및 색깔 등을 결정해야 하며 이러한 작업들이 설계의 핵심이다.

다양한 공학설계를 창의적으로 잘하기 위해서는 설계하려고 하는 제품에 관련된 다양한 지식과 경험을 가진 사람들이 함께 팀을 이루어서 협력할 필요가 있다. 팀 구성은 지식과 경험이 서로 다른 사람들이 함께 참여해야 창의성이 높아진다.

산업 혁명 이후 엔지니어들은 이러한 목표 의식을 가지고 국민들의 삶의 질을 향상시키는 데에 대단한 기여를 하고 있다. 자동차, 자전거, 비행기, 우주탐험, 디지털 통신, 인터넷, 구명 의료장치, 다양한 게임기기, GPS(Global Positioning System) 등은 모두 이런 노력을 하여 얻은 공학설계의 산출물이다.

쉼터 **공학설계를 수행하는 목적**

① 사용자 목적을 설계될 가공물을 위한 목표로 변환

② 설계 목표가 이행할 수 있는 수단의 식별, 이러한 수단을 성취하기 위해 필요한 기능을 규격으로 변환

2) 요구 사항

18세기 초기 대학들은 정부의 제약을 받지 않고 교과 과정을 개설할 정도로 학문적인 자유가 주어져 있었다. 그러나 지금은 고등교육기관의 프로그램은 외부 전문기관의 심의를 받게 되었다. 심의 위원들은 공학설계 교육과 대학의 공학교육 교과과정을 평가할 때 설계 교과과정에 대해 비평을 가한다. 이는 훌륭한 설계실습이 산업체와 국가 발전에 매우 중요한 역할을 하기 때문이다.

이때 다양하게 정의되고 있는 공학설계의 요구 사항을 몇 가지 관점에서 살펴보면 다음과 같이 대별할 수 있겠다.

가) 사용자 측면에서의 관점

사용자는 자신의 필요를 만족시키기 위해 직·간접적으로 설계 제품의 목적이 무엇인지를 설계자에게 알려주어야 한다. 설계를 맡긴 고객이 때로는 최종 소비자일 수도 있지만, 많은 경우에는 대리인이 최종 소비자를 대신해 설계 용역을 발주한다.

소비성 제품일 경우에는 제조 회사의 판매 팀이나 영업 팀이 소비자를 대신해 제품에 필요한 기능을 제시하는 데 설계의 고유 목적은 최종 사용자에게 직·간접적으로 영향을 주게 된다.

나) 발주자 측면에서의 관점

설계 용역을 발주한 사람은 설계가 필요한 사항 및 환경을 설명하여 설계자가 결과물의 내용을 명시하고 향후 일어날 수 있는 안전에 대한 법규 및 기술 기준을 준수하도록 한다. 고객에 의해 설계의 목적이 분명하게 주어질 때도 있지만 대부분의 경우는 그렇지 못하다.

고객이 요청한 내용이 설계자 자신이 생각했던 것과 다르다면 설계자는 이에 대한 해결 방안을 제시할 수 있어야 한다.

다) 완제품 측면에서의 관점

설계 제품은 때때로 서로 상충하는 목표들 간의 절충을 통해서 얻어진 결과물이다. 그러므로 서로 상충하는 목표들 간의 상대적 중요도에 따라 부여되는 가중치는 고객들이 제품을 선택할 때 대단히 중요한 지수가 된다. 때로는 상충 목표들로 인해 발명이나 새로운 기술 개발이 촉진되어 절충이 필요하지 않을 수도 있다.

라) 프로세싱 측면에서의 관점

프로세싱(processing)이란 원하는 결과물을 얻기 위한 일련의 작업 또는 업무를 의미하며 설계 정의에 포함된다. 그러므로 프로세싱 설계는 생산율이 높을 뿐만 아니라 결함율이 낮아야 하고 단가가 저렴해야 하며 정지 시간 및 유지 보수 시간이 낮아야 한다. 이 경우 기기 사용자는 생산에 참여하는 근로자이며 고객은 이 생산 작업에 대한 책임자이다.

마) 공공건물 측면에서의 관점

공공건물 시스템 설계자는 해당 주민의 이익을 대변하는 관계 공무원과 반드시 협의하여야 하는데 이때 설계자는 반드시 해당 공무원의 요구나 욕구에 대한 보다 폭넓은 이해가 있어야 한다. 이는 대부분의 일반 사용자가 가장 좋은 제품을 만들어 내는 데 필요한 공학 지식을 이해하기 어렵기 때문이다.

바) 윤리성 측면에서의 관점

사용자가 공공 자원의 낭비나 안전에 위협을 주는 경우는 설계자가 사용자에게 설계 변경을 요구하여 안전이나 자원 절약에 손상을 주지 않으면서도 사용자를 만족시킬 수 있는 창의적 방법을 발견해야 한다.

사) 주어진 한계를 벗어났을 경우에서의 관점

공학설계는 주어진 한계를 벗어나지 않으면서 최적 혹은 바람직한 기능을 수행하거나 특별한 형태를 갖는 사물 특성을 체계적이고 사려 깊게 개발하고, 이를 시험하는 것이다. 가공물(artifact)이 사용되는 목적 이외에 다른 용도로 사용될 때 문제를 야기할 수 있으므로 사려 깊은 설계자라면 일반 사용자가 통상 가공물을 잘못 사용하게 될 경우를 대비하여 설계해야 한다.

용어설명 **가공물(artifact)**

엔지니어가 제작한 공학설계의 결과물 또는 물체로서 우리가 설계한 어떤, 무엇 또는 장치에 해당한다. 가공물은 스마트 폰, 비행기, 자동차 그리고 네비게이션 같은 시스템 혹은 장치가 해당 된다. 그러나 설계 혹은 형상도면, 계획, 컴퓨터 소프트웨어 그리고 책 등과 같은 종이 형태의 문서로 산출하는 것도 가공물이라고 한다. 최근 이런 가공물들은 컴퓨터 모니터에서 실질적으로 볼 수 있는 전자 문서처럼 점차로 소프트화 되고 있다.

아) 의사소통 측면에서의 관점

공학설계에서의 의사소통은 설계를 하는 데 있어서 필수적으로 포함되어 있다. 설계 문제에 대한 최초 의사소통으로부터 요구 사항 규격과 제조를 통해서 설계되는 가공물이 제시되어야 하고, 여러 가지 방법으로 설계자와 이를 제작하는 인력과 충분한 의사소통이 이루어져야 한다. 성공적인 설계 작업은 결국 의사소통의 능력과는 뗄 수 없을 정도로 밀접한 관계에 있다.

3) 진화적 공학설계

제조와 조립에 대한 절차와 고려사항은 설계 이후보다는 설계 과정에 많이 활용되고, 시행착오를 거쳐 왔다. 이러한 관행 요소는 제조를 고려한 설계로서 이를 통해 가공물을 만들거나 제작하는 능력은 제조 제약조건을 모아 놓은 설계규격과 결합된다. 설계자는 설계가 시작될 때 만들기 어려운 부품이나 제조과정의 한계에 대해서도 설계에 반영을 해야 한다.

> **용어설명 설계 규격**
>
> 설계규격은 체계적이고 구체적인 가공물이 산출될 수 있도록 규정한 문서이며 이에 따른 결과이다. 설계는 창의적인 과정이며, 한편으로 각 단계마다 설계규격에 따라 단계별 과정을 진행할 때 이를 다음 단계로 진행하도록 보다 나은 의사결정을 하게 해주는 도구나 기법 등도 제시된다.

최근에는 컨버전스(convergence)가 태동하였는데 이는 2가지 이상의 가공물과 시스템을 활용하여 목적하는 바를 달성하기 위하여 개선하는 행위, 그리고 신기술이나 신제품을 생성하기 위한 기존 가공물이나 시스템의 하이브리드, 즉 융합이라고 할 수 있다. 예를 들면, OECD는 통신 · 방송의 융합을 "통신망의 광대역화, 방송의 디지털화 등 통신기술의 발달로 음성, 영상 및 데이터 서비스를 제공하고 있고 서로 다른 용도의 단말기를 통해 설계하고 있는 서비스를 받게 되며 신규 서비스가 창출되는 과정"으로 정의되고 있다.

먼저 기술적 융합은 디지털 기술의 발전에 기반을 두고 있다. 기술적 융합의 가장 기초적인 단계는 단일 네트워크상에 다수의 서비스가 통합되는 것으로, 음성 · 데이터, 방송 · 통신 그리고 유선 · 무선이다.

예를 들면, 방송 · 통신의 경우 방송 사업자가 프로그램을 전송하는 망을 통해서 통신 서비스를 제공하거나 통신 사업자가 자신의 통신망을 통하여 방송 및 영상 프로그램을 전송하는 형태이다.

둘째, 서비스도 융합하고 있다. 융합 서비스에 대해 명확하게 말하기는 어렵다. 서비스의 통합은 사업자가 기존에 제공하던 서비스 이외에 다른 서비스를 부가하여 제공하는 것이다. 각각의 서비스를 한꺼번에 전달할 수 있는 물리적인 네트워크를 기반으로 하여 번들링하거나 각 서비스별 네트워크를 조합하든지 아니면 타 사업자와 전략적으로 제휴

하여 이질적인 서비스를 번들링하는 방식이 그 예이다.

셋째, 사업자의 물리적인 융합을 발생시킨다. 사업자끼리 M & A에 의하여 하나가 되기도 하고 한 분야에 종사하던 사업자가 다른 분야로 진출하는 것이다. 예컨대 케이블TV 사업자가 통신 사업에 진출하거나 통신 사업자를 M & A하여 두 사업을 겸할 수 있으며, 또는 방송 주파수의 여분의 대역을 통신 사업자에게 임대하여 간접적으로 통신 서비스를 제공할 수 있다.

[표 2-2] 현재 제공되고 있는 융합 서비스

서비스명	서비스 내용
인터넷 전화	인터넷 망을 이용하여 음성전화서비스 제공
CATV	통신망을 이용하여 방송서비스 제공 혹은 방송망을 이용하여 통신 서비스인 초고속 인터넷 제공
무선 LAN과 관련 통합 상품	▶ 무선 LAN 카드가 장착된 노트북이나 PDA를 통해 인터넷에 접속할 수 있는 서비스 ▶ 무선 LAN 서비스와 이동통신 서비스가 결합한 것으로서 핫스팟 서비스 지역에서 2~5[Mbps]급의 전송속도를, 그 외의 지역에서는 144[Kbps]의 속도를 지원하는 초고속인터넷과 전국 커버리지의 장점을 결합한 무선이동통신
멀티캐스팅 서비스	▶ TV 수준의 화질로 Live Streaming 및 VOD 제공 서비스 ▶ 버퍼링에 따른 서비스 지연과 동영상 화면의 끊김 현상 등 해결하여 원활한 멀티미디어 서비스 제공
휴대폰 신용카드 서비스	휴대폰에 스마트카드를 꽂아 신용카드 번호를 입력하지 않고 간편하게 전자상거래나 금융 서비스를 이용할 수 있는 서비스
GPS 서비스	GPS를 이용해 최고 10[m] 오차내의 정확한 위치 정보를 기반으로 한 차세대 LBS (Location Based Services)
텔레매틱스 서비스	차량 운전자가 차내에 설치된 이동통신 단말기를 통해 주변 지형지물 안내, 실시간 교통 정보를 활용한 운행 경로 지원, 차량의 사고 감지나 도난 추적 등 자동차 생활에 유용한 정보를 제공하는 서비스
개인화상회의 서비스	화상회의를 신청하는 개인에게 URL을 발급해주고, 사용자는 발급된 URL을 입력하면 별도의 설치 없이 간편하게 화상회의를 할 수 있는 서비스
구내무선 서비스	구내에서도 실외와 동일한 단말기를 이용, 무선전화 서비스를 제공
무선 전자상거래	이동전화 사용자들이 휴대폰에 내장된 공인 인증서를 이용, 다양한 무선 쇼핑몰을 연동하여 실시간으로 신분확인은 물론 신용카드 번호나 개인금융거래 정보, 증권거래 정보와 같은 정보를 암호화하여 송수신함으로써 무선 전자상거래 제공
4G 이동통신	4G 네트워크를 통해 통신 기능은 물론 VOD, 화상전화, 멀티미디어 메시지, 인터넷, TV 방송까지 즐길 수 있는 Mobile 멀티미디어 서비스

일반적으로 하나의 단말기를 통해 유·무선을 넘나드는 다양한 통신서비스 상품을 패키지로 묶어 판매하는 이른 바 '결합제품'들이 유·무선 간에 융합에서 일반적으로 볼 수 있는 형태이다. 여기서 융합과 통합 그리고 결합이 동시 다발적으로 구현되는 차세대 융합의 지향점을 예견할 수 있다.

4) 엔지니어의 공학설계 능력

매우 복잡한 공학설계를 창의적으로 잘하기 위해서는 설계하려고 하는 가공물에 관련된 다양한 지식과 경험을 갖춘 사람들이 함께 팀을 이루어서 협력할 필요가 있다. 팀 구성은 지식과 경험이 다른 사람들은 사고 방법과 의사소통 방법이 서로 다르기 때문에 의사소통에 어려움이 있으므로, 의사소통 기술을 습득함으로써 팀워크를 향상시켜야 한다.

엔지니어가 어떤 물리적 현상의 배경을 설명할 수 있는 숨어 있는 해답을 찾아 매진하는 일보다는 사전 결정되어 있는 요구사항들에 대한 규격 충족을 목표로 한다. 이때 그에 따른 신뢰성과 정확성, 안정성 등을 만족하도록 해결해야 한다.

엔지니어가 매우 복잡한 공학설계 과정을 효과적으로 수행하기 위해서는 체계적인 공학설계 과정으로 설계하는 것이 바람직하다. 또한 설계의 모든 과정에는 해결해야 할 문제점들이 언제나 존재하므로 문제 해결을 위한 아이디어 발상, 최적 아이디어 창출, 효율적인 실행 등에 도움을 줄 수 있는 '창의적 사고기법'도 습득할 필요가 있다.

[그림 2-4] 엔지니어가 갖추어야 할 공학설계능력

엔지니어는 사람과 기계간의 인터페이스, 내구성, 안전성, 사용 용이성 등에도 많은 관심을 가져야 한다. 이런 중요한 문제들에 대한 친숙성으로 인해 엔지니어는 관련 부서에 제품의 특성과 제품이 어떻게 동작하는지 이해하는 데 도움을 줄 수 있기 때문이다. 엔지니어는 설계된 제품에 대해 일반 대중이 무엇을 원하는지를 담당자에게 답해줄 수 있어야 한다. 이를 위해서는 상대방의 이해를 쉽게 끄집어낼 수 있는 가시화된 형태의 문서가 요구된다. 공학적인 문제는 대화로서 설명을 하는 것보다 문제를 제기한 혹은 제품 개발을 요구한 고객과 의사소통을 위해 기술적으로 쉽게 설명할 수 있는 자료가 요구된다.

복잡한 기능을 가지고 있으며 다양한 현실적 조건들을 만족시켜야 하는 제품을 설계 제조하기 위해서는 엔지니어는 충분한 능력과 교양이 필요하다. 엔지니어의 공학설계 능력을 스탠포드 대학의 세퍼드 교수팀은 '설계의 기본능력 16가지'로 정리하여 다음과 제시하였다.

① 의사소통, 협상, 설득하는 능력
② 효과적인 팀워크 능력
③ 자체 평가를 하고 재고할 수 있는 능력
④ 도표와 시각적 도구를 이용하여 생각을 표현할 수 있는 능력
⑤ 창의력과 직관적인 능력 배양
⑥ 정보 탐색과 다양한 자원의 이용 능력
⑦ 중요한 기술을 구별해내고, 실무에 있어 전문적 변화를 받아들이는 능력
⑧ 종합을 위한 분석 능력
⑨ 물리적 세계를 적절한 수학적 모델로 만들 수 있는 능력
⑩ 경제적, 사회적, 환경적 문제를 함께 생각할 수 있는 능력
⑪ 문제의 다양한 요구사항을 통합적으로 볼 수 있는 체계적 사고 능력
⑫ 정답이 없거나 불확실한 문제를 정확히 규정하여 풀 수 있는 능력
⑬ 대안을 고려하고 비교 평가할 수 있는 능력
⑭ 문제해결법의 체계적이고 단계적인 이용능력과 새로운 문제 해결 방법을 지속적으로 습득할 수 있는 능력
⑮ 실제로 사용할 수 있는 시제품의 아이디어 창조 능력
⑯ 만들어진 제품의 문제점 발견과 테스트 능력

이러한 능력들을 가진 엔지니어를 기업에서 확보하기 위해 우리나라에서는 국가직무능

력표준(NCS, National Competency Standards)을 시행하여 능력 중심 사회를 구축하고 있다.

NCS는 산업현장에서 직무를 수행하기 위해 요구되는 지식, 기술, 소양 등의 내용을 국가가 산업부문별, 수준별로 체계화한 것으로, 산업현장의 직무를 성공적으로 수행하기 위해 필요한 능력(지식, 기술, 태도)를 국가적 차원에서 표준화한 제도이다.
국가직무능력표준이 구축하게 된 동기는 [표 2-3]과 같이 나타낼 수 있으며 향후 예비 엔지니어들이 관심을 가져야 될 것으로 여긴다.

[표 2-3] NCS가 필요한 이유

요 소	기 대 효 과
기업경쟁력 강화	산업별 업종별 대표기구가 국가직무능력표준을 개발하여 직무수행능력을 갖춘 인재를 확보하여 기업의 경쟁력을 강화할 수 있다.
현장맞춤형 인재 양성	직업, 직무, 그리고 고용구조 등의 변화에 자격제도가 유연하게 대처하여 산업 수요에 맞는 인력 개발이 가능해진다.
고용 가능성 향상	현장 실무에 직접적으로 필요한 직무수행능력을 길러 개인의 경력개발에 도움을 줌으로써 고용 가능성을 향상시킨다.
자격의 공신력 향상	국가자격과 국가기술자격, 공인민간자격, 민간자격의 현장성과 공신력을 향상시켜 실무능력 중심의 전문인력 양성에 기여할 수 있다.
일 중심의 평생학습 촉진	자격검정이 산업현장의 요구를 정확하게 반영함으로써 자격취득자에 대한 평가와 채용, 보상이 제대로 이루어짐으로써 근로자의 평생학습 참여를 높일 수 있다.
중복투자 문제 해소	일-교육, 훈련-자격의 운영 관리를 일원화, 체계화하여 국가적 차원에서의 인력과 예산의 낭비를 줄일 수 있다.

훌륭한 유화를 그리는 데 필요한 능력은 우주왕복선을 설계하는 데 필요한 능력과는 많은 차이가 있다. 화가들은 복잡한 형상, 심미적인 감각, 감정 표현 등을 지배하는 우뇌의 활동과 관련된 작업을 하는 반면에 우주왕복선을 설계하는 사람들에게는 우뇌뿐만 아니라 수학, 논리, 언어를 지배하는 좌뇌의 활동도 필요하다.

공학설계에서는 콩코드 비행기, 호주의 오페라 하우스 그리고 금문교와 같이 과학과 기술과 예술 등의 다양한 학문이 결합되며, 이러한 능력을 엔지니어들에게 요구한다.

3. 창의적 공학설계

1) 정 의

인터넷과 언론 매체에서 창의와 혁신을 위한 아이디어 모집, 창의적 아이디어 컨설팅, 창의력 향상을 위한 노트법 등의 수많은 창의적 프로젝트 지원과 행사가 넘쳐나고 있다. 우리는 창의적인 사고 능력을 가지려고 많은 학습과 노력을 하지만 체계적인 아이디어 발상법으로 꾸준한 노력을 전개하는 것이 중요하다. 창의적 아이디어 발상기법도 한번 꾸준하게 몇 가지 과제를 수행하면 다음번에는 자신감 있게 수행할 수 있게 된다.

창의적 공학설계란 설계 과학과 인지 심리학 및 상이한 분야들에서의 실제적인 경험으로부터 얻어지는 지식에 의해 공학 시스템을 설계하는 구체적인 활동 과정을 말하며 특히 설계과학에서는 공학 시스템의 구조나 그 구조와 환경 사이의 관계를 분석하기 위해 과학적 방법을 사용한다.

용어설명 **인지심리학**

행동의 주관적인 측면을 중요시하여 지식 획득과 심리적 발달의 과정 등을 주로 연구하는 심리학의 한 분야이다. 객관적인 행동을 대상으로 하는 행동주의 심리학에 상대된다.

사진작가 마그리트가 고안한 '공동 발명'이란 작품에서 우리가 익숙하게 알고 있는 인어의 상반신과 하반신을 뒤바꾸었다. 너무나 익숙한 대상을 지극히 사실적으로 표현했기 때문에 뒤바꿈이 유발하는 효과는 대단히 창의적이다.

[그림 2-5] 공동 발명

이러한 개념을 금융 상품에 적용해 볼 때 '역모기지(reverse mortgage)'를 들 수 있다. 고령자가 자신의 집을 담보로 노후 생활 자금을 연금 형태로 지급받고 사망후 은행이 주택을 처분하여 원리금을 상환 받는 상품이다. 익숙히 알고 있는 모기지 대출(장기주택대출)과 비교할 때 상품 구조와 자금 흐름이 거꾸로 뒤바뀌었다.

한편, 마그리트가 고안한 '인간의 조건 Ⅰ'을 얼핏 보면 창문을 통해 들판 풍경이 보이는 평범한 작품이다. 그러나 자세히 보면 가운데 나무가 있는 부분은 실제 풍경이 아니라 캔버스에 그려진 나무임을 알 수 있는 창의적인 작품이다. 이것이 바로 마그리트가 추구하는 초현실주의이다.

마그리트는 항상 창이나 문밖에 있는 것을 보려 했으나 그림에선 안이 밖이고 밖이 안이다. 캔버스에 가려져 있는 것, 즉 우리 관습과 익숙함에 가려져 있는 바깥의 것을 표현한 것이 마그리트 그림이다.

이러한 개념을 금융권에 적용해 볼 때 '상장지수펀드(ETF, exchange-traded fund)'가 있다. 거래소에서 주식처럼 거래되는 펀드를 말한다. 이 중에서 실물 ETF는 겉으로 드러난 모양은 펀드지만, 실제로는 금, 석유, 구리 같은 여러 실물 자산에 투자한다. 마그리트의 그림에 비유하면, ETF는 창문 안쪽에 있는 펀드라는 이름의 캔버스이다. 하지만 실제로 담고 있는 것은 바깥쪽 풍경 즉 실물 자산이다. 금 ETF에 투자하면 증권에 투자한 것 같지만, 사실은 금에 투자한 것이다. ETF는 실물 자산을 바라보는 마그리트의 창문이다.

[그림 2-6] 인간의 조건 I

2) 전제 조건

창의적 공학설계는 공학에서의 주어진 문제를 이해하고 이를 해결하기 위한 방안을 모색하며 문제의 해결 방안을 시행하기 위한 설계과정을 거친 후 첨단 도구를 사용하여 주어진 문제를 직접 해결하고 과정을 통하여 얻은 경험과 지식을 토대로 일정한 양식의 보고서를 작성하며 그 결과를 발표할 수 있는 능력을 배양할 수 있도록 고안되고 운영되어야 한다.

그러므로 창의적 공학설계는 자유 해답형(open-looped)이 원칙이며, 복잡한 프로젝트일수록 요소들이 잘 조화될 수 있도록 프로젝트 수행과 관리를 위한 인프라의 필요성이 대두된다. 조직 사회에서 프로젝트의 궁극적 목표를 달성하기 위해서는 모든 팀과 팀 구성원들이 설정한 목표와 협력은 필수적이다.

이때 프로젝트 관리 기법이 도입되면 프로젝트를 수행하는 데 큰 성과를 거둘 수 있다. 그러나 프로젝트 관리에 대한 기본적인 지식이 부족하여 대부분의 프로젝트 관리는 상식적인 차원에서 적용하는 것이 태반이다. 상식적인 차원은 일정에 따라 일을 마치고, 진행 상황을 논의하기 위한 정기적 모임을 갖고, 그에 따른 회의록과 각종 기술문서 작성 등으로 볼 수 있다. 어떤 경우에는 프로젝트 수행을 위한 정형적인 구조와 기법이 요구된다.

수업 시간에 설계팀에서 적용하는 프로젝트는 간단한 주제로 수행되지만, 회사에서의 프로젝트는 회사 경영과 기술 축적에서 큰 역할을 담당하며, 이를 철저하게 관리해야 한다.

결론적으로 창의적 공학설계의 전제조건을 열거해보면 다음과 같다.

① 문제 지향적인 접근이 가능해야 하며 특수 분야에 관계없이 모든 종류의 설계 활동에 적용 가능해야 한다.
② 창조성과 이해력을 증진시켜야 하는데 최적 해결안의 탐구를 가능케 하여야 한다.
③ 다른 원리의 개념과 방법 및 결과와 보완 가능해야 한다.
④ 해결안을 우연히 찾는데 의존하지 않는다.
⑤ 관련된 과제에 대해 알려진 해결안의 적용이 가능해야 한다.
⑥ 전자적인 자료 처리가 가능해야 한다.
⑦ 쉽게 가르치고 배울 수 있어야 한다.
⑧ 인지심리학과 현대 인간공학의 업적을 반영해야 한다. 이때 작업량을 줄이고 시간을 절약하며, 인간에 의한 실수를 방지하고 적극적인 관심을 유지하도록 도와줄 수 있어야 한다.

3) 기대 효과

산업 현장에서 요구하는 최신 주제와 일치하는 것이 바람직하며 최신 주제를 설정하기 위하여 현 시점에서의 기술수요를 조사하고 산업체의 요구사항을 충분히 반영하도록 하며 대학의 경우 공과대학 학생들이 조를 이루어 학부과정에서 배운 이론 및 실기를 종합 적용하여 구체적인 기술적 및 비용적 요구 사항을 만족시키는 제품을 기획, 설계, 제작하는 전 과정을 경험할 수 있도록 한다.

공학설계 프로젝트의 수행경험 습득을 통하여 창의성, 효율성, 안전성, 경제성 등의 모든 측면을 고려할 수 있는 통합적 기술능력을 배양하고 실제적인 공학문제를 접할 수 있는 기회를 제공하여 협업(팀워크) 능력과 공학적 의사소통 능력을 향상할 수 있게 된다.

[그림 2-7] 종이비행기의 설계(Brian S. Thompson, 1977)

4) 창의력 향상을 위한 자세

엔지니어가 공학설계를 수행하는 과정에서 취해야 할 5가지 태도에 대하여 살펴보고자 한다.

가) 관심 집중

설계할 대상을 발견하고 설계 기회가 주어진 사실에 만족하고, 설계 대상에 관심을 집중하면 창의력이 발생하기 시작한다. 관심을 가지면 자연스럽게 그 설계 대상에 대해서 생각을 하게 되고, 관련된 여러 가지 정보들을 수집하며, 간단히 시험도 해 보고, 축적되는 정보와 경험으로 문제해결을 위한 새로운 아이디어가 창출되기 시작한다. 한 가지에 집중적으로 관심을 쏟으며 자기 계발을 꾸준히 하다 보면, 자신의 관심 분야에서 권위 있는 전문가가 될 가능성이 매우 높다.

나) 긍정적인 태도

세상의 모든 일은 항상 긍정적인 면과 부정적인 면이 존재하며, 사람이 어느 면을 보고 생각하든지, 자기가 보고 생각하는 방면으로 정보와 경험이 축적된다. 사람은 축적된 정보와 경험의 방향으로 생각하게 되고, 그 생각한 바와 똑같은 결과를 얻는다. 그래서 잘 될 것이라고 생각하면 잘 되며, 안 될 것이라고 생각하면 잘 되지 않는 경향이 있다.

공학적 문제에 접근하는 것도 똑같은 원리이며, 반드시 문제를 해결할 수 있다고 생각하고, 해결할 수 있는 정보와 경험들을 축적해나가다 보면 보다 더 좋은 해결안이 떠오르며, 창의력도 더욱 향상된다. 여러 방면에 집중적으로 관심을 가지고 많은 노력을 기울이면 창의력이 긍정적으로 발전하게 된다.

다) 다양한 정보 수집

문제 해결에 관한 정보가 많고, 다양한 측면에서 접근해야 문제를 보다 더 창의적으로 해결할 수 있다. 그러므로 다른 사람들의 의견이나 비평까지도 받아들여야 하며, 해결할 문제에 대한 정보를 인터넷, 특허, 문헌 등을 통해 수집해서 더 좋은 해결 방안이 나올 수 있도록 노력해야 한다. 이와 같이 다양한 의견이나 아이디어를 종합적으로 받아들여 활용함으로써 창의력을 확대시킬 수 있다.

라) 팀워크

프로젝트를 수행할 때 혼자 일을 수행할 경우에는 자신감이 부족할 수 있으나, 팀을 이루어 함께하면 자신감이 증대되어 과감히 일을 추진하게 된다. 이때 여러 전문 분야에 걸친 다기능의 속성을 갖춘 공통의 창의적인 목표를 공동으로 해결해 나가는 사람들안에서 협조적이어야 한다. 그러므로 구두와 서면 커뮤니케이션에 능해야 하며, 문서와 발표자료를 효율적으로 할 수 있는 능력을 가지고 있어야 한다.

마) 칭 찬

칭찬을 하면 함께하는 팀원들의 마음이 열리고, 열린 마음으로부터 새로운 아이디어가 많이 창출되며, 팀워크 활동이 활발히 진행되어 창의력이 매우 높아진다.

반대로 비난, 비평, 불평은 팀원들에게 적대감을 주게 되고, 서로 배타적이 되어 창의력도 고갈되며, 일의 추진력도 저하된다. 사람들은 부정적인 분위기에 말려드는 특성이 있으므로, 항상 의식적으로 경계하여 서로 칭찬하는 분위기를 유도해야 한다.

쉼터 통신의 역사

미국의 모스(Morse)가 1845년 워싱턴과 볼티모어 간 64km에 전신선을 개설 개통한 것이 세계 최초 통신서비스의 시작이다. 지난 100여 년 동안 한국은 전기통신 후진국신세를 면치 못했다. 그러나 한국은 지금 세계에서 가장 앞선, 정보화된 통신네트워크 국가로 정평이 나있다.

그런 한국이 불과 20여년 만에 세계수준의 통신네트워크를 구축한, 정보화 선진국 대열에 끼게 된 것은 무엇 때문일까. 여기에는 국력이나 정부의지보다 몇 걸음 앞서, 뚜렷한 확신에 신명을 바쳐온 몇몇 선각자의 도전의식이 국민적공감대를 불러일으켜 왔기 때문이다.

우리나라 통신의 역사를 뒤돌아 볼 때 홍철주(1834-?)는 빼놓을 수 없는 핵심인물이다. 늦게나마 조선정부가 정신을 차려 정부직제 상 통신전담 부서를 만들고 자주적인 전선가설계획 등 통신 주권을 행사하게 된 것은 1887년 3월 1일부터이다. 정부조직 안에 '조선전보총국'이란 통신전담 관서를 창설한 것이다. 이 기관 최초의 수장자리인 총판으로 임명된 사람이다.

4. 지식 창조(Knowledge Creativity)

1) 도래 배경

경제와 사회의 환경이 바뀌면 생산 과정에서 중요하게 여기는 생산 요소도 달라진다. 농업 사회에서는 토지와 노동이 가장 중요시되었다면, 산업 사회에서는 자본과 기술이 중요한 생산 요소이다. 지금은 그 동안 관심이 없었던 정보와 지식이 생산요소로서 중시되는 사회의 대 변화가 진전되고 있다. 즉, 지식이 부가가치 창출의 원천이 되는 사회가 눈앞에 전개되고 있는 것이다. 본 절에서는 지식 사회의 도래 배경과 지식 변환 프로세스를 살펴보도록 한다.

> **용어설명** 지식(knowledge)
>
> 기술과 정보(information)를 포함한 지적 능력과 아이디어를 총칭하는 훨씬 광범위한 개념이다. 그러므로 지식 경영이란 구성원들의 지식이나 정보, 노하우를 체계적으로 발굴하여 조직 내 보편적인 지식으로 공유함으로써, 조직 전체의 문제 해결 능력을 비약적으로 향상시키는 경영 방식이다.

가) 지식·정보량의 폭발적 증가

지금까지 많은 사람들이 정보의 부족으로 고민하던 것과는 달리 현대인은 정보의 홍수 속에서 필요한 정보의 취사선택의 문제로 고민하게 되었다. 이런 지식 정보량은 앞으로 그 증가 속도가 더욱 빨라져서 핵폭발 적으로 증가하게 될 것이라고 한다.

어떤 미래학자는 2020년이 되면 매 73일마다 지식이 2배로 증가되고, 2050년에는 현재 지식의 1[%]만을 사용할 수 있게 될 것이라는 전망을 내놓고 있을 정도이다. 이러한 현상들은 우리 생활 전반에 걸친 대변혁을 예고하는 것이나 다름이 없다.

나) 정보통신기술의 발달

지식 정보량의 증가 못지않게 정보를 유통 · 가공 · 처리할 수 있는 정보통신기술도 급속히 발달하고 있다. 이런 예로서 컴퓨터 기술의 급속한 발달, 통신기기와 통신망의 발달 및 이들의 보급 확산으로 정보통신기술 활용의 일반화를 들 수 있다. 정보통신기술의 급속한 발달은 폭발적으로 증가하고 있는 지식 정보량의 증가속도를 훨씬 앞서가고 있다.

다) 탈산업 사회화의 추세

현대사회는 물적 자원에 의존하던 산업사회에서 지식과 지적 기술에 의존하는 탈산업사회로 전환되고 있다. 이에 따라, 종래의 제1차 산업, 제2차 산업, 제3차 산업으로 분류되던 산업 외에도 지식과 지적 기술을 주로 활용하는 제4차 산업과 제5차 산업도 나타나게 될 것으로 예견할 수 있다. 이에 따라 지식과 지적 기술을 주로 활용하는 새로운 직종과 직업이 나타나게 되고, 이 분야의 인력수요도 크게 늘어나리라는 것은 말할 것도 없다.

라) 세계화의 진전

세계가 시공간적으로 압축되어 가고, 다른 한편으로 세계 인류의 공동문제에 대한 지구촌의 공동체적 의식이 확산되면서 세계화가 심화되고 있다. 이런 상황 속에서 경제적인 측면에서는 불확실한 경제 환경 속에서 지식의 창출 · 확산 · 활용을 둘러싼 개별 주체 간 그리고 국가 간 경쟁이 더욱 심화될 것으로 예상된다. 이러한 국가 간 경쟁이 무한경쟁으로 치달으면서 지식기반사회로 시급히 이행해야 할 필요성을 더하고 있는 것이다.

용어설명 **1차 산업, 2차 산업 및 3차 산업**

1차 산업 : 자연환경을 이용하여 필요한 물품을 얻거나 생산하는 산업
- 종류 : 농업, 임업, 축산업
- 특징 : 자연환경의 영향을 많이 받음

2차 산업 : 생산물이나 천연자원을 가공하여 생활에 필요한 물건 등을 생산하는 산업
- 종류 : 공업(제조업, 건설업)
- 특징 : 자연환경의 영향을 적게 받으며 분업 등이 발달

3차 산업 : 1, 2차에서 생산된 물품과 서비스를 제공하는 산업
- 종류 : 서비스업(무역, 금융, 보험, 교육 등)

2) 지식 변환 프로세스

묵시적 지식(이하 암묵지, tacit knowledge라고 한다.)가 이성에 근거한 객관적 지식인 명시적 지식(이하 형식지, explicit knowledge라고 한다.)로, 그리고 형식지가 암묵지로 전환될 때 지식창조가 발생한다. 어느 한 유형의 지식이 절대적으로 중요한 것이 아니라 두 종류의 지식이 통합될 때, 지식의 창조가 가능하다.

쉼터 형식지와 암묵지의 비교

형식지는 객관화된 정보이기 때문에 정보화시대에는 도처에서 쉽게 그 지식을 얻을 수 있다. 암묵지는 주관적이고 개인에게 내재화된 지식이기 때문에 쉽게 얻기 어렵다.

형식지는 공부하는 요령으로 적은 시간의 투자로 효율적으로 지식을 습득하려는 것이다. 반면에, 암묵지는 폭넓은 지식의 섭렵과 깊이 있는 사고의 축적을 통해서 자기 개인만이 가질 수 있는 지식의 생성이 비로소 가능해진다.

다음과 같이 지식간의 변환에서 Nonaka의 4가지 기본적인 지식변환 유형을 도출할 수 있다.

[표 2-4] SECI 모형

사회화(Socialization)	외부화(Externalization)
- 암묵지 → 암묵지 - 생성지식 : 공감적 지식 - 사고 선호도 : 변화 지향적	- 암묵지 → 형식지 - 생성지식 : 개념적 지식 - 사고 선호도 : 외향적
내면화(Internalization)	**결합화(Combination)**
- 형식지 → 암묵지 - 생성지식 : 운용적 지식 - 사고 선호도 : 이성적	- 형식지 → 형식지 - 생성지식 : 체계적 지식 - 사고 선호도 : 계획적

① 암묵지에서 암묵지로

개인의 지식을 다른 사람과 공유하는 것으로서 일반적으로 사수와 부사수, 리더와 조직원 사이에서 교육, 관찰, 모방 등을 통해 이루어진다. 부사수가 사수에게 기능을 배울 수 있지만 직접적인 경험을 통해 개인들에게만 공유되기 때문에 조직 전체가 이 지식을 활용하기는 어렵다.

② 암묵지에서 형식지로

개인의 지식이 다른 사람들에게 모두 전달될 수 있도록 글이나 도표의 형태인 형식지로 변환하는 단계이다. 즉, 표현 불가능한 지식을 표현 가능한 형태로 표출화하는 단계이다.

③ 형식지에서 형식지로

다수의 형식지가 연결되고 편집되어 더 발전적으로 체계화된 형식지로 거듭나는 단계이다.

④ 형식지에서 암묵지로

새로운 지식이 조직 전체에 공유되면서 조직 구성원들에게 이 지식이 내면화되는 단계이다. 즉, 조직 구성원들은 형식지의 의미를 숙고하고 언제든지 사용가능한 기술로 바꾸는 과정이다.

쉼터 지식 창조의 필요 조건

① 기업 의도 : 기업의 전략
② 자율성 : 지식 창조의 동기
③ 요동과 창조적 혼돈 : 자발적 질서 생성
④ 중복성 : 지식 창조의 가능성
⑤ 필요 다양성 : 외부 환경에 대응

3) 기존 지식 이론들과의 차이점

① 지식 활용이 아닌 창조를 본격적으로 다루었으며, 지식 창조의 과정을 규명하고 있다.
② 조직 학습 이론과 핵심 역량 이론을 보완 및 발전시키고 있다.
③ 서구의 인식론이 아닌 동양적 인식론에 바탕을 두고 있다.
④ 지식 창조 이론은 기업을 보는 새로운 관점을 대표하고 있다.

용어설명 **인식론**

인식론이란 "물 컵을 보고 물이 반이나 있네." 또는 "물이 반 밖에 없네."라고 생각하는 사람이 둘로 갈라지는 것에 대해 말하는 이론이다.

서양에서는 인간의 욕망을 분출할 사회적 합의 기구인 거대 시장을 형성해서 욕심을 마음껏 풀 때 자기도 모르게 남을 돕게 되는 시스템을 구성하는 반면 동양적 사고는 욕구를 억제하는 방향으로 갔다. 그 때부터 동양은 서구와 문명의 격차가 벌어지기 시작했다.

5. 의사소통

1) 정 의

프랑스 철학자 볼테르는 "들을 때 힘을 갖게 되나, 말할 때 사라져 버린다."라고 주장할 정도로 엔지니어들에게는 능숙한 의사소통은 생산적인 팀워크에 매우 중요하다.

의사소통(communication)이란 설계와 관련하여 관련 사항을 결정을 한 후, 그 내용을 설명하고 평가하고 결합에 대해 수정 보완하는 작업을 거치는 과정을 말한다. 설계의 질은 얼마나 결정이 잘 되고 의사소통이 원활히 이루어졌느냐에 달려있다. 대부분의 사람들은 내적 요인과 환경적인 요인으로 의사소통에 어려움을 겪는다. 그러므로 의사소통 과정에서는 다음과 같은 질문들에 대해 고민하고 그 해결책을 찾고자 노력하게 된다.

· 과연 이런 결정이 최종 소비자를 만족시키는 해결 방안을 만들어 낼 수 있는가?
· 과연 이런 결정이 모든 합리적 대안들 가운데 가장 좋은 선택이라고 할 수 있는가?
· 과연 이런 결정이 사용자의 모든 목적을 고려했나?
· 과연 이런 결정이 모든 법칙 또는 제도적 규정을 따르는가?

물론 질과 효율성 면에서 실제로 공학설계가 지닌 특수한 요소들을 추가시킬 수 있지만 여기서 강조하고자 하는 것은 공학설계도 결국 의사결정이라는 사실이고, 이에 따라 공학설계를 "주어진 제약 조건 내에서 어떤 목적을 달성하기 위해 창의적 문제 해결 노력을 통해서 얻어진 합리적 결정들의 의사소통이다."라고 정의내리기도 한다.

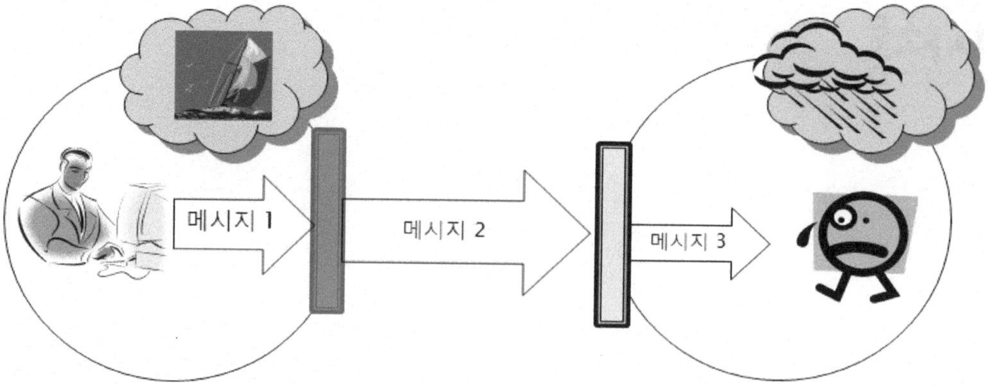

[그림 2-8] 의사소통의 장애

엔지니어에게 필요한 의사소통 기술의 폭을 알아보기 위해 상상 속의 가상회사를 위해 일하고 있다고 가정한다. 가상 회사를 구성하는 인물은 각각 다른 전문성을 보유하고 있으며, 설계 엔지니어는 조직의 중심에 위치하고 있다. 이때 원활한 의사소통을 위해서 팀 구성원의 수는 최소 4명이 가장 좋다. 그러나 팀원들의 최종 의사 결정을 하기 위해서는 최소 5명이 바람직하다. [그림 2-9]에서와 같이 팀 구성원이 3명일 때 3회의 의사소통 기회가 발생하며, 팀 구성원이 4명일 때는 6회의 상호 의사소통 기회가 발생하므로 4명일 때가 3명일 때보다 2배 더 많다. 그러나 경우에 따라 팀 구성원의 수는 5~6명까지도 가능하다.

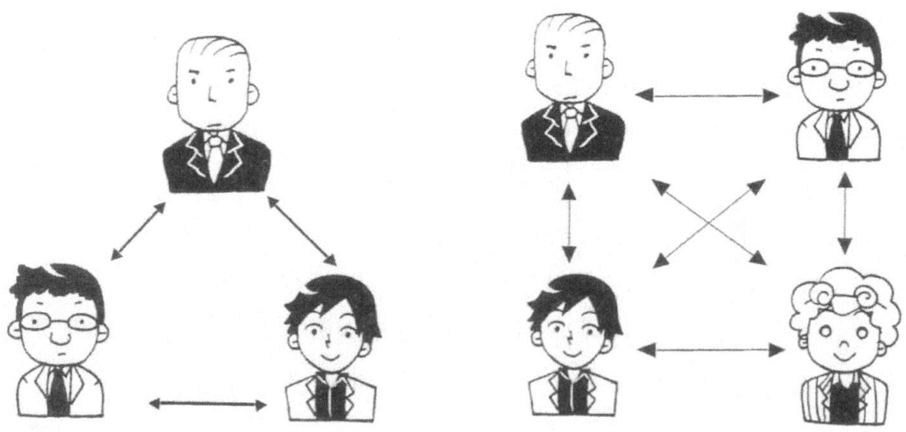

팀 구성원이 3명이면 의사소통 기회가 3회이다. 팀 구성원이 4명이면 의사소통 기회가 5회이다.

[그림 2-9] 팀 구성원 수에 따른 의사소통의 기회

2) 유비쿼터스 공간에서의 소통성

유비쿼터스는 우리 생활 속에서 언제 어디서나 우리가 필요할 때 상황에 적합한 정보를 제공하여 우리가 살고 있는 물리적 공간을 전자 공간과 융합한다. 이것이 바로 물리공간과 전자공간의 결합된 제3공간이다.

유비쿼터스 공간에서는 물리적 환경과 사물 간에 정보가 이동하며, 지능적으로 정보를 모으고 해석하여 사람들이 필요로 하는 활동을 수행하게 될 것이다. 이는 물리공간과 전자공간의 장점을 공유하고 단점을 보완하여 나타나게 된다. 즉, 사람, 컴퓨터, 사물이 하나로 연결되고 최적화된 기능을 발휘하게 되는 공간이 바로 유비쿼터스의 살아있는 공간이다.

제3공간은 전자공간과 물리공간의 융합에 의한 완전히 새로운 공간이 될 것이다. 이러한 관점으로 보면 두 공간의 유기적 연계와 통합이 필요하다. 두 공간의 통합은 물리공간의 비효율성과 전자공간의 불안정성을 최소화 시키는 방법으로 이루어질 것이다. 따라서 두 공간은 더 이상 상호경쟁적인 공간이 되는 것이 아니라 상호 의존적인 공간으로 인식하여야 할 것이다.

쉼터 유클리드 공간(Euclid Space)

유클리드 공간은 유클리드가 연구했던 평면과 공간을 일반화한 것이다. 이 일반화는 유클리드가 생각했던 거리와 길이와 각도를 좌표계를 도입하여 임의 차원의 공간으로 확장한 것이다. 이는 표준적인 유한차원, 실·내적 공간이다.

가) 구 성

(1) 물리공간(Physical Space)

원자로 구성된 만질 수 있는 공간이며, 유클리드 공간(Euclid Space)으로서 실제적인 공간이다. 물리공간의 기능은 기능을 갖는 사물이 용도가 정해진 공간에 만들어짐으로써 형성된다.

물리공간 중심시대에서의 컴퓨터 활용은 메인프레임이 주종을 이루고 있다. 물리공간의 네트워크는 도로망이나 철도망과 같은 네트워크형 사회간접 자본들이며, 개발핵심은 토목 및 건축기술이다.

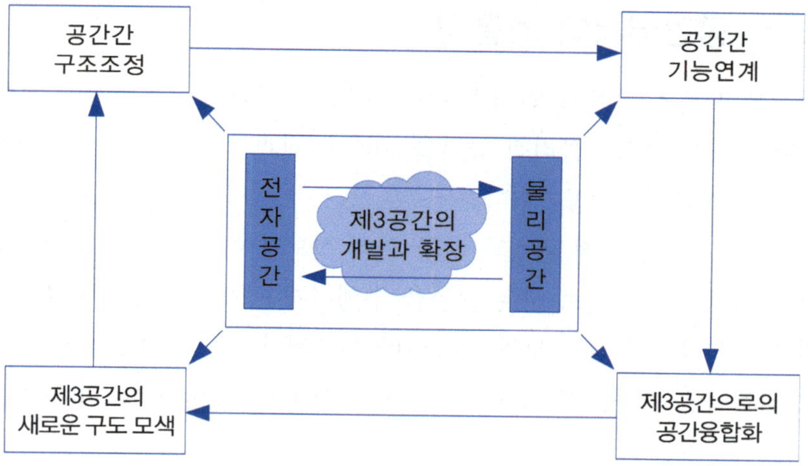

[그림 2-10] 제3공간

(2) 전자공간(Electronic Space)

비트를 원소로 하기 때문에 만질 수 없는 공간이며, 논리적이고 가상적이다. 전자공간은 인터넷과 웹 서비스와 같은 가상적 요소로 구성된다. 전자공간의 기능은 전자박물관처럼 컴퓨터에 가상화된 사물이 심어짐으로써 형성된다.

전자공간을 구축하는 인터넷은 이미 정보화 사회에서는 가장 중요한 사회경제적 기반으로 위치하고 있으며 특히 융합 환경에서는 전자공간이 네트워크의 중요한 기반으로 자리를 잡고 있다. 전자공간의 개발과 발전은 네트워크 기반 및 이용자 확산 그리고 디지털 격차 해소가 중요한 과제이다.

[표 2-5] 물리공간과 전자공간의 비교

구 분	물 리 공 간	전 자 공 간	유비쿼터스 공간
공간원소	원 자	비 트	원자 + 비트
공간형식	현실 공간	논리적 공간	지능적 공간
기능형성	물리공간에 사물이 심어짐	컴퓨터에 가상사물이 심어짐	컴퓨터가 사물 속으로 침투됨
기반 네트워크	교통망	PC와 PC를 연결하는 인터넷	사물과 사물을 연결하는 인터넷
주소체계	번지수	IPv4	IPv6
발전과제	기간산업 육성과 지역 간 격차해소	디지털 격차 해소	전자–물리공간 간의 기능연계와 격차해소

나) 특 성

유비쿼터스 공간에서는 마크 와이저의 '고요한 컴퓨팅(Calm Technology)' 개념처럼 사람-사물-공간 간의 연계와 네트워크에 대한 접속과정은 사람의 의도적인 접속이나 조작 없이도 가능하다. 그러므로 물리 공간과 전자 공간은 끊임없이 상호 소통하며 사람과 사물, 환경과 상황에 따라 유연하게 대응하고 있다.

능동성이 극대화된 유비쿼터스 기술은 살아있는 신체처럼 공간과 시간의 간격 없이 동시에 이루어지며 인체의 생명체 네트워크와 유사하다. 이때 유비쿼터스 공간의 특성은 소통성, 유연성 그리고 동시성이 수반되어야 하는 데 이에 대한 내용은 다음과 같다.

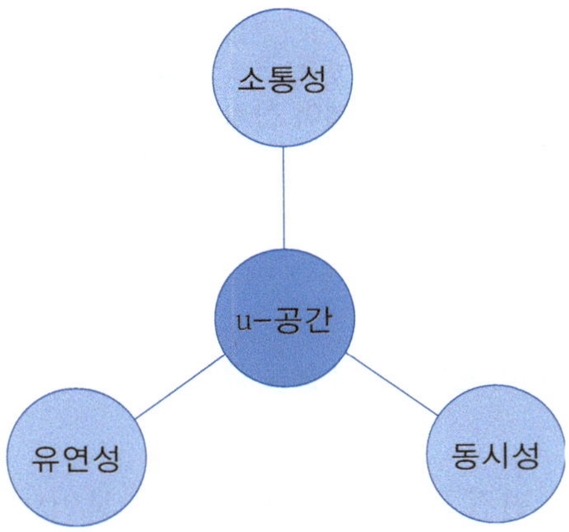

[그림 2-11] 유비쿼터스 공간의 특성

① 소통성 : 물리 공간과 전자 공간, 공간 내의 사람과 사물, 사물과 사물이 끊임없이 소통함으로써 생성되고 있다.

② 유연성 : 인간의 신체처럼 살아있는 공간으로서 유연하게 작동하며, 물리 공간의 환경과 기능에 따라 능동적으로 대응하고 있다.

③ 동시성 : 유비쿼터스 공간 내에서 네트워크와 센서, 구동체와 설비 시스템 등은 인체의 신경체계처럼 정보 전달과 작동이 동시적으로 이루어지고 있다.

이때 공간 구조에 대한 특성은 뉴런 구조와 리좀 구조를 가지고 있는 데 전자에서는 유비쿼터스 공간이 가진 지능화된 센서, 네트워크, 실행머신 등이 신체의 신경조직인 뉴런과 같이 작동해야 하고 후자에서는 유비쿼터스 공간이 능동적이고 자율적으로 작동하기 위해서는, 다수의 접점을 가진 리좀과 같이 작동되어야 한다는 의미를 가지고 있다.

3) 의사소통 장애 및 요구 조건

유비쿼터스 공간에서의 제3공간처럼 설계팀의 서로 다른 분야의 엔지니어들이 언제나 핵심 중심의 설계 엔지니어에 융합할 수 있으며, 엔지니어들끼리는 비슷한 교육 배경으로 인해 쉽게 의사소통할 수 있기 위해서는 엔지니어들은 다양한 지식을 갖고 있으며 여러 학문에 접한 경험들이 있어야 한다. 그러나 엔지니어들이 여러 분야의 전문가와도 의사소통이 가능하지 못한 장애 원인에는 내적 원인과 환경적 원인이 있다고 한다.

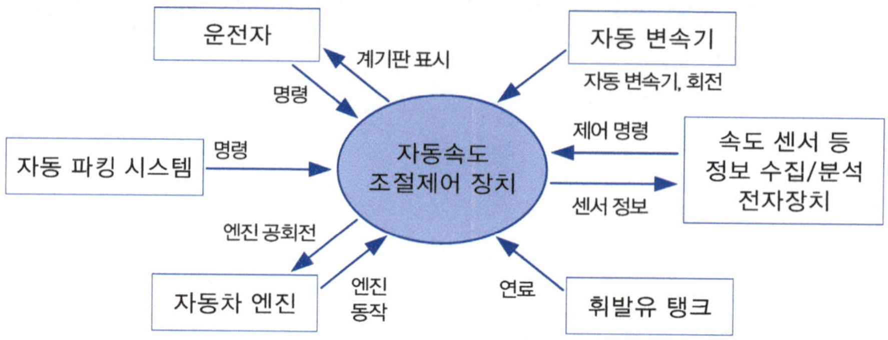

[그림 2-12] 고객과 엔지니어 간의 의사소통을 응용한 개념도

전자로는 언어, 문화, 가치, 편견, 대화능력의 부족 및 본인의 사고 경향 등이 있는데, 개인의 탄생과 성장 배경 및 교육이 복합적으로 영향을 준다. 결국 내적 요인은 인간의 두뇌 또는 마음속에서 경험하는 것으로 이에 따라 겉으로 표현된 말이나 행동이 달라진다.

한편, 후자로는 주변의 소음 등으로 인해 말 자체가 잘 들리지 않거나 듣는 사람의 주의를 빼앗아 전달하고자 하는 말에 집중할 수 없게 하는 요인이 있다.

그러므로 의사소통의 요구 조건은 다음과 같이 생각할 수 있다.

① 말하는 사람이 내용을 정확하고, 논리적으로 정리한다.

② 말하는 사람과 듣는 사람의 필터를 일치시킨다.(예를 들면 흐름 제어 및 에러 제어 그리고 보안)

③ 노이즈를 제거하고, 큰 목소리로 내용을 전달한다.

연습문제

1. 창의적 공학설계의 정의 및 전제조건(5가지)을 자세히 설명하고 기대 효과에 대하여 제시하시오.

2. 융합의 개념을 설명하고 기술적, 서비스적 그리고 물리적 측면에서 구현되는 내용에 대하여 설명하시오.

3. 유비쿼터스 환경에서 제 3공간의 구체적 의미를 자세히 설명하시오.

4. Nonaka의 지식 창조의 개념에 대하여 설명하고 SECI 모형을 제시하시오.

5. 의사소통의 장애 요인을 설명하고 공학적인 측면에서의 ARQ(Automatic Request) 방법(2가지)을 도시하고 설명하시오.

6. 지식에 대한 Nonaka의 정의와 지식창출 모델, 허만의 두뇌우성 모델, 그리고 창의적 문제 해결 과정(5단계)을 관련지어 설명하시오.

7. 시공 관점에서 본 프로젝트를 수행하기 위해서 절차상의 설계 과정을 제시하고 창의적 공학설계에 적용할 경우 기대효과를 서술하시오.

8. 지금 우리나라에서는 현장에서 NCS를 도입하여 능력 중심 사회를 구축하고 있다. NCS의 개념과 도입 배경을 자세히 설명하고 개선 방향을 제시하시오.

9. 프랑스 철학자 볼테르는 "들을 때 힘을 갖게 되나, 말할 때 사라져 버린다."라고 말했는데, 의사소통 측면에서 무엇을 시사하는지 설명하고 개선 방안에 대해서 제시하시오.

요약

1. 공학(engineering)은 천연자원을 인간에게 이익이 되도록 최적으로 바꾸기 위해 과학을 응용하는 학문이다.

2. 공학설계란 필요한 것을 만들기 위해 시스템, 요소, 프로세스를 고안하는 과정으로서 기초 과학, 수학, 공학을 적용해 자원을 목표에 부합하도록 가공하는 의사결정 과정이다.

3. 프로세싱(processing)이란 원하는 결과물을 얻기 위한 일련의 작업 또는 업무를 의미하며 설계 정의에 포함된다.

4. 설계규격은 체계적이고 구체적인 가공물이 산출될 수 있도록 규정한 문서이며 이에 따른 결과이다.

5. 컨버전스(convergence)는 2가지 이상의 가공물과 시스템을 활용하여 목적하는 바를 달성하기 위하여 개선하는 행위이다.

6. 국가직무능력표준(NCS, National Competency Standards)는 산업현장에서 직무를 수행하기 위해 요구되는 지식, 기술, 소양 등의 내용을 국가가 산업부문별, 수준별로 체계한 것으로, 산업현장의 직무를 성공적으로 수행하기 위해 필요한 능력(지식, 기술, 태도)을 국가적 차원에서 표준화한 제도이다.

7. 창의적 공학설계란 설계 과학과 인지 심리학 및 상이한 분야들에서의 실제적인 경험으로부터 얻어지는 지식에 의해 공학 시스템을 설계하는 구체적인 활동 과정이다.

8. 묵시적 지식이 이성에 근거한 객관적 지식인 명시적 지식으로, 그리고 형식지가 암묵지로 전환될 때 지식창조가 발생한다.

9. 의사소통(communication)이란 설계와 관련하여 관련 사항을 결정을 한 후, 그 내용을 설명하고 평가하고 결함에 대해 수정 보완하는 작업을 거치는 과정이다.

10. 제3공간은 전자공간과 물리공간의 융합에 의한 공간으로서 두 공간의 유기적 연계와 통합이 필요하다.

제3장

지능 사고 모델

학습 목표

1. 좌우뇌 선호도 평가에 대하여 이해할 수 있다.
2. 패러다임 전환에 대하여 이해할 수 있다.
3. 팀워크에 대하여 이해할 수 있다.

Guilford는 지능 모델에서 인지, 기억, 발산적 사고, 수렴적 사고, 평가로 구성되는 5개의 정신작용 중 발산적 사고가 창의성과 밀접하다고 주장했다. 지능 모델이라는 용어는 사고를 돕는 강력한 도구로서 공학설계와 문제 해결, 의사소통과 팀워크, 학습과 혁신, 정보관리 등의 활동을 뒷받침 해주는 중요한 역할을 하고 있다.

또한 개인의 사고 선호도를 지능모델에서 아는 것은 매우 중요하지만 개인적인 역량이나 창의성보다는 패러다임에 주목하는 경향이 제시되어 전체적인 공학설계의 흐름을 예측할 수도 있다.

어떤 조직에서 지능 모델이 이해되고 공유될 때 의사소통과 팀워크는 증대되고, 지식 창출이나 혁신이 가속화되며, 학습과 정보 관리가 향상되고, 빠르게 변화되는 패러다임 전환 속에서 성공적인 제품과 서비스를 제공하기 위한 결정적 요소인 공학적 디자인과 문제를 개선할 수 있다.

이 장에서는 좌 · 우뇌 선호도 측정 방법을 살펴보고 생활양식, 사고방식, 가치관, 판단기준 등 모든 것이 시대의 경과에 따라 변화하므로 이에 따른 패러다임 전환에 대해 알아본다. 또한 사람들은 지식, 경험, 능력 등이 똑같을 수 없으며, 매우 다양하기 마련이다. 그러므로 팀워크의 중요성을 이해하고 이에 대한 이론을 전개하고자 한다.

1. 좌우뇌 선호도 평가

성공적으로 문제를 해결하는 데 있어서 사고의 다양성은 매우 중요하다. 따라서 좌우뇌에 따른 사람의 사고 선호도와 창의성 스타일에서의 다양성을 측정할 수 있다면 팀워크에서의 프로젝트를 수행하는데 매우 유용할 것이라고 생각한다.

각각의 사고 선호도와 창의성 스타일을 진단할 수 있는 대표적인 방법으로는 HBDI(Herrmann Brain Dominance Instrument)와 KAI(Kirton Adaption-Innovation Inventory)가 있다. 이들 방법은 전략적 계획 수립, 팀 구성, 교수 및 학습 능력의 개선 등 많은 실용적인 분야에 다양하게 적용되어 창의적 공학설계에 많은 유익을 주고 있다.

예를 들면, 새롭고 독창적인 공학설계 문제를 해결하기 위해 팀을 구성할 때, 그 구성원이 창의적이기보다는 기존의 체계에 안주하려는 경향이 강한 사람들로만 구성된다면 그 결과는 새롭고 독창적일 수 없다. 그러므로 팀 구성원이 분석적, 혁신적, 감각적 그리고 계획적인 사람들로 골고루 갖추어서 팀 전체로 보았을 때 전체 두뇌 사고가 가능해야 그 결과도 기대할 만할 수 있다.

1) HBDI(Herrmann Brain Dominance Instrument)

가) 개발 배경

각 개인은 사고 선호도가 하나 혹은 그 이상의 강한 우성을 가지면서 독특하게 결합되어 있다. 우성은 빠른 응답 시간과 높은 기술 수준이라는 장점을 가지고 있고 이 우성 유형을 학습이나 문제 해결에 사용한다. 한 사고 유형에 대한 신호가 강하면 강할수록 다른 사고 유형에 대해서는 불편함을 가지고 있다.

우성 유형이 '반대'인 사람들은 서로 다른 관점으로 보기 때문에 서로 의사소통을 하거나 상대방을 이해하는 데 있어서 큰 어려움을 느낀다. 이때 필요한 것은 여러 가지 사고 능력에 대한 보다 균형 잡힌 인식이다. 우리는 두뇌 전체로 사고하고 문제를 해결하기 위하여 이와 같은 유형들이 어떻게 이용하고 통합하는지를 아는 것이 필요하다.

허만이 좌우뇌 선호도 평가에 기초한 방법을 찾았을 때 기존의 방법 중에서는 그의 목적에 알맞은 방법을 찾을 수 없었다. 그러므로 허만은 바로 HBDI를 개발하였다.

HBDI는 인간의 사고 선호도를 측정하는 가장 강력하고 유연한 도구이다. HBDI를 사용하여 사람들의 사고 선호도를 측정하고 팀을 구성하여 공학설계를 효과적으로 수행하는 데 HBDI를 이용할 수 있다.

나) 측정 방법

HBDI는 개인적인 사고 선호도 식별과 그 행동의 예측을 돕기 위한 설문지로 설문지 파일을 다운받아 오프라인으로 작성하거나 유료 사이트에서 온라인으로 작성하여 자신의 좌우뇌 선호도를 측정해 볼 수 있다. 설문지 내용을 보고 각 항목마다 답을 해 가면 자신의 사고 스타일이 우뇌 사고에 가까운지 좌뇌 사고에 가까운지 느낄 수 있다.

쉼터 **뇌의 구조**

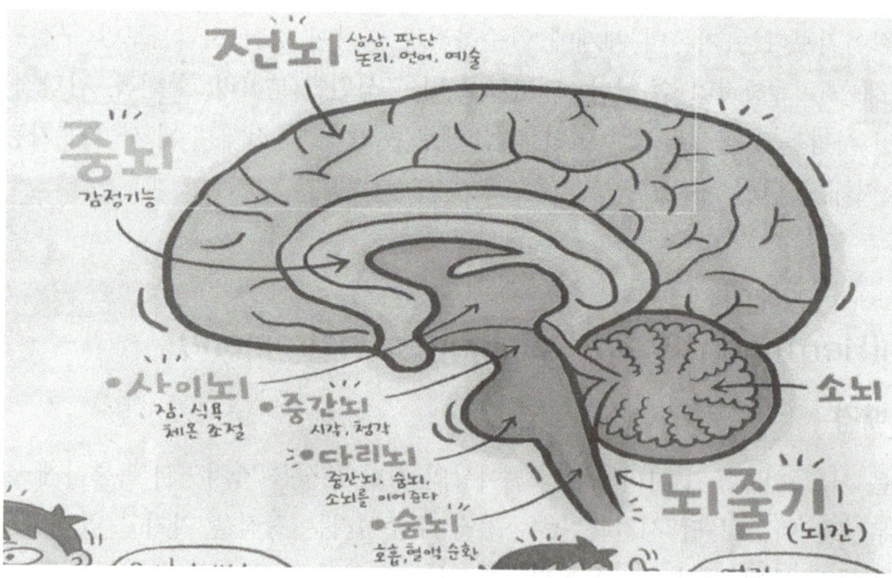

[표 3-1] 좌우뇌 선호도 평가를 위한 설문(Edward Lumsdaine 외 3인, 2000)

※ 각 번호에서 자신에게 적합하고 하기 좋은 항목을 반드시 하나 이상 표시하시오.

번호		항목	선택
1	A	지식과 정보 찾기	
	B	임기응변 보다는 주어진 지침을 철저하게 따르기	
	C	다른 사람의 아이디어를 경청하여 영감이나 아이디어를 공유하기	
	D	새로운 주제에 대하여 자세한 것 보다는 큰 그림이나 전후관계 문맥 찾기	
2	A	하나의 기본 틀에서 논리적으로 정보를 다루기	
	B	상세한 요구사항이 있는 문제를 신중하게 풀기	
	C	스스로 "왜?"를 자문하고 개인적인 의미를 추구하여 동기를 부여하기	
	D	학습을 좀 더 흥미롭게 만들기 위하여 활동적으로 주도권 잡기	
3	A	유용한 정보를 제공하는 강의를 청취하기	
	B	결함과 단점을 찾아내기 위하여 이론과 과정을 시험하기	
	C	책의 서문을 읽어 작가의 저술 목적에 대한 실마리를 얻기	
	D	모의실험을 해보며 "만약~ 이렇다면?"을 질문하기	
4	A	교과서 읽기	
	B	실험 작업을 단계에 의해서 수행하기	
	C	촉각, 느낌, 후각, 미각, 청각 등의 감각을 통하여 배우기	
	D	강의에서 시각자료를 활용하고, 학습에 있어서 말 보다는 그림을 선호하기	
5	A	예제와 답을 분석하기	
	B	실험 · 실습 결과에 대하여 보고서를 작성하기	
	C	도구나 물건을 만지고 사용하여 손에 익숙하게 만들기	
	D	정답이 없는 문제를 다루며, 여러 가지 가능한 답을 찾아보기	

⋮

13	A	미래의 가능성 보다는 현실적인 것을 다루기	
	B	자주 반복함으로써 새로운 기술을 익히기	
	C	다른 사람의 시각이나 권리를 존중하기	
	D	새로운 것에 도달하기 위해서 아이디어나 정보를 종합하기	
14	A	물건이 가격이 얼마인지 알아보기	
	B	조직과 절차를 배우기 위하여 현장 실습하기	
	C	다른 사람을 가르치면서 배우기	
	D	미래지향적 논의하기	
15	A	기술적 인공물을 연구하기 위하여 문화가 다른 지역을 조사하기	
	B	프로젝트에 관하여 "어떻게 하는가?"에 대한 지침서 작성하기	
	C	신체 언어에 대한 실마리를 얻기 위해서 비디오나 오디오를 선호하기	
	D	재미삼아 전혀 다른 방법으로 일하기	

다) 우성 판단 기준

※ 선택한 항목의 개수를 아래 그림의 해당 트랙에 점으로 표시하고 각 점을 연결하시오.

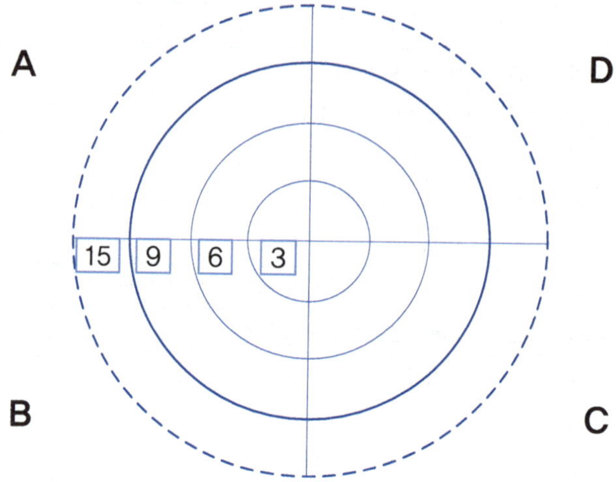

[그림 3-1] HBDI 특성 도표

허만에 의해 만들어진 HBDI는 두뇌가 4개 영역으로 되어 있고 각각의 영역이 서로 다른 사고 선호도를 보인다는 사실에 근거를 둔다. 4개의 영역이 합쳐져 인간의 사고와 행동을 지배하는 전체 두뇌를 구성한다.

어떤 임의의 사분면에서 가장 왼쪽 원(3번 원)에 점수가 위치하면 그러한 사고 유형에 대해서는 낮은 우성(회피성)을 보여주며, 그 다음 원(6번 원)에 위치하면 그 사고 유형을 사용하는 것이 유리하다는 것이고, 좀 더 밖에 위치하는 것은 강한 우성을 나타낸다. 이 특성도표는 어떤 개인이나 집단이 갖고 있는 우성의 정도를 도식으로 보여준다.

어떤 사분면에서 낮은 점수를 갖는다는 것은 이 방법으로 사고할 수 없다는 것을 의미하는 것은 아니며, 선택권이 주어졌을 때 다른 사고 유형을 선택한다는 의미를 가지고 있다. 한편, 강한 우성을 가지고 있다는 것이 더 나은 사고를 할 수 있는 것을 의미하는 것은 아니며, 단지 강한 우성을 가지고 있는 이 분야에서 능력을 개발하기 쉽다는 것을 의미한다.

라) 사분면의 특징

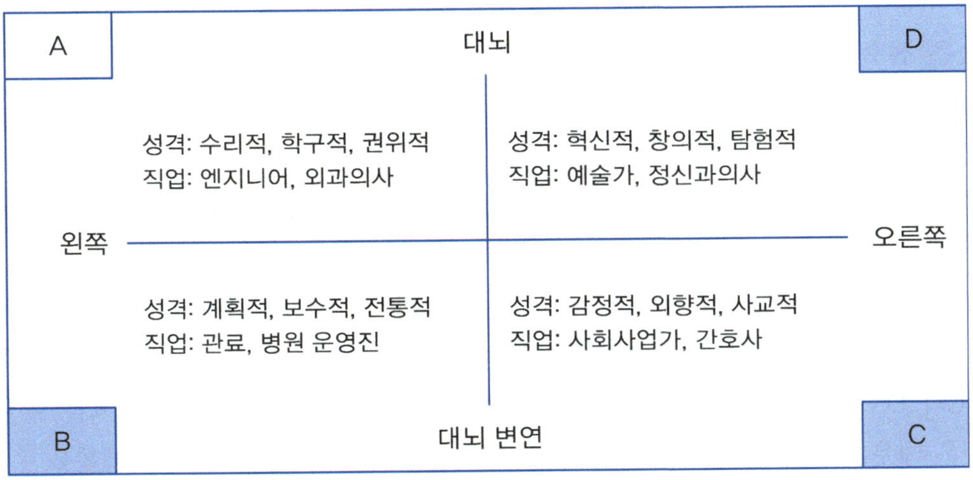

[그림 3-2] 허만의 두뇌 우성 사고 모델

A, B, C와 D 영역이 서로 다른 4가지 모드를 구성하며, 대개의 경우 4가지 모드가 결합해서 작용하지만 하나 또는 두 개의 사고 모드가 우세하게 작용한다.

A 사분면 사고를 선호하는 사람은 학교에서 대수학, 미적분학, 회계 등 수리에 뛰어날 뿐만 아니라 과학, 공학, 기술과목 등 특정 과목을 선호하고 특정 직업을 선호한다. 엔지니어, 컴퓨터 과학자, 분석가 그리고 외과의사가 일반적으로 A 사분면 사고에 있어서 강한 우성을 나타낸다.

B 사분면 사고를 선호하는 사람은 구조화되고 계획적이며 작업 주도적인 정신 활동이 이루어지기를 바란다. 계획 입안자, 관료, 관리자, 경리 담당자 등은 보통 B 사분면 사고 선호도를 보인다. B 사분면 사고를 하는 사람들은 시간 개념이 전혀 없는 D 사분면 사고자와 갈등을 일으키게 하는 원인이 된다.

C 사분면 사고는 감정적이고 인간 상호 간의 관계가 주로 이루어지므로 정신적인 가치, 대인 관계, 의사소통을 다룬다. 간호원, 사회사업가, 교육자, 어린 아기의 엄마 등은 일반적으로 C 사분면 사고를 다룬다.

D 사분면 사고는 시각적이고 창의적이며 유연하고 직관적이다. 이 사분면 사고를 선호하는 사람들은 그림이나 조각 같은 예술 과목뿐만 아니라 기하학, 설계, 시, 건축 과목을 좋아한다. D 사분면 사고가 매우 강한 사람은 좌뇌가 발달한 구성원들 사이의 종족간 유대와 언어를 이해하지 못할 수도 있지만 창의적 아이디어가 요구되는 환경에서는 성공할 수 있다.

전체 두뇌 사고는 문제 해결과 어려운 도전에 직면할 때 특히 중요하다. 병원에서 의사는 A 영역에서, 간호사는 C 영역에서, 병원 운영진은 B 영역에서, 정신과 의사는 D 영역에서 높은 점수를 받으며 일반적으로 자신의 집단별로 독특한 특성을 보이지만 긴급한 상황에서는 이들 각각의 사고 선호도가 전체 두뇌를 갖는 팀으로써 효과적으로 동작한다.

문제 해결, 전략적 사업 계획 수립 및 인간 상호 관계 형성을 포함해서 HBDI의 적용 사례는 많은데 먼저 문제 해결의 경우를 살펴본다. 다른 사고 모드에서 문제를 관찰함으로써 새로운 문제 해결 관점이 얻어질 수 있다. 프로젝트나 문제해결을 위한 팀 구성원이 어떤 두뇌 선호 프로파일을 갖고 있느냐에 따라 그 결과는 달라질 수 있다. 팀 구성원이 A, B, C와 D 사고 선호도를 골고루 가지고 있어서 팀 전체가 전체 두뇌 사고를 할 수 있는 것은 매우 중요하다. 창의적인 문제해결에서는 D 사고를, 실행 절차나 계획을 수립하는 데는 B 사고를, 현재 환경에 적응 가능한 문제 해결은 A 사고를, 팀 구성원간의 의사소통을 개선하는 문제는 C 사고를 선호할 것이다.

한편, 새로운 아이디어가 실현 가능하기 위해서는 전체 두뇌 사고가 결합되어 지원되어야 한다. 가령, 새로운 아이디어의 도출은 D 사고를, 도출된 아이디어를 보다 실용적으로 만드는 데는 A 사고를, 아이디어를 구현하기 위한 실천 계획을 세우는 데는 B 사고를, 고객 입장에서 아이디어의 평가나 팀 구성원간의 의사조정은 C 사고를 선호하는 사람들이 기여할 수 있을 것이다.

공학설계는 총뇌 접근 방식을 필요로 한다. 이것은 두 가지 의미를 갖는다. 첫째, 모든 엔지니어는 네 가지 영역에 모두 숙달되어야 한다. 다시 말하면, 주어진 작업–분석자, 관리자, 협동자, 종합자–에 대하여 네 가지 서로 다른 색깔을 가지고 있어야 한다. 둘째, 의도적으로 다른 사고자들로 이루어진 총뇌 복합의 팀을 구성해야 한다. 이런 팀은 구성원 각자가 다른 사고에 대하여 팀에게 가져오는 이득을 인정할 때 더 생산적이다.

2) KAI (Kirton Adaption–Innovation inventory)

가) 사용 목적

Michael Kirton에 의해 만들어진 것으로 사람의 창의성과 문제해결 스타일을 측정하기 위해서 필요하다. 이 이론은 다음과 같은 전제 조건을 필요로 한다.

① 모든 사람은 창의적이며 새로운 아이디어를 만들고 문제를 해결한다.
② 두뇌 활동에 관한 한 창의성과 문제 해결은 구별이 불가능해보이며 그 차이가 있다 해도 언어적 차이 이상은 아니다.
③ 모든 사람은 변화를 주관한다.
④ 적응–혁신 이론은 스타일과 레벨을 명확히 구분한다.
⑤ 레벨은 기술, 지능 그리고 경쟁력과 관계있으며 학습에 의해 개선될 수 있다.
⑥ 스타일은 일생을 통해 변하지 않는다.

나) 측정 및 판단기준

KAI는 적응성과 혁신성을 점수로써 구분하며 효과적인 점수 범위는 100점을 약간 상회한다. 서로 간에 약 10점 정도의 차이를 보일 때 비교 대상인 사람이 나보다 약간 더 혁신적이거나 적응성이 크다. 그러나 20점 차이는 다툼과 불편을 초래할 수 있는 정도이고 그보다 더 큰 차이는 심각한 의사소통 문제를 야기할 수 있다.

적응성에서 혁신성에 이르는 연속적인 스타일에서 어떤 사람은 적응성이 높고 다른 사람은 혁신성이 높게 문제해결을 시도한다. 전자의 유형은 기존의 시스템이 개선하는 것을 선호하고 기존의 패러다임 내에서 문제 해결을 지향하며 구조화된 접근을 선호함과 동시에 정확하고 신뢰성이 높으며 새로움 속에서 질서와 안정성을 추구한다. 한편, 후자의 유형은 기존의 시스템을 변경하기를 선호하며 기존의 패러다임과는 상관없이 문제 해결을 지향하고 구조화되지 않은 접근을 선호함과 동시에 독특하고 공상적이며 풀기 어려운 해결책을 제시한다.

성공한 조직은 다양한 범위의 적응성 및 혁신성을 소유하며 이 둘의 스타일이 융합될 때 새로움을 창조한다. 대부분의 사람들이 혁신성과 적응성 양 극단에 위치하지는 않지만 이 둘 가운데 하나의 사고를 선호한다. 인간의 창의적 사고 스타일은 안정적이며 자신의 인격과 관련이 있지만 행동에는 유연성이 있다. 스타일의 변경이 필요한 특정한 상황에서 스타일을 변경할 능력을 대처(coping) 능력이라고 부른다.

다) 적용 분야

전략적인 팀 구성, 위원회 구성, 인사 채용, 문제 해결, 고객과의 관계 개선 등 다양한 분야에 적용되고 있다. 조직 구성원의 스타일은 대개 조직이 수행하고 있는 업무의 성격에 부합한다. 가령, 혁신적인 벤처 기업인 경우 직원 가운데 혁신성이 큰 사람이 많을 것이다. 그러나 사고의 다양성이 가치가 있음을 인정한다면, 비록 사업 성격에 따라 적합한 스타일의 사람이 더 많겠지만, 다양한 스타일의 사람으로 조직을 구성하는 것이 좋을 것이다.

쉼터 인터넷 중독

인터넷을 떠나 있으면 금단 증상을 보이는 사람들이 있습니다. 피츠버그 대학에서 제공한 10가지 항목의 자가진단 리스트입니다.

1. e-mail을 확인해 봐야겠다는 강박관념이 자주 생기십니까?
2. 자판 앞에 앉은 경우 외에 의식적이든 무의식적이든 손가락으로 자판을 두드리는 행동을 해 본적이 있습니까?
3. 예상한 것보다 두 배 혹은 세 배나 되는 통신료 청구서를 받아 본 적이 있습니까?
4. 통신망에 매달려 있느라 잠을 못 잔다거나 식사를 거른 일이 한 번 이상 있습니까?
5. 스스로 컴퓨터에서 떨어지지 못해서 업무나 수업을 빠뜨리거나 약속시간에 늦은 일이 있습니까?
6. 당신의 가족이나 친구들과 자신이 통신망에서 허비하는 시간의 양 때문에 논쟁을 벌여 본 적이 있습니까?
7. 통신망에서 너무 많은 시간을 보내서 당신의 학업이나 직업 활동에 지장을 준 일이 있습니까?
8. 통신망 상에서의 대인관계가 일상생활의 실제 사람들과의 대인관계보다 더 원만하십니까?
9. 통신망에서 머무르게 되는 시간이 점점 더 길어지는 경험을 하십니까?
10. 며칠 동안 통신을 사용하지 않으면 막연한 불안, 통신을 해야 할 것 같은 강박관념, 혹은 인터넷에 대한 환상이나 백일몽을 겪은 적이 있습니까?

이 중 3가지가 해당되면 중독증상이 나타나는 것이므로 조심해야 합니다.
인터넷을 문명의 이기로 사용하십시오.

2. 패러다임 전환(Paradigm Shift)

1) 개 념

생활양식, 사고방식, 가치관, 판단기준 등 모든 것이 시대의 경과에 따라 변화됨으로써 사람들의 선호도는 더 나은 다른 것으로 변천하고 있다. 예를 들면, 1970년대 스위스는 태엽시계로 세계시장을 주도했으나 1980년대에 전자시계의 출현으로 주도권을 일본에게 내준 사례가 되었다.

언급한 바와 같이 과학 활동에서 새로운 개념이 고전적 관찰을 통해 형성되는 것이 아니라 연구자와 사용자 집단 모두 받아들이는 과정에서 신뢰하는 과학 내용과 수단을 패러다임(paradigm)이라고 하며 패러다임이 대체되는 과정을 패러다임 전환(paradigm shift)라고 정의한다.

패러다임은 한 시대의 사람들의 견해나 사고를 근본적으로 규정하고 있는 인식의 체계이거나 다양한 사물에 대한 이론적인 틀이나 구조로서 미국의 과학사가 쿤(Kuhn, T. S.)이 그의 책 '과학 혁명의 구조'(1962)에서 제시한 개념이다.

토마스 쿤이 처음에 제시한 패러다임 개념은 과학 연구에 적용된 것으로 과학자들의 개인적인 역량이나 창의성보다는 전체적인 틀인 패러다임에 주목했고, 이것이 전체 과학을 지배하는 개념이라고 제시했다. 하나의 패러다임이 계속 과학을 지배하다가, 더 이상 기존의 패러다임으로는 설명될 수 없거나 풀 수 없는 새로운 문제가 나타날 때 기존의 패러다임은 새로운 패러다임에 의해 대체된다고 설명하였다.

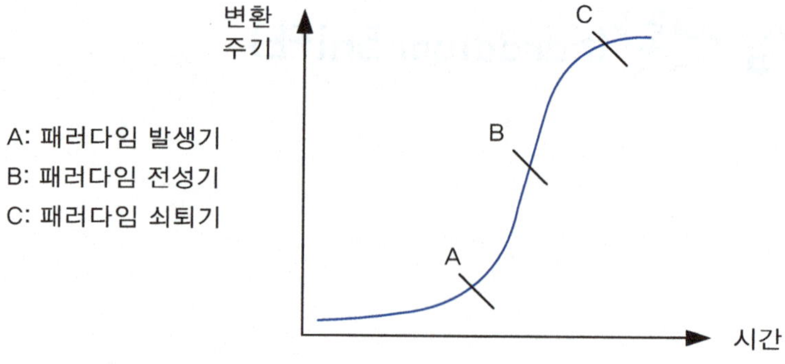

[그림 3-3] 패러다임 전환

이렇게 과학에 한정되어 있던 개념이 지금은 거의 모든 학문영역으로 확대되어 현재는 어떤 분야를 지배하는 특정한 체제 전체를 패러다임이라고 일컫게 되었다. 원래 의미는 '사례'라는 뜻이지만 어떤 요인으로부터 다양하면서도 일견 상호 무관한 것 같은 사례가 나타나는 경우, 그 연쇄 계열을 말한다. 여기서 더 나아가 다양한 관념을 상호 연관시켜 체계화하는 시스템 또는 구조를 말한다. 한 마디로 패러다임이란 어떤 사례를 보는 '관점'이라고 볼 수 있다.

시대가 변하듯이 또한 패러다임도 변화될 수 있으며, 창의적 공학설계를 위해서는 과감하게 기존의 틀 즉 패러다임을 깨고서 출발할 수 있는 계기가 필요하다.

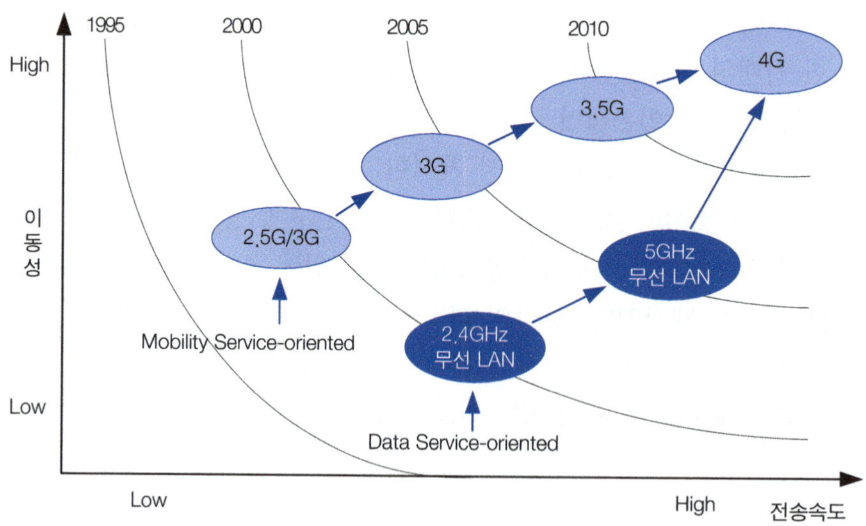

[그림 3-4] 이동 통신의 패러다임 전환

2) 시스템 일생 주기

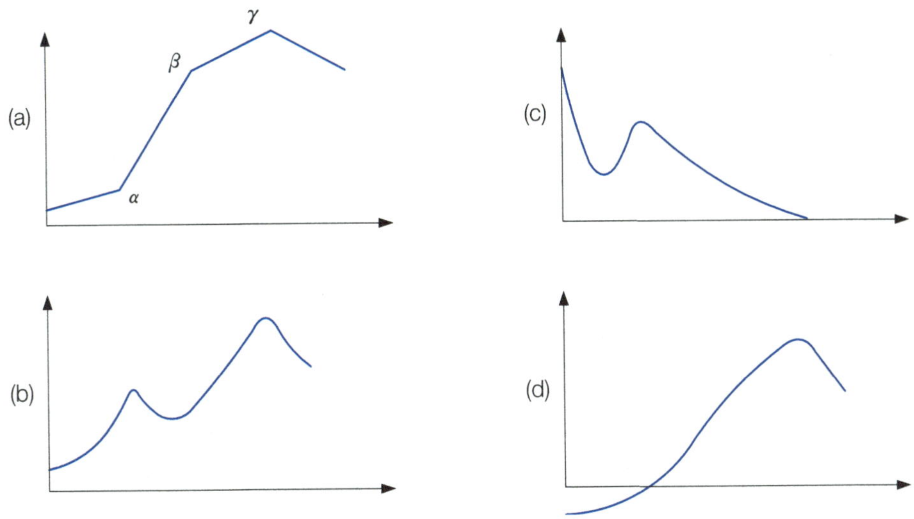

[그림 3-5] 기술 시스템의 일생 곡선

[그림 3-5](a)는 우리가 잘 아는 기술 시스템의 "일생 곡선"이다. 이 그림을 여러 가지 발명 지표들과 단순히 비교하는 것은 흥미롭다. 여기에서 첫 번째 피크는 α점에 해당하며 발명의 수는 시스템의 대량 적용으로의 전이 기간에 증가한다.

(b)는 기존의 기술 시스템과 관련된 발명수의 변화를 나타내는 전형적인 곡선으로서 두 번째 피크는 시스템이 자신의 일생을 연장하려고 하면서 생긴다.

(c)는 발명 수준의 변화를 나타내는데 기술 시스템의 기본을 정하는 첫 번째 발명은 항상 수준이 높지만, 점차 그 수준이 낮아진다. 이 그림의 피크는 시스템의 대량 적용 가능성을 보장하는 발명들에 해당한다. 그 다음 피크(발명수준)는 떨어진다. 발명의 수준은 피할 수 없이 제로까지 떨어진다.

마지막으로 (d)는 기술 시스템의 발전 기간 동안 발명에 대한 평균 효율(실질적인 경제적 이득)의 변화를 나타낸다. 첫 번째 발명은 매우 높은 수준에도 불구하고 이익을 가져오지 못한다. 기술 시스템은 종이 상에서 존재하거나, 격리된 모형으로 존재하며, 많은 단점과 불완전성을 가지고 있다. 이익은 시스템이 대량 적용으로 전이한 다음에 나타나기 시작한다. 이 기간에 작은 개선 조차 큰 "경제"적 이득을 가져오고, 따라서 발명가에게 매우 큰 보상을 가져다준다.

3) 진화 시나리오

패러다임 전환은 과학 활동에서 새로운 개념이, 객관적 관찰을 통해 형성되는 것이 아니라, 연구자 집단이 모두 받아들이는 과정에서 형성된다. 시대적으로 패러다임 전환은 계속적으로 이루어지고 있으며, 전환이 이루어질 때마다 적잖은 진통이 사회적으로 큰 파장을 일으키면서 계속 발전을 하고 있다. 그러면 여기서 진행되는 진화 시나리오에 대해 살펴보도록 한다.

가) 이상성 증가

이상성은 (해로운 기능+비용)에 대한 '유용한 기능'의 총합을 의미하는 데 가격은 떨어지지만 제품에 대한 기술진화가 이상성이 증가하는 방향으로 패러다임이 진행되고 있다.

예를 들면, 시간의 경과에 따른 반도체 칩의 처리 속도의 다양성에서 무어의 법칙을 들 수 있다. 이 법칙은 1965년 페어차일드의 연구원이었던 고든 무어가 만든 법칙으로서 반도체 메모리 집적의 발전 속도(속도나 용량)가 18개월마다 2배씩, 지수 함수적으로 증가한다는 것이다. 그러나 황의 법칙을 통해 반도체 처리 속도가 패러다임 전환을 이루게 되었다.

> **용어설명 황의 법칙**
>
> 한국의 삼성전자의 기술총괄 사장이었던 황창규가 제시한 이론이다. 2002년 2월 미국 샌프란시스코에서 열렸던 ISSCC(국제반도체회로 학술회의)에서 그는 '메모리 신성장론'을 발표하였는데, 무어의 법칙과 달리 메모리반도체의 집적도가 1년에 두 배씩 늘어난다는 이론이었다. 그는 이에 맞는 제품을 개발하여 이론을 입증하는데 성공하였다. 그러나 2008년에 삼성이 128GB짜리 NAND플래시 메모리를 발표하지 않음에 따라 법칙이 깨졌다.

나) 하위 시스템의 불균일 진화

시스템의 여러 부분들의 진화 속도가 균일하지 않고 서로 다른 속도로 진화하고 있다. 예를 들면, 컴퓨터의 CPU는 빠른 속도로 진화하였지만 입력매체는 아직 키보드인 점이 이를 말해주고 있다. 뿐만 아니라 정보화 패러다임의 전환 방향은 전산화 → 정보화 → 지식화 → 유비쿼터스화를 거쳐 지능화하여 사물 인터넷(IoT, Internet of Things)를 구현하게 되었지만 이를 기반으로 하는 물리공간의 진화는 기대할 수 없다.

용어설명 **지식화**

정보화 패러다임에서 무수히 많은 정보의 자유로운 유통이 개인과 조직에 영향을 주므로 사람들은 지식화를 추구하게 된다. 지식화는 조직이 보유하고 있는 지식 재산을 체계적으로 흡입, 분류, 저장, 창조하여 조직 전체의 지식수준을 높이고 지식관리 시스템 상에서 모든 조직 구성원이 투명하게 공유하여 조직혁신과 문제 해결능력을 높임으로서 조직의 가치와 경쟁력을 극대화시키고 있다.

다) 상위 시스템으로의 전이

진화 과정에서 시스템은 서로 통합하여 이중 및 다중 시스템을 형성함으로써 점차 보다 복잡한 기능을 수행할 수 있는 패러다임 전환이 진행되고 있다.

이때 2가지 이상의 기술과 시스템을 활용하여 목적하는 바를 달성하기 위하여 개선하는 행위, 그리고 신기술이나 신제품을 생성하기 위한 기존 기술이나 시스템의 하이브리드, 즉 융합(convergence)이라고 한다. 산업 서비스 매체의 통합을 지칭하며 모든 경계가 뚜렷하지 않고 서로 섞이는 융합 현상으로 스마트 그리드, u-헬스케어 및 ITS 등이 좋은 예이다.

용어설명 **스마트 그리드**

스마트 그리드는 에너지 네트워크와 통신 네트워크가 합쳐진 지능형 전력망으로 '똑똑한'의 스마트와 전기, 전력을 뜻하는 그리드가 합쳐진 용어이다. 다시 말하면 발전→송배전→판매에 이르는 기존 전력망에 IT를 융합시킨 전력망이다.

지능형 전력망이라는 뜻을 가진 스마트 그리드는 전력회사의 통합제어 센터와 발전소, 송전탑, 전주 그리고 가전제품 등에 설치된 센서가 쌍방향으로 실시간 정보를 교환하며, 최적의 시간에 전력을 주고받음으로써 가장 효율적인 전력의 생산과 소비가 가능할 수 있다.

융합의 출현 배경을 보면 먼저 공급자측 요인으로는 수익사업의 모색, 기술 라이프 단명화, 디지털 기술의 발달, 규제완화 등과 같은 사업 환경의 변화에 근거를 두고 있고 다음으로 소비자측 요인으로는 기존 서비스에 대한 인식 제고, 편리하고 시간 절약에 대한 소비자 니즈의 변화를 들 수 있다.

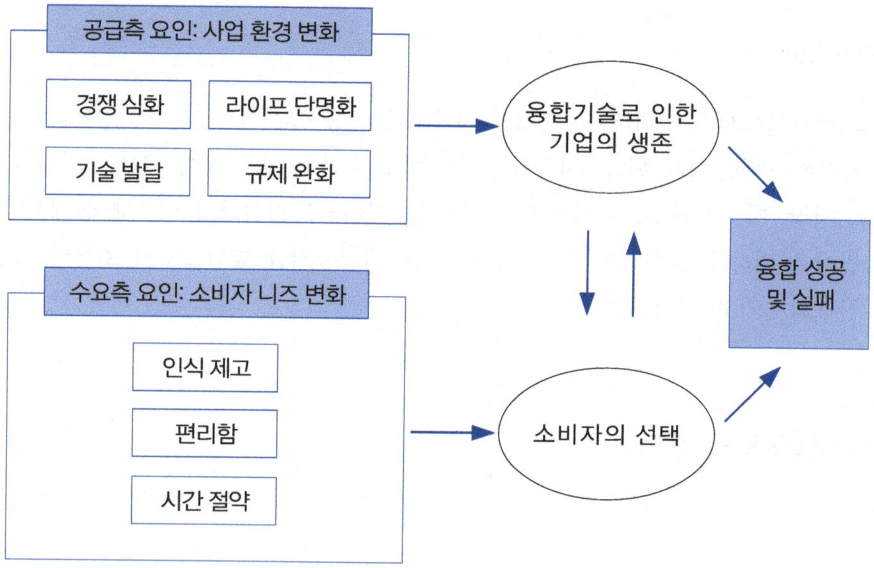

[그림 3-6] 융합 배경

라) 동적특성(유연성) 증가

기계 시스템이 성능을 향상시키기 위하여 초기의 고정적인 시스템에서 유연하고 적응력 있고 움직이거나 조정이 가능한 동적인 구조로 진화하고 있다.

마) 미시수준으로의 전이

시스템의 기능을 수행하는 작동기관이 초기에는 Macro 수준으로 진행하고 나중에는 Micro 수준으로 발전하게 된다. 대립되는 특성을 갖는 부분을 분할함으로써 시스템 성능이 개선되며, 또한 시스템에서 사용하고 있는 소재뿐만 아니라 구성요소들이 단편화되는 장점이 있다. 간단한 예로 물 세차에서 스팀 세차로의 발전, 금속 절단기에서 레이저 절단기로의 발전 등을 들 수 있다.

바) 시스템 완전성

독립적인 기술의 시스템의 경우 Engine(동력의 생성), Transmission(동력의 전달), Control Unit(Operation의 조정), Working unit(Operation의 도구)이라는 요소가 반드시 필요하다. 만약 이들 4개의 요소 중 어느 요소라도 빠지거나 불충분하면, 시스템은 생존할 수 없거나 경쟁에서 이길 수 없다.

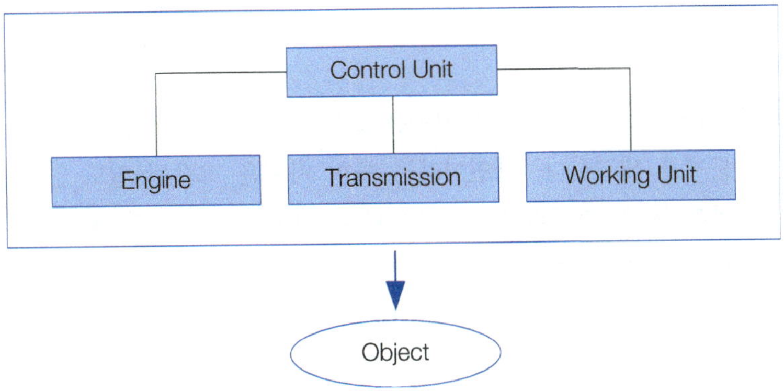

[그림 3-7] 시스템 완전성

사) 에너지 전도성

기술 시스템은 엔진에서 작동 기관으로 에너지의 전달 효율을 증가시키는 방향으로 발전하고 시스템의 생존을 위해서는 모든 필수요소들에게 에너지가 전달되어야 한다.

아) 물질-장 상호작용의 증가

시스템 발전은 물질-장 수준을 증가시키는 방향으로 진행하고 성능을 향상시키기 위해 시스템의 제어성을 증가시키는 방향으로 진화하고 있다. 증기기관차가 디젤기관차가 되고 디젤기관차가 전철이 되고 전철이 고속전철이 되는 발전 과정을 예로 들 수 있다.

자) 리듬조화

기술 시스템이 최적의 성능을 갖기 위해서는 그 부분들의 작용 주기들이 동기화되어야 한다는 법칙이며 동기화가 되지 않으면 시스템 요소들이 서로를 방해하고 결국 성능 수행에 어려움을 겪는다.

쉼터 **생체 모방 공학**(biomimetics)

자연 동식물의 특성을 연구하여 새로운 기술을 만드는 학문으로서 동일한 문제에 대해서 자연은 항상 먼저 문제를 해결한다. 자연이라는 특허 자원은 고갈될 일도 없고, 로열티를 요구하지 않는다. 예를 들어, 미국의 노스웨스턴대의 의용공학과 필립 메셀스미스 교수와 그의 연구진은 도마뱀붙이의 접착력과 물속에서도 접착력이 우수한 홍합에서 아이디어를 얻어 접착력이 우수한 새로운 물질을 제조해내는 데 성공을 거두었다. 다른 사례로 사막주행용 소형차의 새 타이어는 낙타발의 압력 분포로 그리고 광디스크 저장시스템의 성능향상은 나방 눈의 구조로 해결할 수 있다.

3. 팀워크

1) 도입 배경

우리는 지금까지 좌 · 우뇌 선호도 측정 방법 그리고 패러다임 전환에 대해 살펴보았는데 사람들은 지식, 경험, 능력 등이 똑같을 수 없으며, 매우 다양하기 마련이다. 이때 팀의 시너지 효과를 높이기 위해서는 지식과 경험이 다양한 것이 좋다. 그러므로 사고방식이 서로 다른 사람들끼리 허만의 두뇌우성 모형 이론에 근거하여 팀을 이루는 것이 바람직하다. 이와 같이 팀 구성원 간의 상호 작용을 통하여 협동하는 것을 팀워크라고 한다.

공학설계에서 팀워크의 중요성은 아무리 강조해도 지나치지 않다. 공학설계의 특성상 다양한 분야 간의 협력이 매우 중요하기 때문에 한 명의 엔지니어가 모든 부분을 책임지고 수행하기 어렵다. 따라서 기러기들처럼 팀 구성원들이 유기적인 협력을 해야만 체계적으로 공학설계 과정을 수행할 수 있다.

기러기의 예와 같이 벌들도 여왕벌을 중심으로 팀과 팀워크를 통해서 생존 능력을 향상시키고 서로에게 도움을 준다. 벌이 팀워크를 통해서 효율적으로 활동을 수행하므로 근거리 액세스 기술에서 Zigbee로 명명할 정도이다.

인생은 계속적인 팀 활동의 연속이라고 할 수 있다. 따라서 팀워크의 중요성을 잘 이해하고 그 기술을 활용할 줄 알면 인생에서 성공할 확률이 상당히 높아진다.

팀의 종류를 분류하는 방법은 다양하지만, 특히, 설계팀에서는 엔지니어가 팀 구성원이나 리더로 활동하는 경우가 많다. 이는 엔지니어가 공학적인 문제점을 찾아내서 개선하거나, 새로운 제품을 개발하는 것을 주요 업무로 하고 있기 때문이다.

조직과 일반적인 팀은 다음과 같은 5가지 측면에서 각각 다른 특성을 가지고 있다.

① 리더십 : 조직은 수직적 구조로 인해 집중된 리더십을 가지고, 팀은 수평적 구조로

인해 구성원 간 공유된 리더십을 가진다.

② 책임 : 조직에서는 개인의 책임이 강조되며, 팀에서는 공동의 책임이 강조된다.

③ 작업 수행 : 조직에서는 개별적으로 작업이 수행되며, 팀에서는 공동으로 작업이 수행된다.

④ 회의 진행 : 조직에서는 폐쇄적인 회의가 진행되며, 팀에서는 개방적인 회의가 진행된다.

⑤ 의사 결정 : 조직에서는 상사에 의한 지시 중심의 의사 결정이 이루어지며, 팀에서는 구성원 간의 토의 중심으로 의사결정이 이루어진다.

2) 팀 구성원의 자세 및 역할

엔지니어는 공학설계를 위한 팀에 소속되고, 팀 구성원으로서의 역할을 수행해야 한다. 팀 구성원으로서 성공적인 역할 수행을 위해서 다음과 같은 '팀 구성원으로서 갖추어야 할 7가지 자세'를 취해야 한다.

① 항상 긍정적인 사고와 책임감을 갖는다.
② 토의 및 과제에 자발적인 참여를 하도록 한다.
③ 주어진 일을 기한 내에 마무리한다.
④ 다른 팀 구성원의 의견을 경청한다.
⑤ 다른 팀원의 장점을 인정한다.
⑥ 자신의 의견을 분명히 표현한다.
⑦ 팀 구성원 간에 충고는 겸허하게 수용한다.

팀의 목표를 성공적으로 달성하기 위해서는, 다양한 경험과 지식을 가진 팀 구성원들의 능력이 효율적으로 발휘되어야 한다. 즉, 팀 구성원의 임무는 팀의 목표 달성에 부합하고, 발산적 사고 또는 수렴적 사고를 통한 팀 협력을 원활히 하며, 창의력이 높아질 수 있도록 역할을 분담해야 한다.

원활한 팀의 운영을 위해서 팀 구성원이 다양한 임무 수행 경험을 쌓는 것이 필요하다. 이를 위해서는 프로젝트별로 임무를 교체 수행하는 것이 바람직하다.

팀 구성원의 임무는 서기, 과정 관찰자, 의견을 구하는 사람, 그룹을 격려하는 사람, 의견발의자, 코디네이터, 화합자, 진행자, 공헌자, 정보를 찾는 사람, 정보제공자, 노력자, 방향제시자, 비평가, 과정기술자 등이 있는데, 그 중에서도 중요한 팀원의 역할에 대해서 설명하면 다음과 같다.

① 리더 : • 팀의 대변인으로서 회의를 소집하고 경영진에게 보고
　　　　 • 요약된 문서를 다음 회의의 의제와 함께 팀 구성원에게 전달
② 과정 관찰자 : 팀 회의과정과 임무할당과정의 관찰 및 개선점 제안
③ 서기 : 팀 구성원의 임부 보고서 요약, 팀의 결정 사항 기록, 할당된 임무 열거
④ 회의 리더 : 특별한 회의 중에 리더의 역할 담당

3) 팀 회의 진행 방법

가) 팀 회의 준비

(1) 회의 목적과 범위를 분명히 한다.

회의의 목적과 내용을 분명히 정하고, 참석자의 대상 범위를 정한다. 참석자들에게는 회의 전에 회의 목적과 내용을 전파하여, 필요한 정보를 사전 파악해서 회의에 참석할 수 있도록 해야 한다.

(2) 회의 참석자를 확인한다.

발표해야 하는 팀 구성원이 참석하기 어려운 경우에는 회의 시간을 변경해서라도 효율적인 회의가 되도록 준비한다. 회의 참석자들은 예정 시간보다 5분 정도 빨리 도착하는 것이 원활한 회의 진행에 도움이 된다.

(3) 회의 장소와 시간을 확인하다.

팀 구성원들이 편리하게 만날 수 있는 장소와 시간을 합의해서 정한다. 그리고 회의 장소가 회의 시간에 사용 가능한지를 담당자가 확인한다.

나) 팀 회의 진행

(1) 팀 구성원들과 인사를 나눈다.

가벼운 마음으로 서로 상견례하고, 즐겁고 활발한 대화가 이루어지도록 분위기를 만든다. 창의적이고 건설적인 아이디어 발상을 위해 자유롭고 긍정적인 분위기를 만든다.

(2) 회의 주제에 관해서 정보를 공유한다.

회의 주제에 관해서 자유로운 대화를 함으로써 정보 공유를 원활하게 하도록 한다.

(3) 창의적인 회의를 위한 방법들을 활용한다.

팀 규칙, 브레인스토밍의 네 가지 규칙, 창의적 사고 기법 등을 활용한다.

(4) 리더의 진행으로 회의를 진행한다.

리더가 회의 목적과 내용을 분명하게 제시한다. 모든 팀 구성원들은 의견을 활발하게 제시하며, 서기는 내용을 기록하고, 회의 중 또는 회의 후에 회의록으로 정리한다.

다) 회의 마무리

(1) 회의 결과를 요약해서 알린다.

합의된 회의 결과를 알려서 오해가 발생하지 않도록 하며, 잘못된 점은 수정할 수 있도록 한다. 또한 해결되지 못한 내용은 다시 준비하여 다음 회의에서 협의할 수 있도록 한다.

(2) 회의를 종료한다.

다음 회의에 관한 회의 주제, 날짜, 장소 등을 정하며 회의를 종료한다.

라) 팀 회의록 작성과 활용

팀 회의 결과는 항상 회의록으로 남겨 회의 결과가 빠지거나 잊는 일이 없도록 하며, 다음 회의를 준비할 수 있도록 한다. 또한 팀 회의를 시작할 때는 반드시 지난 회의 결과를 팀 구성원들에게 낭독하여 회의가 연속성을 가질 수 있도록 한다.

<table>
<tr><th colspan="4">창의적 공학설계 회의록</th></tr>
<tr><td>일시</td><td>20XX년 11월 11일</td><td>분반</td><td>1조</td></tr>
<tr><td>참석자 명단</td><td>고XX 박XX 이X
오XX 박XX</td><td>불참자 명단</td><td>없음</td></tr>
<tr><td>회의 내용</td><td colspan="3">
주 제
우주선이 달을 탐사하기 위하여 지구를 출발했다. 그런데 우주선이 달에 착륙하는 순간 충격 때문에 달 표면을 비추기 위해 설치해 놓은 전구가 깨져 버리는 문제가 발생했을 때 해결 방안

일 정
; 11월 23일까지 제출이므로 11월 21일까지 완성하기로!
; 11월 16일까지 각자 조사해서 카톡방에 올려주기!
; 11월 17일 5시에 세 번째 만남!

전체적인 구성(수정 예정)
문제 인식(문제 배경 조사) → 문제 해결방법 브레인스토밍 → 다양한 해결 방법 제시 → 정리 및 마무리

해결 방법
>> 진공이기 때문에 충격에 견딜 전구 필요 없음을 트리즈 사고방식에 따라 자세히 정리하기! 리포트 전체적인 틀 만들기 → 이X
>> 충격력 어느 정도인가, 충격에 견딜 수 있은 전구 소재가 있는가? 충격을 최대한 감소시킬 수 있는 방법 등 조사 → 오XX
>> 조명(전구)을 사용하지 않고 발광할 수 있는 것이 있는가? 화학발광 생물발광 다이오드 등 → 고XX 박XX
>> 달의 표면 상태를 점검하기 위해 조명이 필요한 것이므로 빛 이외에 초음파나 레이더 등 다른 방법으로 표면 상태를 점검할 수는 없는가? → 박XX

+ 조명을 사용하지 않고 발광할 수 있는 방법과 빛을 사용하지 않고 표면조사를 할 수 있는 방법은 우주에서 사용가능한 것인지도 꼭 점검하기!
+ 태양빛을 모아서 반사시키는 방법 등 조사하면서 더 생각나거나 찾아지는 내용이 있다면 간략하게 조사해서 카톡방에 알려주기!
+ 단순히 조사해서 복사하는 것이 아니라 보고서를 쓴다는 생각으로 정리해주어야 정리가 편해요!
</td></tr>
</table>

연습문제

1. 허만의 두뇌 우성 모델 각 사분면(A,B,C,D)의 특성에 대해서 설명하시오.

2. KAI(Kirton Adaption-Innovation inventory)의 사용 목적, 측정 및 판단기준 그리고 적용분야에 대하여 서술하시오.

3. 허만의 두뇌 우성 모형을 4분면으로 구분하여 도시하고 각각 해당되는 성격적 지향 특성(3가지씩)을 제시하시오.

4. 패러다임 전환(Paradigm Shift)을 시스템 일생 주기 측면에서 설명하고, 진화 시나리오(5가지)에 대해서 제시하시오.

5. 허만의 두뇌 우성 모델에 의한 팀 구성 방법을 간단히 제시하시오.

요약

1. HBDI(Herrmann Brain Dominance Instrument)는 개인적인 사고 선호도 식별과 그 행동의 예측을 돕기 위한 설문지로 설문지 파일을 다운받아 오프라인으로 작성하거나 유료 사이트에서 온라인으로 작성하여 자신의 좌우뇌 선호도를 측정해 볼 수 있다.

2. KAI(Kirton Adaption–Innovation inventory)는 Michael Kirton에 의해 만들어진 것으로 사람의 창의성과 문제해결 스타일을 측정하기 위해서 필요하다.

3. 과학 활동에서 새로운 개념이 고전적 관찰을 통해 형성되는 것이 아니라 연구자와 사용자 집단 모두 받아들이는 과정에서 신뢰하는 과학 내용과 수단을 패러다임(paradigm)이라고 하며 패러다임이 대체되는 과정을 패러다임 전환(paradigm shift)라고 정의한다.

4. 팀 구성원 간의 상호 작용을 통하여 협동하는 것을 팀워크라고 하며 사고방식이 서로 다른 사람들끼리 허만의 두뇌우성 모형 이론에 근거하여 팀을 이루는 것이 바람직하다.

제4장

창의적 사고
문제 해결

학습 목표

1. 창의성의 개념에 대하여 이해할 수 있다.
2. VIEW 검사에 대하여 이해할 수 있다.
3. 창의적 사고 문제 해결 유형에 대하여 이해할 수 있다.

창의성(creativity)에 대한 연구는 교육학자를 비롯하여 많은 학자와 연구원들이 지속적으로 연구를 해왔다. 그러나 무엇이 창의적인 교육인지에 대한 해답은 학습자의 다양한 성격과 특성에 따라 이에 대한 해결책을 제시하기에 적잖은 어려움을 겪고 있다. 그러므로 창의적인 사고 문제 해결을 위해서는 두 가지 측면에서 학습이 진행되어야 한다. 하나는 '창의적인 수준 · 능력'을 개발하는 것이고, 다른 하나는 자신, 팀, 조직이 가지고 있는 창의와 혁신의 '일 처리 스타일'을 확인하고 그것을 최대로 활용하는 것이다.

창의적 사고 문제 해결 유형은 개인, 팀워크 및 조직 프로젝트의 효율성과 생산성을 크게 결정한다. 창의적 사고 문제 해결 유형이란 도전적인 문제를 해결하거나 새로운 변화에 접근할 때 개인이 보다 더 좋아하는 접근 방식을 말한다. 개인들은 문제를 정의하고, 아이디어를 생성하고 그리고 의사 결정하는 방식이 서로가 많이 다를 수 있다. 행동 스타일의 개인차는 개인뿐만 아니라 팀워크나 조직 프로젝트의 효율성과 생산성을 결정하는 중요한 변수이다.

창의성은 타고난 특별한 사람에게 부여되는 특성이 아니라, 인간이라면 누구나 잠재적인 창의력을 보유하고 있다. 그런데 많은 사람들이 창의성을 가지고 있다는 사실도 제대로 인식하지 못하며, 본래 창의성을 가지고 있는 인간으로서 당면한 문제들을 해결하는데 창의적인 잠재력을 제대로 활용하지 못하는 상황에 놓여있다. 따라서 우리는 다른 사람들이 어떻게 창의적 문제해결을 수행하는 지를 세밀하게 분석하고, 이를 자기 자신에게 창의성 계발에 도움이 되도록 스스로 연구해야 한다.

본 장에서는 창의성의 개념을 설명하고 창의적 사고 문제 해결 유형을 진단하기 위한 VIEW 검사를 알아본 뒤 창의적 사고 문제 해결 유형에 대하여 공부하도록 한다.

1. 창의성이란?

대상을 확산적인 사고 요소들을 포함한 지적인 능력의 일부분으로 보는 방향과 특수한 인성적 특성으로 각각 상호 모순적으로 보는 경향이 있어 이때 창의성을 문제해결 능력의 한 수단으로 본다.

[그림 4-1]에서 두 가지 상호 모순적인 대상을 예로 들면, 하나는 물을 거부하는 우산이요, 다른 하나는 물을 수용하는 물 컵이다. 물에 대해 이율배반적인 관계에 있는 우산과 물 컵의 결합을 사진작가 마가리트는 바로 헤겔이 말한 변증법적 이론에 아이디어를 얻었다.

[그림 4-1] 마가리트의 '헤겔의 휴일'

용어설명 **변증법**

사물이 운동하는 과정에서 내부에 존재하는 모순으로 인해 자신을 부정하게 되고, 다시 이 모순을 지양함으로써 다음 단계로 발전해 가는 논리적 사고법을 말한다.

창의성에 대한 생각과 개념은 여러 학자들에 의해 여러 가지 형태로 해석되고 있다. 최근 학계에서는 '새로우면서 적절한 산출물을 생산해 낼 수 있는 능력'이라고 정의하고 있다. 다시 말하면 어떤 문제에 대한 새로운 해결안, 새로운 방법이나 고안, 새로운 예술적 대상이나 형태 등으로 구체화된다. 많은 창의적인 사람들은 무질서 · 모순 · 불균형 등에 강한 흥미를 보인다. 그들은 때로 불균형과 무질서가 하나의 재미있는 현상이라고까지 여긴다. 또한 창의적인 사람들은 심리적으로 불안정한 것 같은 인상을 주기도 한다.

이와 같이 창의적이고 혁신적인 능력을 가지고 있는 사람에 대해서 두 가지 측면에서 설명할 수 있다. 창의력의 수준을 말하는 '얼마만큼 창의적인가?'와 창의력의 유형을 말하는 '어떻게 창의적인가?'이다.

현대사회가 기술 문명과 IT 산업 중심으로 발전해가면서 전문가뿐만 아니라 일반사회 영역에서 창의성 발휘가 중요한 가치로 인식되고 있다. 이를 위해서 사회 각 계층에서는 유아기부터 다양한 창의적 사고방식을 기르기 위한 많은 교육 프로그램을 통하여 이를 대처해왔다. 인류 역사를 통해 문명이 수렵과 농업 경제에서 18세기 산업혁명으로부터 20세기 지식 창조(Knowledge Creativity)의 도약을 실현하였으며, 21세기는 지식 기반의 정보화와 지식경제로 전환되고 있는 현시점에서 지식의 적용을 위한 창의성 계발은 무엇보다도 매우 중요한 위치에 있다. 창의성은 결국 모든 사회뿐만 아니라 공학 분야에도 큰 영향을 미치고 있으며, 한편으로 국가 경쟁력으로 발전하고 있다.

산업화 시대 이전에는 역사적으로 무력이 국력 그 자체였으나, 산업화 시대는 경제적인 부의 축적이었으며, 21세기 지식과 IT 사회에서는 지식 관련 산업과 기술 및 시스템이 곧 국력으로 판가름 된다. 산업화 시대에서는 국가나 사회의 부가적 자연자원과 제품의 생산 능력으로 측정되었지만, 지식과 정보사회에서는 국가의 부는 국민들의 지식과 정보의 산업화가 부국의 길이 되고 있다. 지식기반사회에서는 국민들의 정보 생산력이 기초가 되고, 새로운 정보의 생산능력은 개인과 국가의 창의성에 의해 결정된다. 글로벌화 되어가는 지구촌 시대에 창의성 교육의 중요성은 과거 어느 때보다도 시급하고 강조된다. 물론 이러한 산물들을 구현하기 위해서는 여러 인프라와 부가적인 자원이 요구되고 있으나, 자원이 부족한 현재인 우리로서는 창의성에 기반이 된 제품 생산만이 국제 경쟁력을 갖출 것으로 생각된다.

쉼터

워크스마트

직원들의 업무 시간은 늘었는데 오히려 생산성은 떨어져 고민인 K사장. 업무시간에 효율성을 높이는 기막힌 방법을 찾는 중 어느 날 신문을 읽던 K사장은 눈에 쏙 들어오는 기사를 하나 발견했다. '21세기에 생산성을 높이려면 직원들이 똑똑하고 창의성을 개발할 수 있도록 워크스마트(Work Smart)를 도입해야 한다.' "뭐? 워크스마트? 최첨단 IT 인프라를 구축하라는 말인가?" 그런데 기사를 자세히 읽어 보니 '진정한 워크스마트란 직원들이 일하는 사무실부터 바꾸는 것'이라고 쓰여 있다. 직원들이 효과적이고 똑똑하게 일할 수 있는 사무실 환경이란 과연 어떤 모습일까?

워크스마트란 IT 인프라를 구축하는 것이 전부가 아니다. 진정한 워크스마트란 창의적인 아이디어를 바탕으로 똑똑하게 일하는 것을 말한다. 그렇다면 워크스마트로 가는 첫걸음은 무엇일까. 그것은 바로 '스페이스(공간)', 즉 사무실 환경을 바꾸는 것이다. 사무실은 직원들이 일하는 공간이며, 이 공간의 분위기에 따라 창의성이 좌우된다.

ㄹ. 창의성 발생 요인

창의적 아이디어는 기존의 정보와 새로운 정보의 교묘한 혼합에서 발생하고 있다. 우리가 창의적 인간이 되기 위해서는 기존의 지식을 채택하고 커버하는 데 현명해야 할 것이다. 새로운 기술 개발과 비즈니스 시각에서는 암기형 인간보다 지식을 지혜로 바꾸고 새로운 기획이나 기술을 창출하는 능력을 가진 사람이 필요하다.

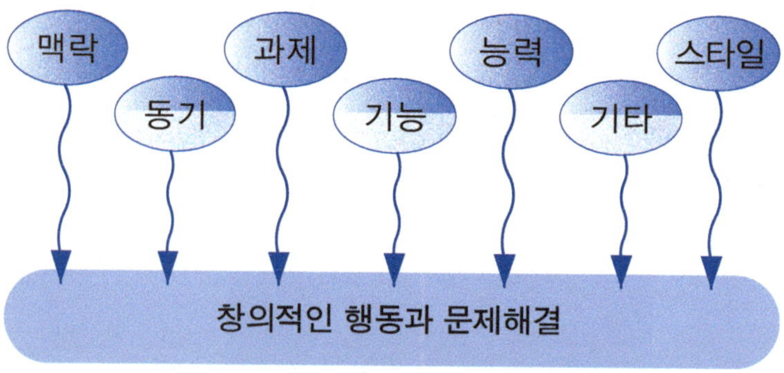

[그림 4-2] 창의적 행동과 문제 해결에 작용하는 요인들

예를 들면, 물에 빠진 사람에게 구명조끼를 전달하는 이동 기구인 '인명구조용 무인 호버크래프트(Hovercraft for Rescue)'는 별다른 조정장치 없이 휴대폰으로 조종이 가능한데 매우 급한 상황에서 공중부양으로 물 위를 신속히 이동할 수 있고, 카메라가 장착돼 있어 시야가 닿지 않는 지점까지 조종할 수 있다. 또 기구 상단에 구명조끼 발사대를 장착해 물에 빠진 사람에게 근접한 후 구명조끼를 발사할 수 있도록 설계됐다. 이는 사람이 물에 빠진 위급한 상황에서 근접한 호버크래프트를 붙잡고 동반 입수하는 것을 방지하기 위함이다.

외국의 사례를 보면, 영국의 맘스버리에 위치한 다이슨 가전회사에서 2009년 제트 엔진의 원리를 이용하여 날개가 없는 선풍기를 개발하여 시판하고 있다. 제임스 다이슨은 '선풍기는 날개를 이용하여 바람을 일으킨다.'는 기존의 틀을 깨는 창의적인 아이디어를 발상하여 날개 없는 선풍기인 다이슨 에어 멀티플라이어를 개발하였다.

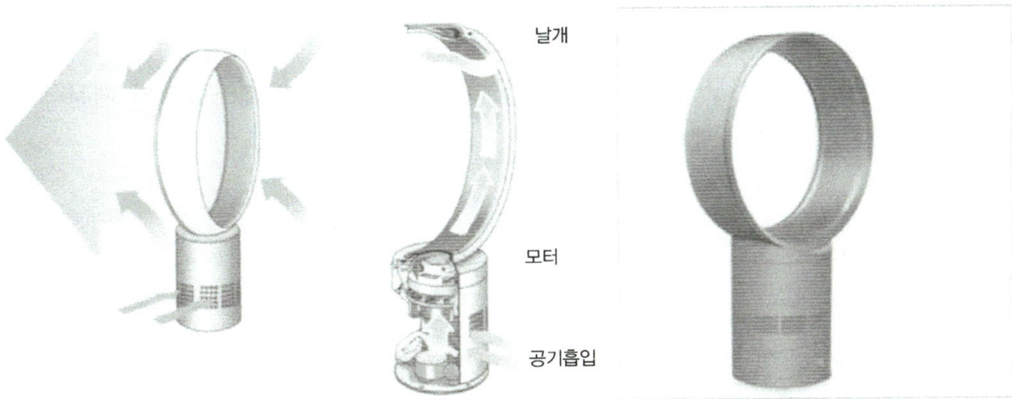

[그림 4-3] 날개 없는 선풍기 : 다이슨 에어 멀티플라이어

아이디어는 생각으로 끝나면 망상으로 이어질 수가 있다. 창의적인 발상을 구체화하여 이를 구현함으로 창의적인 결과가 생성된다. 그렇다면 창의적인 발상의 원천이 되는 4가지 접근 방안을 살펴보도록 한다.

1) 경 험

실제 문제는 여러 분야의 지식을 요구하고 있으나 방대한 양의 지식을 손쉽게 접근할 수 있는 tool이 부족하다. 이때 도입된 경험의 창의성은 경험에 의해서 어떤 것이 효과가 있을지, 어떤 것이 성공할 지를 검토하는 데 중요하다. 그러므로 창의성 발생에 영향을 주는 방법에는 다음과 같이 세 가지가 있다.

가) 부가 기능을 활용하는 방법

이전에 성공을 거둔 제품, 아이디어 등을 조금만 변형시켜서 새로운 아이디어처럼 변화시킨다. 전형적인 시장 경쟁에서 언급되는 제품의 차별화는 일반적으로 경험의 창의성으로 해석된다.

나) 반복을 통한 응용

이전에 성공한 상품이나 방법 등을 계속 반복해서 활동하는 방식이다. 영화나 드라마가 흥행에 성공하며 후속편을 내보내 경험의 창의성이 영향을 주고 있다.

다) 분해와 재조립

성공으로 알려진 여러 상품이나 사례를 분석하여 구성 요소를 다른 방식으로 일부만 변형하여 재조립한다. 대개 구성요소들은 각각 다른 포장 내에서 재조립되기 때문에 구성 요소 간의 조합은 계속해서 변한다.

2) 동기 부여

관습적 그리고 전통적인 사고는 혁신적 아이디어 창출을 방해하고 있다. 뿐만 아니라 다양한 관점 그리고 영역에서의 문제 검토 기회를 박탈하고 있다. 그러므로 창의성을 내기 위해서는 동기 부여가 대단히 중요하다.

동기 부여란 개인에게 어떤 특정한 자극을 주어 창의성을 불러일으키는 행동을 말하며 무언가를 하고자 할 때, 동기를 부여하는 방법에는 2가지가 있다. 하나는 기대감이고 하나는 절망감이다.

예를 들면, 다이어트를 하려고 마음먹은 사람들 역시 이 두 가지 동기로 분류된다. 즉, 어떤 사람들은 날씬하고 멋있는 몸매를 가지려는 기대감으로 다이어트를 시작하고, 또 어떤 사람들은 비만이라는 절망감에서 탈피하기 위해서 다이어트를 시작하게 된다. 전자를 '지향성 동기'라고 하고 후자를 '회피성 동기'라고 부른다.

전자는 원하는 쪽으로 다가가는 것이지만, 후자는 원하지 않는 것을 멀리하는 것을 말한다. 이러한 동기의 방향은 창의성에 대하여 막대한 영향을 끼치는 프로그램이다.

이 두 가지 동기의 방향은 우리에게 동기를 부여할 때, 각각 서로 다른 방식으로 작용하며, 두 가지 모두 필요한 상황에서 유용하게 이용할 수 있다.

3) 수평 및 수직적 사고방식

새로운 아이디어를 창출하고 인식을 변화시키기 위해 수평적 사고의 체계적인 창의적 발상 기법을 정확하게 그리고 의식적으로 사용할 수 있다. 수평적 사고 중심의 발상기법과 도구는 학습과 연습이 가능할 뿐만 아니라 필요한 시기에 매우 유용하게 이용되어 차별화와 경쟁력을 향상시키고 부가가치를 발생시킬 수 있다.

수평적 사고가 중요성을 가지고 있지만 문제의 본질과 무관한 목표를 설정함으로써 가지고 있는 지식 안에서 해결안을 찾게 되므로 창의성이 부족한 요인이 되고 있다. 그러나 인간의 두뇌는 과거의 경험과 학습을 기반으로 상황과 문제를 분석하고 그 정형화된 틀 안에서 판단하는 수직적 사고의 특성도 가지고 있으므로 모두가 창의성 발생의 근거가 되고 있다.

4) 억압으로부터의 자유

인간의 두뇌는 창의적으로 설계되지 않았기 때문에 두뇌를 해방시킨다고 해도 크게 창의적이 되지 않는다. 그러나 조직 문화가 변하면 창의성 결과를 얻을 수 있다는 점을 고려해야 할 필요가 있다. 창의성이 허용될 뿐만 아니라 의사결정자 수준에서 가능한 경쟁의 인식이 형성되면 창의적인 활동을 하게 된다.

물론 억압으로부터의 자유는 창의성의 중요한 요소이지만 그 자체로는 단지 창의성을 향한 동기를 형성하기에는 충분하지 않다. 따라서 억압으로부터의 자유가 창의성을 창출하는 것은 아니며, 창의적이기 위한 환경적 요소로 볼 수 있다.

3. 창의적 문제해결 스타일 검사

1) 도입 배경

살아갈 때 우리가 마주하는 문제는 항상 다른 유형으로, 또 생각지도 못한 방향으로 우리 앞에 마주선다. 우리 앞에 마주선 이 장애물을 넘기 위해 우리는 일반적인 문제를 해결하는 프로세스를 이해하고 또 그것을 새로운 문제에 적용하는 연습과 훈련을 거쳐야 한다. 창의적 사고를 활용한 문제 해결에서는 문제는 무엇이며 어디에서부터 어떻게 접근해야 풀어나갈 수 있을지 [그림 4-4]에서 알아볼 수 있다.

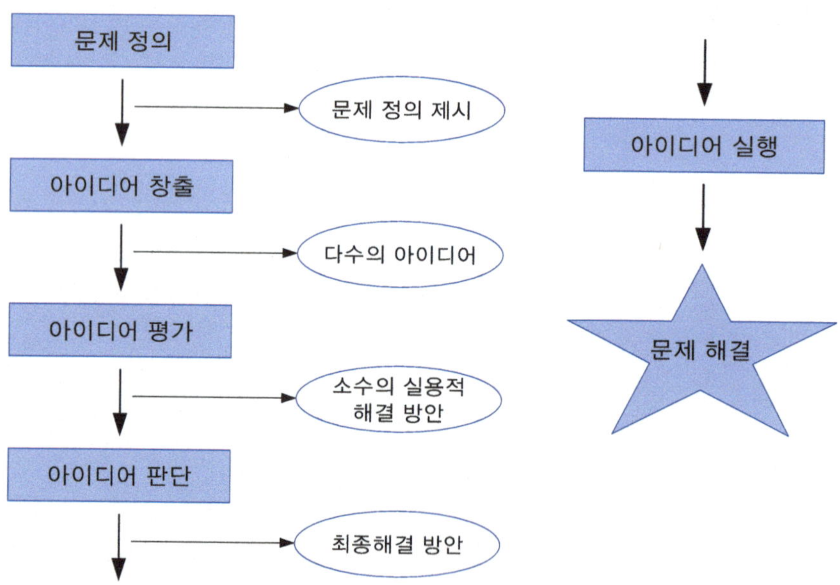

[그림 4-4] 창의적 문제 해결 과정

이때 개인마다 갖고 있는 창의적 사고에 대한 문제해결 스타일은 도전적인 문제를 해결하거나 새로운 변화에 접근할 때 개인이 보다 더 좋아하는 접근 방식을 말한다. 개인들은 문제를 정의하고, 아이디어를 생성하고 그리고 의사 결정하는 방식이 서로가 많이 다를 수 있다. 행동 스타일의 개인차는 개인뿐만 아니라 팀워크나 조직 프로젝트의 효율성과 생산성을 결정하는 중요한 변수이다. 이때, 창의적 문제 해결 행동 유형(style)을 진단하기 위한 도구로서 도입된 것이 바로 'VIEW 창의적 문제해결 스타일 검사'이다.

이 검사의 목적은 일을 처리하고, 문제를 해결하는 스타일(style)을 진단하고, 자신의 창의적인 장점과 약점을 확인하고 이해하며 동시에 남들의 스타일을 존중케 한다. 나아가 새로운 창의와 혁신을 다룰 때 스타일의 시너지 효과를 최대화하기 위함이다.

창의적 사고를 요구하는 과제 · 프로젝트일수록, 특히 팀워크나 조직 프로젝트에서는, 문제해결 스타일의 개인차를 활용하는 것은 매우 중요할 수밖에 없다. 창의력의 '수준'이 비슷해도 '스타일'이 다르면 문제해결은 아주 다른 모습일 수 있다. 그러므로 VIEW 검사는 이러한 문제점을 해결해주는 길잡이라고 할 수 있다.

2) 검사 방법

VIEW 검사는 매우 간단하고 실제적이며 사용하기 쉽게 구성되어 있다. 이 검사에는 34개의 문항이 있으며, 각 문항은 대조적인 스타일을 표현하는 두 개의 진술로 이루어져 있다. 더 좋아하는 접근 방식, 즉 스타일이란 개인이 문제를 해결할 때 일반적으로 취하고 있는 생각과 일처리의 방식을 말한다. 그것은 아마도 개인에게 가장 편안하고 자연스러운 행동방식일 것이다. 문제해결 스타일의 측정은 3개 차원으로 이루어져 있고 각각의 차원은 다시 대조적인 두 개의 스타일로 구성되어 있다.

VIEW 검사는 온라인(on-line)으로만 실시하며 VIEW 검사의 실시와 해석은 인터넷 사이트(http://www.fpsp.or.kr)에서 알 수 있다.

미래 문제 해결 프로그램(Future Problem Solving Program, FPSP)은 Torrance가 1974년 미국에 있는 한 고등학교의 영재교육에 초대 받은 것이 계기가 되어서 만들어진 것이다. 그는 이들 영재들조차도 미래주의, 즉 미래지향적 자세와 기능 및 창의력이 크게 결손 되어 있음에 많은 충격을 받는다. 이 프로그램은 초창기에는 '미래 문제 해결 대회'(Future Problem Solving Bowl)란 이름으로 교육하였지만 창의력 영재 교육 프로그램으로 발전하면서, 명칭도 지금의 '미래 문제 해결 프로그램'으로 개칭되었다.

<VIEW 검사의 예시와 특징>

왼쪽과 오른쪽 진술 가운데 당신이 더 좋아하는 정도가 잘 나타날 수 있도록 1~7단계 가운데 하나를 표시 하십시오.

1. 하던 일을 점차로 개선하는 것	○○○○○○○	1. 하던 일을 혁신적으로 바꾸는 것
2. 지시 받는 데로 일하는 것	○○○○○○○	2. 자신의 방식대로 일하는 것
3. 남들과 토론하면서 생각하는 것	○○○○○○○	3. 혼자서 곰곰이 생각하는 것
⋮		⋮
34. 감정을 먼저 살펴보는 것	○○○○○○○	34. 증거를 먼저 살펴보는 것

1. 간편하다 : 온라인 34개 문항, 10~15분 소요된다.
2. 이해하기 쉽다 : 현학적인 어려운 용어를 사용하지 않는다.
3. 바로 활용할 수 있다 : 효과적인 과제수행에 쉽게 이용할 수 있다.

[그림 4-5] VIEW 검사의 예시

3) 창의적 문제 해결 행동 유형

개인은 변화가 요구되거나 창의적인 아이디어가 필요한 상황에서 자신이 선호하는 일 처리의 스타일을 지니고 있다. 일 처리의 과정에는 다음과 같은 3개의 과정 요소가 포함될 수 있다.

첫째, 문제를 발견 및 확인하는 단계로서, 문제, 과제, 프로젝트, 이슈를 발견한다.
둘째, 문제 해결을 위한 아이디어 단계로서, 문제 해결을 위한 아이디어를 생성해낸다.
셋째, 문제 해결에 대한 행위 계획을 개발하는 단계로서, 아이디어를 해결책으로 개발하고 실천 스케줄을 세운다.

Selby는 위의 과정에서 일어나는 창의적 문제 해결 행동 유형을 3개의 차원으로 구분하여 6개의 스타일로 구분하였다. 3개의 차원으로는 변화에 대한 지향(Oriented to Change, OC), 일 처리의 방식(Manner of Processing, MP), 의사결정의 중심(Ways of Decision, WD)이며, 6개의 행동 유형은 혁신 스타일, 개량 스타일, 외적처리 스타일, 내적 처리 스타일, 사람 중심 스타일, 과제 중심 스타일이다.

쉼터 **MBTI**

MBTI(Myers-Briggs Type Indicator)는 많이 알려진 성격심리테스트로서 주로 장점을 위주로 구분시키고 있는 점이 가장 큰 특징이다. 'Myers-Briggs'란 어머니와 그녀의 딸이 Jung(융)(1971)의 심리 유형에 지각과 판단 선호를 추가하였다. 사람들은 MBTI가 측정하는 8개의 성격 특징 중 4개를 갖고 태어난다고 한다. 인생의 초반부에는 강한 개성을 갖추기 위하여 선호하는 특징을 강화시키나 인생의 후반부에는 덜 선호하는 특징들을 강화시켜 좀 더 균형 잡히고 온전한 성격을 갖추게 된다.

가) 변화에 대한 지향

이 유형은 문제를 해결하거나 변화에 대처할 때 구조, 권위 및 새로운 것에 대하여 어떻게 반응하고 경영하기를 더 좋아하는 지를 나타낸다.

다음과 같은 질문에 대해 생각해 봄으로써 자신이 변화에 대한 지향에 대해서 혁신 스타일인지 개량 스타일인지를 구분할 수 있다.

· 나는 권위, 질서 및 규범을 어떻게 다루기를 더 좋아하는가?
· 나는 제도, 조직 및 구조에 대하여 어떤 기분으로 반응하는가?
· 나는 새로운 도전이나 변화에 대하여 어떻게 반응하기를 선호하는가?

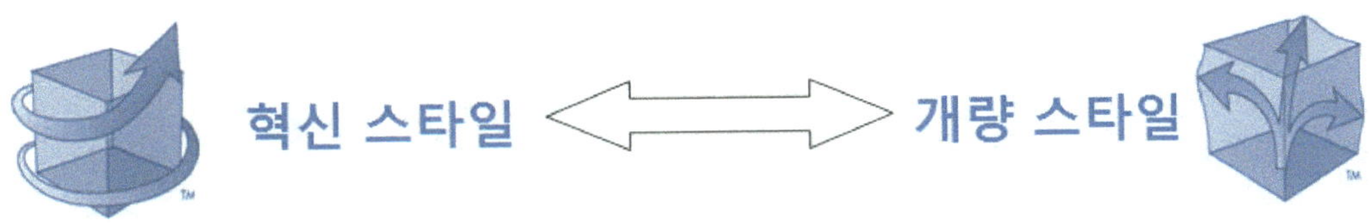

[그림 4-6] 변화에 대한 지향

이 차원은 문제를 해결하거나 변화에 대처할 때 구조, 권위 및 새로운 것에 어떻게 반응하고 접근하기를 더 좋아하는 지를 보여준다. [표 4-1]과 같이 혁신 스타일과 개량 스타일의 두 가지 대조적인 특징이 있다.

[표 4-1] 혁신 스타일과 개량 스타일

변화에 대한 지향	
혁신 스타일	개량 스타일
- 색다르게 하려고 하는 일에 관심 - 권위와 변화 - 독창성 - 예상하지 못했던 접근 - '왜'라는 질문 - 획기적인 대안	- 더 낫게 하려고 하는 일에 관심 - 개선과 규칙 - 신뢰성 - 단계적인 접근 - '어떻게'라는 질문 - 실천적인 대안

나) 일 처리의 방식

이 유형은 문제를 해결하거나 변화에 대처할 때 자기 자신이나 남들의 내적 에너지 및 인적 자원을 어떻게 사용하기를 더 좋아하는 지를 나타낸다.

다음과 같은 질문에 대해 생각해 봄으로써 자신이 일 처리의 방식에 대해서 외적 처리 스타일인지 내적 처리 스타일인지를 구분할 수 있다.

· 나는 정보를 어떻게 관리하기를 더 좋아하는가?
· 나는 언제 내 생각을 남들에게 이야기하는가?
· 나는 남들과 토론하고 상호작용하기를 원하는가?

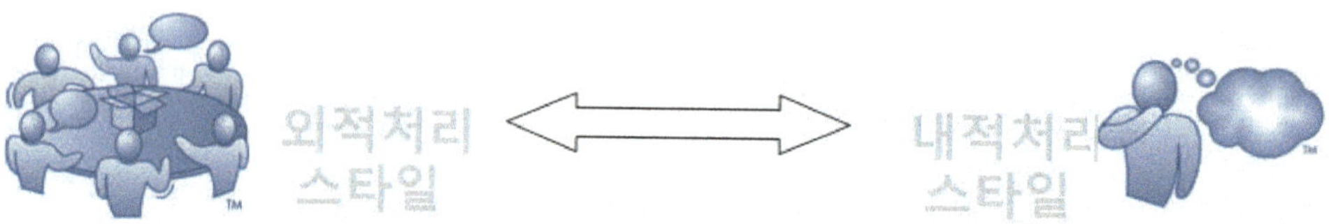

[그림 4-7] 일 처리의 방식

이 차원은 자신이나 남들의 내적인 에너지, 인적자원 및 환경을 언제, 어떻게 사용하기를 더 좋아하는지를 다룬다. 아울러 변화에 대처하거나 문제를 해결할 때 정보를 어떤 방식으로 처리하기를 좋아하는지를 보여준다. [표 4-2]와 같이 외적 처리 스타일과 내적 처리 스타일의 두 가지 대조적인 특징이 있다.

[표 4-2] 외적 처리 스타일과 내적 처리 스타일

일 처리의 방식	
외적 처리 스타일	내적 처리 스타일
- 말로 표현 - 경험한 다음에 이해 - 넓이 - 상호작용을 선호 - 행동 - 행동-사고-행동	- 글로 표현 - 이해한 다음에 경험 - 깊이 - 집중하는 일을 선호 - 반추 - 사고-행동-사고

다) 의사결정의 중심

이 유형은 생각을 집중하여 어떤 결정을 내리거나 행동하려고 할 때 과제와 성과를 강조하는지, 아니면 대인관계적인 요구를 강조하는지를 나타낸다.

다음과 같은 질문에 대해 생각해 봄으로써 자신이 의사결정의 중심에 대해서 사람 중심의 스타일인지 과제 중심 스타일인지를 구분할 수 있다.

· 나는 판단하거나 의사 결정할 때 어떤 요인들을 우선하여 고려하는가?
· 나는 일차적으로 중요시하는 것이 '과제'인가? '사람'인가?

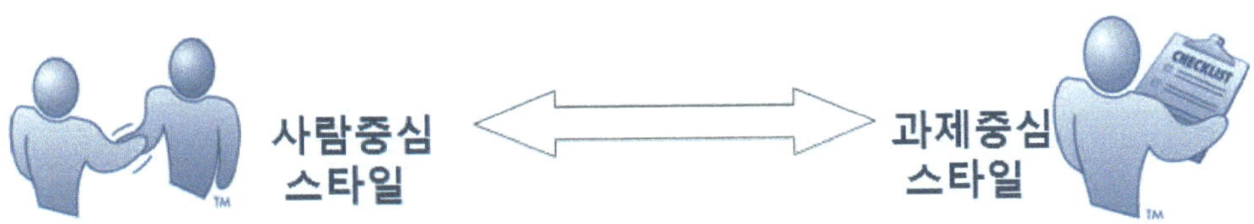

[그림 4-8] 의사 결정의 중심

이 차원은 문제 해결을 위하여 의사결정 및 판단을 하거나 생각을 수렴할 때 처리해야 하는 과제와 인간적 요구 가운데 어떤 것을 일차적으로 강조하는 지를 나타낸다. 그러므로 의사 결정할 때 개인마다 '사람 중심 스타일'인지 '과제 중심 스타일'인지 구분하고 있다. [표 4-3]에서 사람 중심 스타일과 과제 중심 스타일의 두 가지 대조적인 특징이 있다.

[표 4-3] 사람 중심 스타일과 과제 중심 스타일

의사 결정의 중심	
사람 중심 스타일	과제 중심 스타일
- 사람, 관계에 큰 관심 - 의미와 영향 - 좋다, 나쁘다 - 가치 체계 - 주관적 - 공 감	- 진실, 사실에 큰 관심 - 원리와 원칙 - 맞다, 틀리다 - 논리 체계 - 객관적 - 합 리

쉼터 **MECE 사고**

전체를 작은 것으로 나누어서 생각하는 것으로 중복되거나 누락됨이 없는 부분 집합으로 나누어서 사고하는 방법이다. 이때 중복되지도 않고 누락되지도 않으면서 각각의 합이 전체가 되는 요소의 집합을 전제조건으로 한다.

이 사고 방법을 선택하는 이유는 다음과 같이 생각해 볼 수 있다.

① 판단이 가능한 크기의 요소로 나누어 생각할 수 있다.
② 중복에 의해 비효율이 생기는 것을 방지한다.
③ 누락에 의해 표적이 벗어나지 않도록 한다.
④ 분해된 요소를 보면서 일의 중요도와 우선순위를 판단할 수 있게 한다.

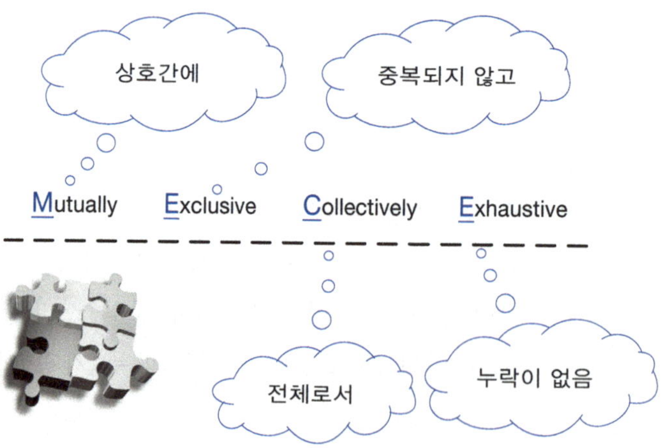

아이디어 탐구

1. 수업을 받다보면 집중력이 떨어지는 경우가 있다. 이때 집중력을 가지는 방법을 알려고 하는 데 이에 대한 설계절차를 제시하시오.

2. '오전에 수업을 받고 오후 늦은 시간에 수업을 받게 된다. 이런 경우 공강 시간을 효율적으로 활용하는 방법은 없을까?'라는 주제로 아이디어 판정을 하시오.

3. 우주선이 달을 탐사하기 위하여 지구를 출발했다. 그런데 우주선이 달에 착륙하는 순간 충격 때문에 달 표면을 비추기 위해 설치해 놓은 전구가 깨져 버리는 문제가 발생했다. 여러분은 어떻게 이 문제를 해결하겠습니까?

4. 주조된 금속부품의 표면을 깨끗하게 연마할 필요가 있다. 이를 위해 모래를 분사하는 기계가 사용된다. 모래는 부품의 표면을 연마시켜 주지만 틈에 끼기도 한다. 따라서 부품의 틈새에 끼인 모래를 제거해야 하는 일이 발생한다. 부품이 크고 무거우면 그것을 뒤집어 흔들어서 모래를 제거하는 것이 매우 불편하다. 모래가 스스로 제거되는 방법은 없을까?

5. 달 표면의 바위투성이 계곡에서 달려가던 자동차가 뒤집어 졌다(달은 지구보다 중력이 약하다). 어떻게 하면 뒤집어지지 않고 달릴 수 있을까?

6. 시각 장애인들이 지하철을 타고 내릴 때 열차와 승강장 틈새가 넓거나 높낮이가 달라 위치 알림 시설이 요구된다. 각 지자체는 교통약자의 이동권을 보장하기 위해 교통약자 이동편의시설 개선 계획을 시행한다고 한다. 이 문제를 해결할 좋은 대책을 적어보자.

7. 최근에 산업화, 인구 증가, 환경오염, 도시화 등 여러 원인으로 물 부족 현상이 큰 문제로 대두되고 있다. 하지만 지금의 우리의 모습은 전혀 물 부족 국가의 모습이 아니다. 물 부족 현상 해결 방안을 공학적인 측면에서 접근하여 보자.

8. 공간절약형 서랍식 세면대가 요즘 인테리어의 트렌드이다. 원룸의 작은 화장실의 공간을 활용하는데 좋은 아이디어이다. 좀 더 실용성과 디자인 모두 만족할만한 발명원리를 생각해보자.

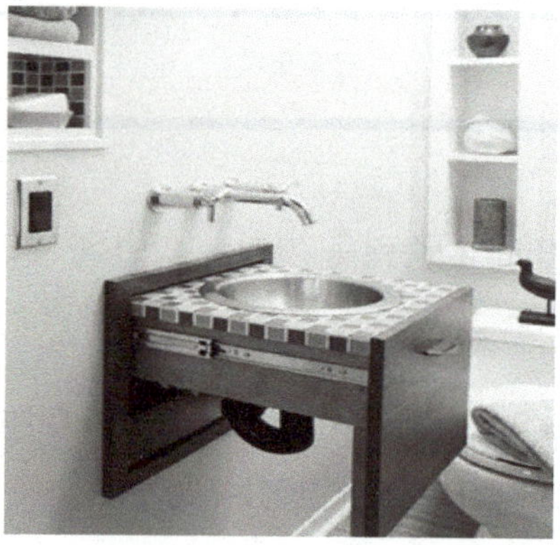

9. 인터넷을 찾아보면 태양열조리기를 만드는 패키지도 팔고 있어서 집에서도 쉽게 태양열 조리기를 만들 수 있다. 친환경 시대를 맞이해 태양 조리기에 대한 발명 원리를 공학적인 측면에서 접근하여보자.

10. 수업 시간에 잠이 많아서 수업 받기가 힘든 경우가 많다. 0.3~0.5[mA] 전류로 잠을 깨우는 간편한 기계를 만들 수 있을까?

11. 날짜와 거주 지역, 제품의 설치 방향, 시각을 입력하면 본체에 내장된 마이콘이 태양의 위치를 계산해 블라인드의 각도를 바꾸는 전자동 블라인드가 최근 출시되었다. 이에 대한 내용을 보완할만한 아이디어를 고안하여 보도록 보자.

12. 웨어러블 시스템은 사용자가 직접 착용함으로써 개인의 생체신호를 지속적으로 측정하기 좋은 조건을 가지는 반면, 사용자의 움직임으로 인해 정확한 데이터 추출이 어렵다는 양면성을 가진다. 열, 움직임, 착용 시 압력 변화, 측정 신체 부위 등에 의해 데이터가 달라지기 때문이다. 이때 사용될 수 있는 시스템에 대해 발명 제품을 완성하시오.

13. 최근 전자기 유도 방식을 이용한 무선 충전기가 출시되었다. 단순히 휴대폰뿐만 아니라 PMP, 로봇 청소기 등 가정용 전자기기에서 산업용 로봇까지 다양한 방식으로 활용될 수 있다. 향후 사용될 수 있는 무선 충전기를 창의적으로 설계하여 제작하시오.

연습문제

1. 창의적인 발상의 원천이 되는 4가지 접근 방안을 열거하고 자세히 서술하시오.

2. 창의적 문제해결 유형에서 의사 결정의 중심에 해당되는 유형의 강점 그리고 단점을 각각 3가지씩 서술하시오.

3. 창의적 문제해결 유형에서 일 처리의 방식에 해당되는 유형의 강점 그리고 단점을 각각 3가지씩 서술하시오.

4. 창의적 문제해결 유형에서 변화에 대한 지향에 해당되는 유형의 강점 그리고 단점을 각각 3가지씩 서술하시오.

5. Don Treffinger의 View 검사의 개념과 활용에 따른 기대 효과(5가지)를 설명하시오.

6. 다음을 간단히 설명하시오.

   1) MECE 사고

   2) MBTI 검사

요약

1. 창의성은 새로우면서 적절한 산출물을 생산해 낼 수 있는 능력이다.

2. 창의적인 발상의 원천은 경험, 동기 부여, 수평 및 수직적 사고방식, 그리고 억압으로부터의 자유이다.

3. VIEW 검사는 34개의 문항이 있으며, 각 문항은 대조적인 스타일을 표현하는 진술들로 이루어져 있다.

4. Selby는 창의적 문제 해결 행동 유형을 3개의 차원으로 구분하여 6개의 스타일로 구분하였는데 3개의 차원으로는 변화에 대한 지향, 일 처리의 방식, 의사결정의 중심이며, 6개의 행동 유형은 혁신 스타일, 개량 스타일, 외적처리 스타일, 내적 처리 스타일, 사람 중심 스타일, 과제 중심 스타일이다.

제5장

발산적 아이디어 사고

학습 목표

1. 발산적 사고와 수렴적 사고의 개념을 비교할 수 있다.
2. 브레인스토밍 기법을 이해할 수 있다.
3. 다양한 발산적 아이디어 사고방식을 살펴볼 수 있다.

급속도로 변하는 공학적 변화와 예상할 수 없는 문제가 끊임없이 일어나는 현장에서는 창의적 사고 수단으로 현명하게 대처하도록 다양한 교수법과 창의적 아이디어 발상을 위한 프로그램을 운용하고 있다.

사고 수단은 어떤 유형의 사고를 하기 위하여 의도적, 계획적으로 사용하는 사고의 절차이다. 사고 기법으로는 크게 전통적으로 사용하는 논리적, 분석적, 합리적 사고인 수직적 사고와 De Bono가 주장한 수평적 사고라고 할 수 있다.

전자는 모든 것을 맞고–틀리고, 강자–약자, 적군–아군, 상–하 관계 등으로 판단하는데 비해 후자는 사고의 방향을 수평적으로 계속 확대하여 대안을 생각하게 하는 사고이며 찾은 대안에 대하여는 옳고 그름을 판단하지 않는다. 해결할 문제가 발생했을 경우, 전자는 그 문제에 대한 원인을 파악하여 제거하기 위한 사고방식이지만, 수평적 사고는 그 문제점을 해결할 수 있는 대안적 방법을 제시하는 사고방식이다.

예전에는 한 번도 생각하지 못했던 생각이나 자신만의 독특한 생각은 수직적 사고가 아닌 수평적 사고에서 발생하며, 이 새로운 사고방식이 바로 창의적 사고이다.

본 장에서는 먼저 발산적 사고와 수렴적 사고의 개념을 비교한 뒤 창의적 발상 기법의 대명사인 브레인스토밍 기법을 학습하고 다양한 발산적 아이디어 사고방식을 살펴보기로 한다.

1. 사고 기법 비교

창의력이란 매우 복잡한 개념으로 여러 요소들의 복합적인 작용으로 나타난다. 많은 연구들에 의하면 창의력을 주로 확산적, 독창적 사고의 요소들을 포함하는 지적인 능력의 일부분으로 보는 경향이 있는가 하면, 특수한 인성적 특성으로 보는 경향이 있고, 문제 해결 능력의 한 형태로 보기도 한다.

창의적 사고는 발산적 사고와 수렴적 사고 혹은 직관적 사고와 논리적 사고 등이 통합된 개념으로 파악된다. 창의적 잠재성은 선천적으로 갖고 태어날 수 있지만 교육에 의해서 후천적으로 일깨워 주어야 한다. 선천성은 매우 중요하지만 교육을 통해서 길러지지 않으면 후천적인 사람보다 못할 수 있다.

창의성 교육에 대한 학계의 입장은 크게 세 가지로 구분할 수 있다. 먼저 과학적 수단을 통해 창의력 문제 해결이 가능하다고 보는 과학주의적 입장이 있고, 모든 과목을 충실하게 공부하면 창의력 문제 해결이 가능하다고 보는 교양 교육적 입장이 있으며, 인위적 프로그램보다는 몰입이 있을 때 창의력 문제 해결이 가능하다고 보는 진보주의적 입장이 있다.

창의성이 구현되기 위해서는 지식의 양, 구조화된 정도, 확산적 사고 과정과 함께 스트레스에 대한 저항력, 자기 유효성(self-efficacy) 등 각자의 인성적 특성이 중요하게 영향을 미치며 실패에도 불구하고 지속적으로 도전할 수 있는 환경, 새로운 것을 가치 있게 수용하는 사회 문화 등이 모두 창의성에 중요한 영향을 미치는 것으로 나타났다.

최근 창의력에 대한 정의는 Lubart가 역설하고 있는 '새로우면서도 유용한 산출물을 생성해낼 수 있는 능력'으로 많은 학자들 간에 합의가 이루어지고 있다.

창의성 교육의 선구자인 Guilford는 창의적인 사람들에게 문제에 대한 민감성, 유창성, 독창성, 융통성, 종합력, 분석력, 복합성, 평가력 등과 같은 8개의 요소가 있다고 가정하고 있으며, 이 중에서 특히 유창성, 융통성 및 독창성을 창의적 사고를 결정하는 주요 요인으로 강조하고 있다. 이에 비해 Torrance는 창의적 사고 검사(Torrance Tests of Creative Thinking, TTCT)에서 유창성과 융통성, 독창성, 정교성을 창의적 사고의 요소로 주장하고 있으며 [그림 5-1]에서 두 전문가들이 주장한 창의적 구성 요소를 서로 비교하여 나타내 보았다. 예를 들면 아인슈타인의 일반상대성 이론의 발표나 증기기관의 실린더를 동시에 뜨겁고 차게 유지하는 법을 발견한 와트의 증기기관이 공학 분야에서 일어난 창의적 사고의 대표적인 예이다.

한편, Guilford와 Torrance가 제시한 창의적 사고 요소의 수행 준거는 [표 5-1]과 동일하다.

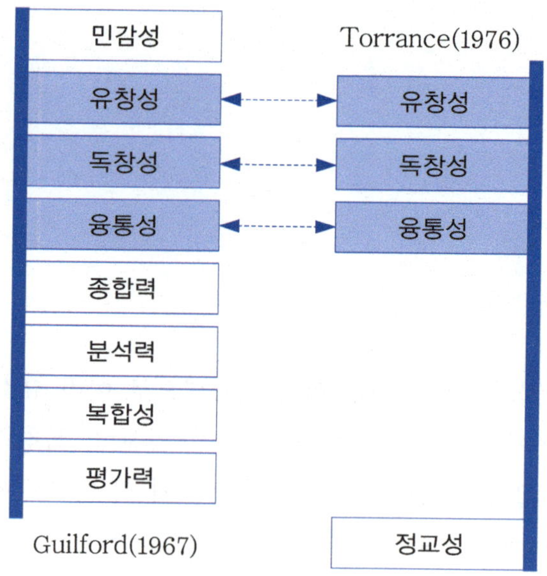

[그림 5-1] Guilford와 Torrance의 창의적 구성 요소

[표 5-1] 창의적 사고 구성 요소

구 성 요 소		수행 준거
Guilford	민감성	다른 사람들이 생각하지 못한 문제를 파악하는 정도
	유창성	많은 아이디어를 유창하게 만들어내는 정도
	독창성	적절하면서도 새로운 아이디어를 제시하는 정도
	융통성	한 가지 문제를 여러 각도에서 바라보는 정도
	종합력	아이디어를 보다 포괄적인 형태로 조직하는 것
	분석력	큰 구조를 분할하여 새로운 구조를 만드는 것
	복합성	한 개인이 한 번에 조작할 수 있는 상호 관련된 아이디어의 수
	평가력	새로운 아이디어의 가치를 평가하는 능력
Torrance	유창성	피험자가 생성해 낸 적절한 반응의 수
	융통성	상이한 범주의 사고로 이동한 수
	독창성	평범한 반응에서 동떨어져 있는 정도
	정교성	질문과 가설 내용의 구체성 정도

용어설명 **TTCT(Torrance Tests of Creative Thinking) 창의력 검사**

E. P. Torrance가 만들고 현재 전 세계적으로 광범위하게 사용되고 있는 '창의력 검사'를 한국 표준화한 것이다. 토란스는 창의력을 '일반화된 정신능력들의 집합'이라 정의하고 있다.

가능한 한 많은 아이디어를 내는 습관은 창의성 개발에 도움이 된다. 일정한 시간을 정해 두고 어떤 단어나 그림에 대해 반응하여 가능한 많은 아이디어를 내 보는 것이다. 이러한 습관을 통해서 사고가 기민해질 수 있고 다양한 아이디어를 낼 수 있는 능력을 기를 수 있다. 또한 어떤 아이디어에 대한 판단을 유보하고 아이디어를 더 넓은 범위로 관찰할 수 있는 능력도 기를 수 있다.

노벨상 수상자인 Pauling은 좋은 아이디어를 내는 가장 좋은 방법은 많은 아이디어를 내고 나쁜 것은 버리는 것이라고 주장했다. 전자는 더 높은 수준의 창의성을 가질 수 있고 훌륭한 아이디어를 얻을 수 있는 단계로서 Logic Tree 방법을 이용한다. 이것이 바로 발산적 사고이다. 더 많은 아이디어를 낼수록 흥미롭고, 놀랍고 심지어는 엄청나게 충격적인 아이디어를 얻을 가능성이 커진다. 한편, 후자는 좋은 아이디어를 유지함과 동시에 그것을 개선시키는 방법으로서 수렴적 사고이다.

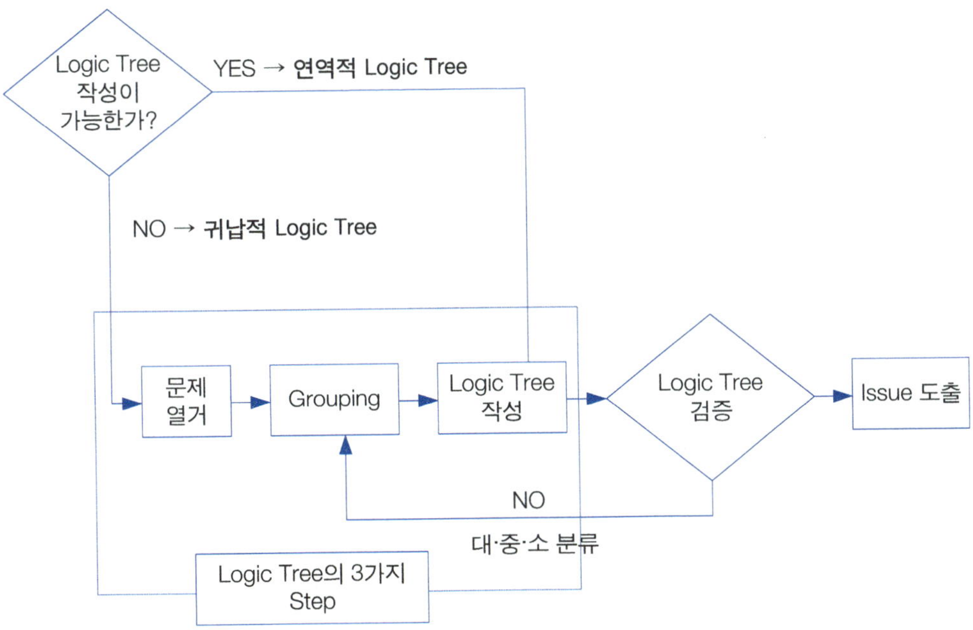

[그림 5-2] Logic Tree 방법을 이용한 발산적 사고

용어설명 **연역법과 귀납법**

연역법은 일반적 사실로부터 구체적 사실을 이끌어 내는 방법이고 귀납법은 구체적 사실로부터 일반적 사실을 이끌어 내는 방법이다.

연역법	귀납법
모든 사람은 죽는다. ↓ 소크라테스는 사람이다. ↓ 그러므로 소크라테스는 죽는다.	소크라테스는 죽었다. ↓ 그는 사람이다. ↓ 그러므로 사람은 죽는다.

이러한 연구에 따라 창의적 아이디어 발상을 위한 개발기법은 발산적 사고와 수렴적 사고로 구분되어, 이들 간에 상호보완적이면서 대립적으로 연구되고 있다.

[표 5-2] 발산적 사고와 수렴적 사고의 비교

구분	의미	원리	사고기법
발산적 사고	- 유의미하고 새로운 연결을 만들고 표현하는 사고과정 - 아이디어(대안, 가능성)를 생성해 내는 사고과정	- 판단 지연의 원리 - 충분한 수의 대안이 생성될 때까지는 판단을 유보	- 브레인스토밍 - 마인드 맵 - 육색 사고모 - 스캠퍼
수렴적 사고	- 아이디어들을 분석하고, 다듬고, 선택하는 사고 과정 - 아이디어(대안, 가능성)를 선택하거나 개발하는 초점화의 사고과정	- 긍정적 판단의 원리 - 더 나은 대안을 찾고, 만들기 위하여 대안들을 긍정적으로 음미	- 하이라이팅 - PMI 기법 - P-P-C - 평가행렬법

2. 브레인스토밍(BrainStorming)

1) 역 사

브레인스토밍은 1938년 BBDO 광고대리점의 Alex F. Osborn이 광고관계의 아이디어를 내기 위해 고안한 일종의 회의방식이다. 이 기법은 아이디어의 발상과 평가를 철저히 분리하기 위한 방법으로 제안된 아이디어에 대한 비판 없이 '열린 마음' 혹은 '자유로운 사고'를 사용할 것을 강조한다.

브레인스토밍은 널리 팀별로 사용되는 아이디어 창출 기법으로 집단의 효과를 살리고 아이디어의 연쇄 반응을 불러 일으켜 자유분방하게 '질'과 관계없이 가능한 한 많은 아이디어를 생성함으로써 문제나 문제에 대한 해결책이나 개선을 위한 기회를 찾기 위해 사용된다.

물론 브레인스토밍 기법은 무질서한 문제해결을 위한 아이디어 탐색을 제거하지 못하고, 실제로는 탐색을 더욱 무질서하게 만드는 경향이 있을 수도 있지만 결국 아이디어를 집약하여 좋은 아이디어를 발상하는 기법으로 자리를 잡고 있다.

아이디어 탐색은 오랫동안 관성벡터를 따라 행해지고, 무질서할 뿐만 아니라 대부분 잘못된 방향을 향한다. 그러나 이를 계속 반복하다보면 참여하는 사람들이 결국 최적의 문제해결 방안으로 수렴되는 것으로 확인되었다. 그래서 브레인스토밍은 원래 목적이 기업체 안에서 어느 문제를 해결하는 데 필요한 좋은 아이디어를 얻기 위한 기법으로 고안하였다. 이 방법은 참가자들의 사고 융통성, 유창성을 높여가는데 해결책을 마련하고 있는 것으로 알려져 있다.

브레인스토밍의 문제를 극복하기 위한 방법 가운데 '역브레인스토밍(Reverse Brain-storming)'이 있다. 이 기법은 한마디로 해결 아이디어를 내는 게 아니라 문제를 일으키는 아이디어를 내도록 한다는 점에서 이렇게 불린다.

이 기법을 적용하면서 가장 먼저 해야 할 일은 다음과 같은 두 가지 '역 질문(Reverse Question)'을 던지는 일이다. 첫째는 "어떻게 하면 이 문제를 방지하거나 해결할 수 있지?" 대신 "어떻게 하면 이 문제를 일으킬 수 있지?"하는 것이고, 두 번째는 "어떻게 하면 이런 결과를 얻을 수 있지?" 대신 "어떻게 하면 역효과를 가져올 수 있지?"하는 것이다.

이 역브레인스토밍 기법은 일반적인 브레인스토밍 기법으로 과제에 대한 해결 아이디어가 잘 떠오르지 않을 때 사용하면 좋다.

쉼터 역브레인스토밍의 적용 프로세스

1. 해결해야 할 과제를 명확하게 정의하고 기록한다.
2. "어떻게 이 문제를 일으킬 수 있지?", "어떻게 하면 역효과를 가져올 수 있지?"하고 제시된 과제의 해결에 반대되는 역 질문을 던진다.
3. 브레인스토밍의 원칙에 따라 역질문에 대한 아이디어를 가능한 한 많이 도출한다.
4. 그렇게 나온 아이디어를 뒤집어 원래의 과제 해결을 위한 아이디어를 도출한다.
5. 아이디어를 평가한다.

2) 정 의

브레인스토밍이란 여러 사람이 모여 어느 한 문제에 대한 아이디어를 공동으로 내어놓는 회의 방식의 집단 사고방식이다. 3인 이상의 사람이 모여서, 하나의 주제에 대해서 자유롭게 논의를 전개하는데 중요한 점은 어떤 사람이 제시한 의견에 대해서 다른 참가자가 비판을 해서는 안 된다. 특정 시간 동안 제시한 생각들을 모아서, 1차, 2차 검토를 통해서 그 주제에 가장 적합한 생각을 다듬어나가는 일련의 과정이다.

이 회의에서는 문자 그대로 '두뇌의 폭풍'이 몰아치듯 참가자 전원이 창조력을 자유자재로 구사하여 다방면 및 다각도에서 문제를 집중 공격하듯이 문제 해결의 아이디어를 퍼붓는 것인데, 아이디어 빈발의 도가 격심한 것과 그 장면 분위기의 용솟음치는 모습이 마치 몰아치는 폭풍과 같아 이와 같은 기발한 명칭을 붙인 것이다.

어떤 구체적인 문제를 해결함에 있어서 그 해결 방안을 생각할 때 판단이나 비판을 일단 중단하고 질을 고려함이 없이 머릿속에서 떠오른 창의적인 아이디어를 얻는 방법으로써 후에 이 아이디어들을 결합시키거나 개선하도록 하며 자유 연상을 통해 더 좋은 아이디어를 산출할 수 있다. Guilford의 실험에 의하면 브레인스토밍 과정을 거친 사람이 다른 사람보다도 더 많은 훌륭한 아이디어를 내놓았다고 한다.

우리가 살고 있는 지식기반사회에서 지식과 정보를 모두 습득한다는 것은 불가능할 뿐만 아니라 의미 있는 일이 아니므로 자기 주도적으로 지식을 재창조할 수 있는 창의적인 능력을 갖추는 것이 대단히 중요하다.

미래학자 Jensen은 이 시대 이후는 머리로 하는 '브레인스토밍'보다 마음속의 감성을 자극하는 '하트스토밍(heartstorming)'을 선호하는 드림 소사이어티(Dream Society)가 될 것이며, 드림 소사이어티를 이루기 위해서 현대인은 상상력과 창의력이 어우러진 조화를 만들어내는 '드림 메이커(Dream Maker)'가 되어야 한다고 주장했다.

드림 소사이어티란 시장 욕구가 단순히 물질적인 부를 뛰어넘어 문화 · 가치 · 생각 · 정신과 같은 감성적인 것으로 변한 사회이며, 기능(function)으로 경쟁하지 않고 디자인, 브랜드, 나아가 스토리로 상품을 차별화하는 사회이다.

이런 추세는 21세기 들어 이미 진행되고 있으며 감성을 자극하는 마케팅을 추구하는 대표적인 기업으로 나이키와 코카콜라를 들 수 있다. 나이키가 다른 상품보다 더 비싼 값에 팔리는 이유는 품질 이외에 소비자들의 감성을 자극하는 이미지가 있기 때문이며 코카콜라 역시 재미, 우정, 로맨스 등을 가미한 사실적인 이미지를 제공한다.

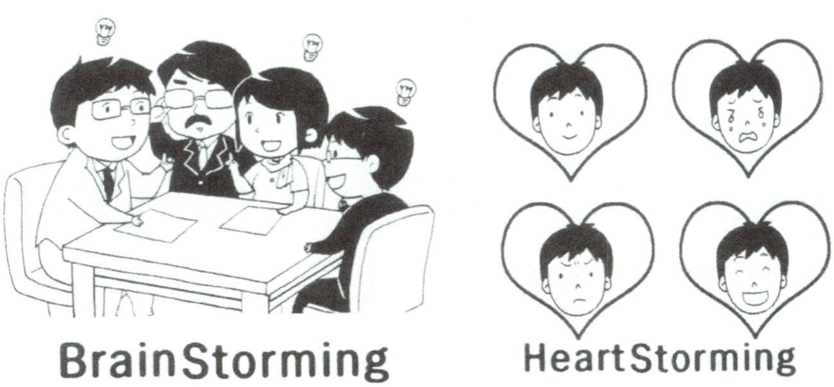

[그림 5-3] 브레인스토밍과 하트스토밍

3) 정형적 브레인스토밍

가) 도입 배경

비정형적 브레인스토밍은 다양한 주제의 문제해결을 팀에 결정하여 일정한 격식에 얽매이지 않고 실행할 수 있다. 작은 규모의 그룹에 적합하며, 참가자 중 누구나 순서에 관계없이 아이디어를 발표할 수 있다.

그러나 이 방법은 체계성이 없어 다수의 경쟁적 아이디어들이 동시에 발표되다 보면 혼란을 초래하여 많은 경쟁적 의견들이 난무하게 되며 창의적으로 사고하게 되기보다는 발언권 확보를 위한 대결 양상을 띠게 될 우려가 있다.

그러므로 대규모 그룹이 브레인스토밍을 위해 모였을 때는 정형적 방법이 좋다고 하며 여러 가지 방법이 존재하지만 아이디어 트리거(trigger) 방법이 많은 시험을 거쳐 아이디어 창출을 위한 효과적인 방법으로 인정받고 있다.

나) 단계적 과정

아이디어 트리거 방법은 두뇌를 자극하기 위해 긴장과 이완을 반복시키는 과정을 통해 두뇌의 창의성을 강화시킬 수 있으며 참석자의 고정적인 행동 패턴, 성격적 제약, 협소한 사고방식 등을 일순간에 벗어날 수 있는 장점이 있다.

리더를 비롯하여 최소한 5인 이상의 참석자들이 서로 제시한 아이디어를 일정한 양식의 종이에 작성하면서 하는 방법이 있는 데 여기서는 M. N. Horenstein이 제시한 아이디어 창출법에 의한 단계적 과정을 살펴보도록 한다.

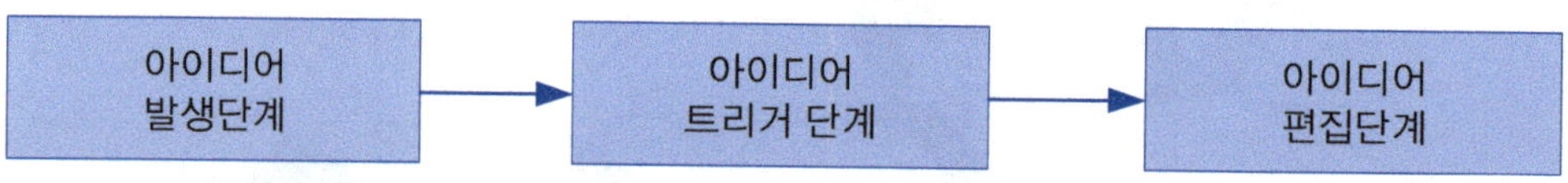

[그림 5-4] M. N. Horenstein의 아이디어 창출 단계

(1) 아이디어 초기 단계

리더는 브레인스토밍 회의 목적을 전달하기 위하여 팀에서 해결해야 할 문제 또는 설계의 주요사항을 구성원들에게 요약하여 설명하도록 한다. 이때 회의 구성원들 간의 의사소통을 위하여 회의 목적과 문제해결에 대한 자료를 제시해야 한다.

리더는 팀 구성원들 간에 서로 소개를 하면서 소속감을 가지도록 하고 팀의 목적을 자료로써 제시하고 구성원들이 정확한 목적을 인식하도록 한다. 이때 아이디어의 발상을 위해서 팀원들이 제안한 아이디어들을 직접 필기도구로 작성하여 사전 준비하는 태도가 바람직하다.

아이디어 제안 목록

<table>
<tr><td>주제</td><td colspan="3"></td><td>그룹</td><td></td></tr>
<tr><td>회의일시</td><td colspan="3"></td><td>작성자</td><td></td></tr>
<tr><td rowspan="7">1차 아이디어
제안 목록

소요시간
(10분)
휴식시간</td><td colspan="4">아이디어 제안</td><td>우선순위</td></tr>
<tr><td rowspan="2">1</td><td>제안</td><td colspan="2"></td><td rowspan="2"></td></tr>
<tr><td>이유</td><td colspan="2"></td></tr>
<tr><td rowspan="2">2</td><td>제안</td><td colspan="2"></td><td rowspan="2"></td></tr>
<tr><td>이유</td><td colspan="2"></td></tr>
<tr><td rowspan="2">3</td><td>제안</td><td colspan="2"></td><td rowspan="2"></td></tr>
<tr><td>이유</td><td colspan="2"></td></tr>
</table>

[그림 5-5] 아이디어 트리거 아이디어 제안 목록 양식

(2) 아이디어 트리거 단계

구성원 상호 간에 아이디어 목록에서 중복되는 항목을 찾아 지우거나 중복을 표시하는데, 다른 사람들의 아이디어들을 경청하다 보면 새로운 아이디어가 도출되기도 한다.

이때 협의 과정에서 발표된 아이디어에 따라 수정된 혹은 추가된 아이디어를 수렴하는, 이른 바 아이디어 트리거(trigger)를 통해 잠재의식 속에 감추어져 있던 생각 및 아이디어를 표출할 수 있다.

(3) 아이디어 편집 단계

아이디어 트리거 단계가 끝나면, 리더는 창출된 모든 아이디어들을 포함하는 최종 아이디어 목록인 마스터 목록을 작성한다. 이때 아이디어들 중 어떤 것들이 추가적인 고려 대상 및 개발에 적합한 지 결정하고 제안된 아이디어에 대한 검토회의 그리고 아이디어 평가회의를 진행한다.

4) 브레인스토밍의 4S

브레인스토밍을 성공시키기 위해서는 4가지 규칙(4S)이 있는 데 이들을 열거해보면 다음과 같다.

① 평가의 금지 및 보류(Support)

자신의 의견이나 타인의 의견에 대하여 일체의 판단이나 비판을 의도적으로 금지한다. 아이디어를 내는 동안에는 어떠한 경우에도 평가를 해서는 안 되며 아이디어가 다 나올 때까지 평가는 보류하여야 한다.

② 자유분방한 사고(Silly)

어떤 생각이든지 자유롭게 표현해야 하고 또 어떤 생각이든 거침없이 받아들여야 한다.

③ 양산(Speed)

질보다는 양에 관심을 가지고 무조건 아이디어를 많이 내려고 노력한다.

④ 결합과 개선(Synergy)

자기가 남들이 내놓은 아이디어를 결합시키거나 개선하여 제3의 아이디어를 내보도록 노력한다.

쉼터 브레인스토밍 과제

- 실생활에서 일어나는 현상을 이용하여 전기를 만드는 방법
- 집안에서 전기를 아끼는 방법
- 자동차 내부의 기능 향상
- 도로변에 광고물 설치 관련 아이디어
- 효율적이고 보람된 대학생활 하기
- 학부행사(체육대회, MT 등)에 많은 학생이 참여하게 하는 아이디어
- 졸업 시 남들보다 나은 portfolio 갖기
- 친환경 제품 만들기(태양전지를 이용한 가로등 등)
- 보행자를 위한 안전한 도로 환경 만들기

5) 진행 방법

브레인스토밍을 진행하기 위한 팀 구성 수, 팀 성격, 사회자, 기록자 등에 관한 진행 방법은 다음과 같다.

① 팀 구성 수 : 5~12명(5명이 적당, 투표를 위해 홀수가 적당)
② 팀 성격 : 성별, 나이, 수준 등이 골고루 섞이도록 하여 문제에 대한 폭넓은 시각을 갖고 다양한 아이디어가 산출되도록 한다.
③ 사회자 : 많은 아이디어를 말하도록 자유스럽게 진행한다.
④ 기록자 : 발표 내용을 빠뜨리지 않되, 핵심 단어만 기록한다.
⑤ 아이디어 생성을 위한 시간이나 개수를 미리 정할 수도 있다.
⑥ 아이디어가 정리된 다음 하나씩 평가한 후 좋은 아이디어를 선택한다.
⑦ 너무 소심한 학생들의 경우에는 브레인라이팅(Brain Writing)으로 변경하면 더 효과를 볼 수 있다.

이때 팀을 이끌 리더의 자질이 성패를 좌우할 수 있으며 역할은 다음과 같다.

① 간사의 역할을 병행하기도 한다.
② 해결하려고 하는 문제를 설명한다.
③ Brain-Storming의 4가지 규칙을 설명한다.
④ 팀원이 문제에 집중하도록 독려한다.
⑤ 4가지 규칙(4S)이 잘 지켜지고 있는지 감독한다.
⑥ 아이디어 창출에 중립적인 입장을 취한다.
⑦ 아이디어가 지엽적으로 흐를 때 그 방향을 전환하도록 유도하여 여러 방면의 아이디어를 내도록 한다.

용어설명 **브레인라이팅(Brain Writing)**

1. 개 념

많은 구성원들로 이루어진 기업에서 흔히 사용되는 아이디어 창출 기법으로, 자기주장을 내세우기 꺼려하는 사람들의 아이디어도 취합할 수 있다는 장점이 있다. 독일에서 개발됐으며, 침묵 속에서 진행돼 개인 사고의 특징을 최대한 살릴 수 있는 집단 발상법이다.

2. 진행 방법

우선 대집단을 4~5명으로 이루어진 소집단으로 세분한 후 회의 안건에 대해 적혀있는 용지를 한 장씩 받고 원탁에 둘러앉는다. 그리고 받아든 용지의 각 줄에 3개의 아이디어(그 이상이어도 무방하다)를 적어내는 것을 원칙으로 그 용지를 테이블 위에 가져다 놓고, 다른 사람이 마치고 가져다 놓은 용지를 다시 집어온다. 그 뒤에 3개의 아이디어를 더 적어낸다. 다른 사람의 것에 힌트를 얻은 아이디어는 때때로 더욱 창의적이고 기발한 것일 수 있다. 회의는 참가자들의 아이디어가 떨어질 때까지 계속되며 구성원들 모두 원활하게 참여할 수 있으며, 브레인라이팅 과정이 완료될 때쯤이면 모든 참가자가 그 아이디어를 소유하게 된다.

3. 장 점

브레인스토밍과는 달리 아이디어를 개별적으로 창출해 종이에 기록하기 때문에, 지배적인 개인들의 영향이 줄어든다.

6) 요구 조건

브레인스토밍은 사고의 유창성, 유연성을 기르는 발산적 사고기법으로서의 우수성에 대하여, 창의성 계발 분야의 연구자들이 그 효과를 인정하고 있으며, 브레인스토밍에서 요구되는 조건을 열거해보면 다음과 같다.

① 아이디어를 낼 때 가능한 서로 다른 분야를 전공하거나 업무를 달리하는 사람들로 구성되어야 한다. 이럴 때 기발한 아이디어를 낼 수 있는 환경으로 구성되어 보다 창의적인 아이디어 발상의 여건이 성립된다.

② 누구든지 주어진 시간 안에 가능한 많은 아이디어를 내놓도록 노력을 해야 한다.

참여자는 수동적이기 보다는 적극적으로 아이디어를 내놓도록 해야 한다.

③ 실수나 농담 또는 공상도 허용되며, 아이디어에 대한 구체적인 근거를 제시하지 않아도 된다. 이런 아이디어가 모여야 결국 창의적인 아이디어가 도출된다.

④ 아이디어가 나오는 동안에는 어떠한 형태의 비판도 허용되지 않는다. 비판은 아이디어를 새롭게 가공하기 보다는 아이디어를 방해하는 요소가 된다.

⑤ 아이디어 전체를 분석하는 동안, 심지어 그릇되고 하찮아 보이는 아이디어조차도 주의 깊게 분석해야 한다.

3. 마인드 맵(Mind Map)

1) 정 의

마인드 맵은 마치 지도를 그리듯이, 자신이 여태까지 배웠던 내용이나, 자기 관리 등을 할 수 있는 방법으로서 영국의 전직 언론인 토니 부잔(Tony Buzan)이 주장했으며 성공의 비결로 기록하는 습관을 가져야 한다는 이론이 확산되어 유럽의 여러 기업에서 각광을 받았다.

기록하면 시야가 넓어진다는 것이고, 적는 습관은 인간 두뇌의 종합적 사고를 키워준다는 것이다. 읽고 생각하고 분석하고 기억하는 그 모든 것들을 마음속에 지도를 그리듯해야 한다는 독특한 방법이다.

발산적 사고와 연상 결합 사고 특성이 반영된 마인드맵은 창의성 계발과 이해, 암기와 같은 능력향상에 탁월한 효과를 가지고 있다. 중요한 핵심개념들을 효과적으로 시각화하고 정보의 수렴과 아이디어의 결합을 자유롭게 해줌으로써 주제를 보다 쉽게 표현하고 정리할 수 있도록 해주는 생각의 도구이다.

기존의 지식을 바탕으로 더 새롭고 유용한 것들을 도출할 수 있도록 해주는 마인드맵은 기본적으로 종이와 필기도구만 있으면 시작할 수 있다. 종이의 크기는 클수록 더 많은 아이디어를 낼 수 있으며, 필기도구는 여러 가지 종류와 색상을 사용하는 것이 시각적으로 도움이 된다. 최근에는 손으로 그리는 마인드맵의 장점을 살리고 정보화 시대에도 적합한 디지털 마인드맵을 많은 사람들이 활용하고 있다.

마인드맵을 효과적으로 작성하기 위해서는 '어떻게 생각할 것인가?' 그리고 '어떻게 표현할 것인가?'에 대해 이해하는 것이 중요하다. 떠오르는 생각을 맵으로 잘 표현하기 위해서는 중심 이미지, 가지의 추가와 배치, 과장과 강조 효과, 관계선과 연결선을 사용한다. 그리고 풍부한 생각을 자연스럽게 떠올리고 생각을 확산해 나가기 위해 상상, 연상 및 결합의 방법을 사용한다.

2) 특 징

좌 · 우뇌의 기능을 유기적으로 연결한 '사고력 중심의 두뇌 개발 프로그램'인 마인드 맵은 다음과 같은 특징을 가지고 있다.

① 정보를 서로 연결시켜 기억할 수 있을 뿐만 아니라 학습 준비를 하거나 학습 내용 노트, 소설과 작품의 인물을 탐색할 경우 주제에 대한 생각을 쉽게 해낼 수 있고 전체적으로 조직화하는 데 유용하다.
② 프로젝트의 기본적인 구조를 짧은 시간 동안에 조직화하고 제시할 때 유용하다.
③ 개인이나 집단에서 브레인스토밍을 해낸 아이디어를 자연스러운 구조로 만들어갈 수 있다.
④ 모임의 진행을 조직화하여 시간을 보다 효율적으로 이용할 수 있다.
⑤ 발표할 아이디어를 자유스럽게 생성해 내게 할 뿐만 아니라 팀원이 이해하고 기억하기 쉽게 제시할 수 있다.

3) 세부 원칙

① 핵심 단어나 이미지를 가로로 된 종이의 중심에서 시작한다.(원이나 네모 활용 가능)
② 중심 생각을 나타내기 위해 이미지나 사진을 이용한다.(3가지 이상의 색깔)
③ 아이디어를 부각시키고 강조하기 위하여 전체적으로 색깔을 사용한다.
④ 중심 이미지에서 주 가지로 연결한다. 주 가지의 끝에서부터 부 가지로 연결한다. 그리고 부 가지의 끝에서 세부 가지를 연결한다.
⑤ 구부리고 흐름 있게 가지를 만들어라.
⑥ 각 가지당 하나의 핵심 단어만을 사용하라.
⑦ 아이디어를 부각시키고 개인의 생각이 또 다른 연결을 쉽게 자극하도록 하기 위하여 전체적으로 이미지를 사용하라.

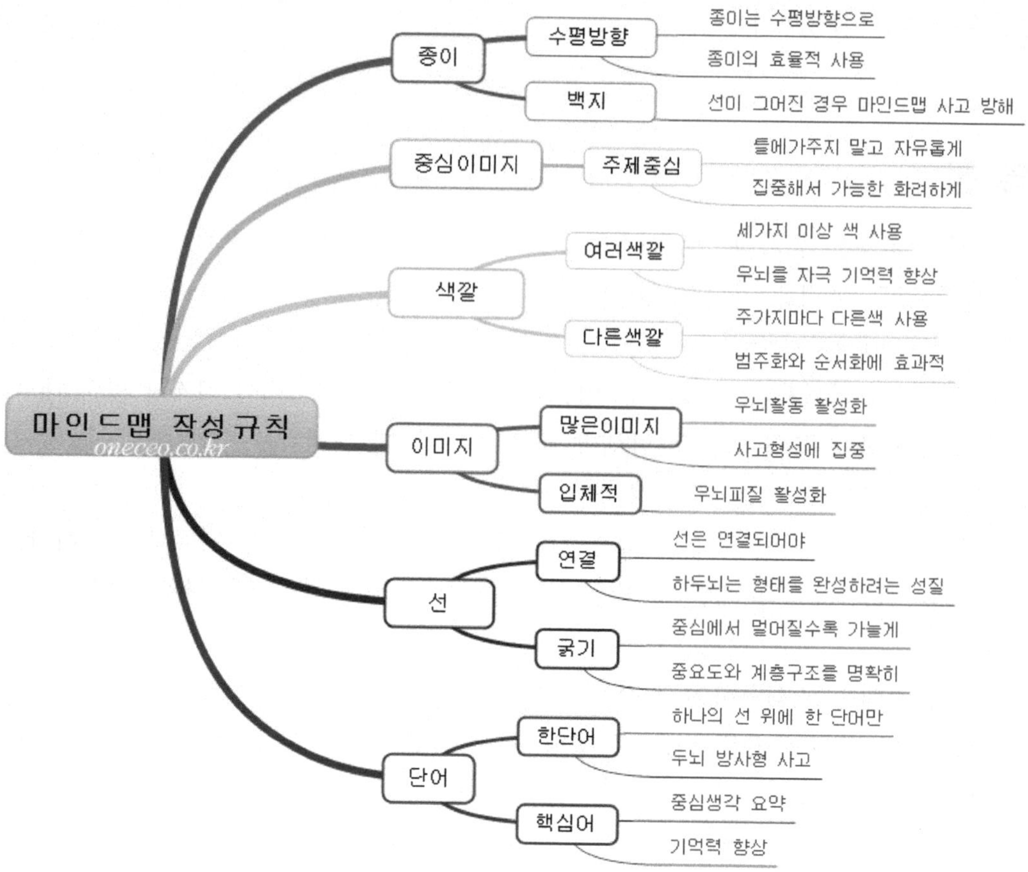
마인드맵 작성규칙
oneceo.co.kr
종이
수평방향
종이는 수평방향으로
종이의 효율적 사용
백지
선이 그어진 경우 마인드맵 사고 방해
중심이미지
주제중심
틀에가두지 말고 자유롭게
집중해서 가능한 화려하게
색깔
여러색깔
세가지 이상 색 사용
우뇌를 자극 기억력 향상
다른색깔
주가지마다 다른색 사용
범주화와 순서화에 효과적
이미지
많은이미지
우뇌활동 활성화
사고형성에 집중
입체적
우뇌피질 활성화
선
연결
선은 연결되어야
하두뇌는 형태를 완성하려는 성질
굵기
중심에서 멀어질수록 가늘게
중요도와 계층구조를 명확히
단어
한단어
하나의 선 위에 한 단어만
두뇌 방사형 사고
핵심어
중심생각 요약
기억력 향상

[그림 5-6] 마인드 맵 예시

4. 육색 사고모

1) 정 의

영국의 심리학자 드 보노(Edward de Bono)가 고안한 육색 사고모는 6개의 모자로 서로 다른 사고를 한다는 의미로 아이디어를 발산적으로 생기게 하기 위해서나 한 가지 입장에서만 생각해보게 할 수 있는 방법이다. 하나의 생각에서 다른 생각으로 사고를 전환할 수 있으므로 감정과 논리를 분리시키고 정보와 독창성을 분리시킬 수 있다.

특정한 사고와 사고 의지를 불러일으키고 일상적인 사고의 틀과는 다른 각도에서 사고할 수 있도록 해주는 구체적인 틀을 제공하며 이 체계의 핵심은 모드별 사고를 통해 체계적이고 철저하게 주제를 창의적으로 탐색하게 하는 데 있다.

육색 사고모는 간단하고 사용하기 편리한 것이 장점이므로 한 두 시간의 토론을 거치면서 참석자들이 효과적으로 사고하는 방법을 배울 수 있다.

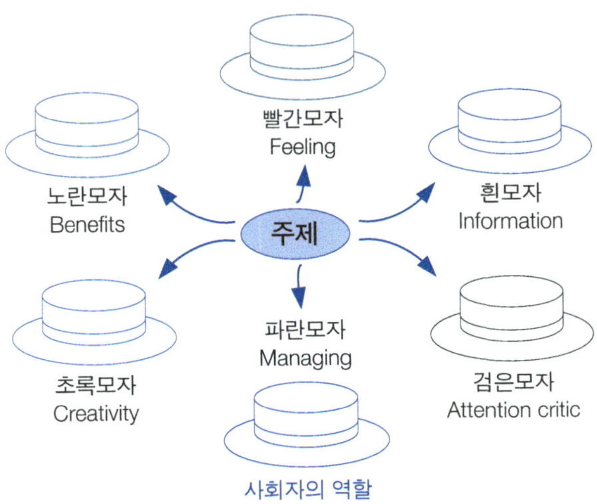

[그림 5-7] 육색 사고모

2) 기대 효과

가) 한정된 사고의 탈피

사고의 가장 큰 제한은 자아에 대한 고정 관념으로 이로 인해 사고에서 큰 오류를 범하게 된다. 예를 들면, 의사 복장을 하면 의사 역을 마음껏 할 수 있는 것처럼 자아의 손상 없이 자유롭게 사고하고 말할 수 있다.

나) 사고 전환 유도

단순한 반응 이상의 아이디어를 내고자 한다면 하나의 생각에서 다른 생각으로 사고 전환을 유발함으로써 폭 넓은 사고력을 신장시킬 수 있다.

다) 창의적 사고 발상

다른 색의 모자가 다른 사고를 유도하는 상징적인 방법이 되어 창의적 사고를 요구하거나 부정적 사고를 멈추게 하거나 감정적인 반응을 요구할 수 있다.

[표 5-3] 육색 사고모 양식

감상 작품	육색 사고모	감상
	백색모	
	흑색모	
	적색모	
	황색모	
	녹색모	
	청색모	

3) 사고모 유형에 따른 특징

[표 5-4] 육색 사고모

모 자	본 질	내 용
백 색	- 순 수 - 사 실 - 정 보	중립적이고 객관성을 띠며 논쟁을 제쳐두고 정보의 제안에만 초점을 둔다. "우리가 갖고 있는 사실은 무엇인가?" "우리는 어떤 정보가 필요한가?" "우리는 어떻게 필요한 정보를 얻을 것인가?"
흑 색	- 부정적 판단 - 실행 불가능한 이유	우울하고 부정적인 이미지를 주며 실수나 어리석은 행동에 대해 주의를 준다. "무엇이 잘못될 수 있을까?", "문제점이 무엇일까?"
적 색	- 감정과 느낌 - 직관과 육감	분노나 감정을 표현하며 설명 또는 정당화할 필요 없이 자신의 감정을 표현하도록 허용한다. "이 사람이 이 일에 부적합한 사람이라는 느낌이 듭니다." "이 일은 위험부담이 많은 모험이라고 느껴집니다."
황 색	- 낙천주의 - 긍정적이며 건설적 사고	논리적 근거를 갖고 긍정적 측면을 기대하며 모든 창의적 사고는 황색모에 의한 주목을 받을 수 있다. "그 제안의 긍정적인 평가가 무엇인가?" "어떤 상황에서 가치가 있지?" "이 가치는 어떻게 구체화될 수 있고 또 다른 유용한 가치는 없을까?"
녹 색	- 풍 요 - 변화의 자극	새로운 아이디어를 얻을 수 있고 추가적인 대안이나 새로운 가능성을 모색할 수 있다. "다른 방법으로 해봅시다.", "새로운 방법은 없나요?", "개선 방안은?"
청 색	- 통제와 냉정	- 요약과 결론 및 판단을 요구하며 사용 중인 사고에 대해 논평할 수 있다. - 사회자로 방향을 설정하고 진행을 맡는다. - 회의 중 서로 청색모를 바꿔 쓸 수 있다.

5. 형태학적 분석법(Morphological Analysis)

1) 정 의

가능한 해결안을 형태적으로 파악하려고 하는 데서 그 명칭이 유래하였는데 새로운 것은 지금까지 없었던 것을 새롭게 만들거나, 기존에 있던 것을 새롭게 조합하여 만들 수도 있다. 형태학적 분석법은 주로 후자와 관련된 아이디어 창출 및 문제 해결 기법이다.

이 분석법은 초기에 1969년대 불가리아 출생의 스위스 물리학자인 UCLA 공과대학의 쯔비키 교수가 다차원적이고 비계량적인 복잡한 문제를 해결하기 위하여 가능한 모든 해결 방법을 탐색하여 개발하였다. 제트 및 로켓 추진체를 개발하는 데 처음으로 사용하였는데 이후 이 방법은 마케팅이나 새로운 아이디어 개발에 응용되고 있다.

2) 활용 방법

어떤 사물 또는 시스템 기능과 특성 등을 파악하고, 그 특성의 대안들을 모두 나열하여 가능한 모든 조합을 고려하는데, 이때 문제를 다수의 독립변수로 나누고, 각각에 대해 가능한 해결방안과 아이디어를 생각한 후 그것들을 여러 가지 방법으로 조합한다.

예를 들어 신차를 개발한다고 하면 우선 차를 구성하는 요소(속성)를 확인하고, 각 요소를 보여주는 형태를 가능한 다양하게 선정한다. 이 과정은 전문가 외에 상상력도 요구된다. 이에 대한 매트릭스를 작성한 뒤에 발산적 사고의 방법으로 개개의 요소를 선정하여 연결하여 차량을 개발하도록 한다.

먼저 다양한 구성요소를 이루어진 시스템을 하위 구성요소로 분류하고 하위 구성 요소를 문제 해결에 중요한 영향을 주는 핵심적인 것과 그렇지 않은 것으로 분류한다. 이때, 핵심적인 구성요소 간의 관계에 의해서 시스템의 구성 요소를 결정하도록 한다.

새로운 유형의 수송 수단을 개발하는 문제에 대해서도 이런 방법을 사용하면 3가지 관점에서 수송 수단의 유형(밧줄, 수레, 로켓, 자동차, 포장상자, 수레바퀴, 배, 크레인, 컨테이너 등)과 힘의 근원(공기, 물, 전기, 사람, 가솔린 엔진, 디젤 엔진 등) 및 수송 수단으로 사용되는 매체(공기, 물, 기름, 육지, 튜브, 바퀴 등)를 조합하여 180가지 방법의 수송 수단이 가능하다.

형태학적 분석법은 여러 한계성이 검토되지만 그 중에 2가지를 다음과 같이 반드시 검토해야 한다. 첫째는 시스템 특성이나 기능이 많아지면 많은 아이디어가 도출되어 쓸모없는 아이디어까지 전부 검토해야 한다. 둘째는 형태학적 도표를 만들 때, 모든 특성과 그 특성에 해당하는 모든 대안들이 확실하지 않다는 점이다.

이 방법은 국가의 정책 형성과 같이 고려해야 할 변수가 많고, 숫자로 표현할 수 없는 복잡한 현실 세계의 문제를 해결하는 데 도움을 준다. 즉 문제나 시스템을 단순화하여 이해를 용이하게 하는데 도움을 준다.

[표 5-5] 신차의 성능을 택하는 데 사용되는 형태학적 분석법

내용 \ 형태	형태 1	형태 2	형태 3	형태 4
디자인(전면)	공격형	모난형	유선형	슬림형
엔진	경유	휘발유	하이브리드	중유
차량 타입	리무진	미니 밴	왜곤	SUV
차량 스타일	신뢰형	쿨형	건방진 형	친숙형
대상자	고소득형	아이없는 맞벌이 부부	건강과 환경을 중시하는 사람	급격하게 상위계층이 된 사람

6. 체크리스트(Check List)

1) 정 의

체크리스트는 어떤 행동이나 특성을 목록화 하고 해당하는 목록에 표시하는 방식의 설문형식으로서 행동 특성이나 사건의 발생 여부에 관심이 있을 때 사용하는 것이 좋다.

체크리스트의 가장 보편적인 예는 다음과 같이 정리하여 살펴볼 수 있다.

예 1. 다음 질문을 읽고 해당하는 사항에 'O'표 하시오.

1. 자동차 튜닝을 해 본 적이 있다. 그렇다 ( ) 아니다 ( )
2. 자동차를 직접 정비해 본 적이 있다. 그렇다 ( ) 아니다 ( )

가장 보편적인 체크리스트는 브레인스토밍을 고안한 Osborn이 개발한 그룹의 질문들이 있는데, 그 중에 중요한 질문들을 간추리면 다음과 같다.

- 기술 혹은 시스템에서 줄일 수 있는 것은 무엇인가?
- 기술 혹은 시스템에서 반대로 할 수 있는 것은 무엇인가?

각 그룹의 질문들은 하위 질문들을 포함하고 있다. 예를 들면 '무엇을 줄일 수 있는가?'라는 질문은 '어떤 것을 더 압축하거나, 더 얇게, 더 길게 아니면 크게 만드는 것이 가능한가?' 또는 '소형화하는 방법, 또는 분리하는 방법을 이용할 수 있는가?'와 같은 하위 질문들을 포함한다.

체크리스트를 이용한 방법은 심리적 관성을 줄이는 데는 어느 정도의 도움은 되며 무엇을 해야 하는 지를 지적해주지만, 그것을 어떻게 해야 하는 지 전혀 알려주지 않는다. 결국 팀장은 이와 같은 단점을 보강하여 문제 해결을 위해 항상 체크리스트 방법을 활용하여 어떤 방향으로 대안을 도출할 지를 고려하는 안목이 요구된다.

2) 활용 방법

과제를 설정하고 과제란에 과제와 체크리스트 항목이 대응되도록 각 항목의 의미와 내용을 세분화해간다. 이때 체크 항목의 추가, 과제와 대응 관계가 유익한 항목이 있을 경우 항목을 추가한다. 이 경우 (제한적인) 창의적 아이디어를 발상하게 되며 이를 문서화하여 지속적으로 확인하는 과정이 필요하다.

Alex Osbone은 저서에서 아이디어 발상, 착상 방법에 대하여 기술하고 있으며, MIT 대학에서 8개 항목을 선정하여 새로운 아이디어를 위한 체크리스트를 만들어 실험적이면서 교육현장에서는 학생들에게 이를 적용하는 실험을 하였다. 그 내용을 간단히 소개하면 다음과 같다.

- 현재 그대로이면서 새로운 용도는 없는가?
- 응용은 불가능한가?
- 수정해보면 어떨까?
- 축소 · 확대한다면 어떤 결과를 나타낼까?
- 대응한다면, 어떤 결과를 나타낼까?
- 바꾸어 보면, 어떤 결과를 나타낼까
- 거꾸로 한다면, 어떤 결과를 나타낼까?
- 조합해보면, 어떤 결과를 나타낼까?

인물연구 **알렉스 오스본(1888 ~ 1966)**

1888년 5월 24일 뉴욕에서 출생하였으며 1919년 BBD&O(Batten, Barton, Durstine & Osborn) 광고회사를 설립하였다. 1938년 브레인스토밍을 개발했을 뿐만 아니라 체크리스트를 개발하여 MIT공대에서 적용하였다. 자유 연상을 통한 창의적 문제 해결 방법을 저서 '상상공학(Applied Imagination)'에서 소개하여 널리 쓰이게 되었다.

창의적 문제해결 프로그램인 CPS(Creative Problem Solving)를 개발했으며 CPSI(Creative Problem Solving Institute)를 설립하였다. 50년 가까운 오랜 전통을 가지고 거국적 및 국제적으로 학교 교육은 물론 관계 연구기관 및 기업체 등 사회발전에 주도적인 영향을 미치고 있다. 뿐만 아니라 창조교육 재단인 CEF(Creative Education Foundation)을 1954년 설립한 후 미국 교육개혁에 주도적인 역할을 담당하였다.

7. 스캠퍼(SCAMPER)

1) 정 의

어떤 사물이나 서비스, 프로세스 등을 새로운 것으로 변형하기 위한 아이디어 변형 기법으로 구성된 창의적 발상 도구로서, Alex Osbone이 소개하고 Robert Eberle가 재구성한 아이디어 촉진 질문법이다. 이 기법은 기존의 제품을 개선하거나 신제품을 만들어 낼 때 유용하다.

스캠퍼 기법은 체크리스트와 동일한 방식이지만 7개 항목으로 개선된 체크리스트의 영문 첫 자로 구성된 합성어로서, Substitute, Combine, Adapt, Modify, Put to other Uses, Eliminate, Rearrange로 체크 목록을 구성하였다.

한편, 개선의 4원칙으로 불리는 ECRS 체크리스트는 스캠퍼 기법을 더 간략화 시킨 형태이다. 해결하고자하는 대상을 가장 빠르게 개선하기 위한 항목에 중점을 두고 질문을 개발하였다. 질문 목록은 Eliminate, Combine, Rearrange, Simplify의 4개 항목으로 구성하여 이를 발상도구의 도구로 발전시켜왔다.

[표 5-6] 스캠퍼 예

약어	사고 유형	예
S	대체하기(Substitute)	종이컵, 나무젓가락, 고무장갑, 태양 전지 자동차
C	결합하기(Combine)	지우개 달린 연필, 스마트폰, 시계겸용 라디오
A	적용하기(Adapt)	장미덩쿨 → 철조망 돌고래 → 수중음파 탐지기
M	수정 · 확대 · 축소하기 (Modify-Magnify-Minify)	Post-it
P	용도 변경하기 (Put to other uses)	폐타이어 → 발전소의 원료 톱밥 → 장작, 가구
E	제거하기(Eliminate)	씨없는 수박
R	재배열하기(Rearrange)	장갑 → 다섯 발가락 양말

2) 적용 체크 목록

가) 대체하기(Substitute)

물건이나 장소, 재료, 절차, 표기 방법 등을 다른 것으로 대체하면 어떨지 질문을 통해 아이디어를 도출하는 사고방식으로서 제품의 본질적인 기능은 유지한다.

[그림 5-8] 대체하기(Substitute)

- 무엇으로 대체할 수 있을까?
- 누구로 대체할 수 있을까?
- 어떤 재질이나 재료로 대체할 수 있을까?
- 어떤 다른 방법으로 대체할 수 있을까?
- 다른 소리로 대체할 수 있을까?
- 다른 장소로 대체할 수 있을까?

나) 결합하기(Combine)

다른 기능을 가지는 두 가지 이상의 제품을 결합하며 이전에는 관련되지 않았던 제품이나 목적, 서비스 등을 결합하면 어떨지 질문을 통해 아이디어를 도출하는 방식이다.

- 어떤 재질들이 결합될 수 있을까?
- 어떤 장치들이 서로 결합될 수 있을까?
- 서로 다른 목적들이 결합될 수 있을까?
- 모둠으로 만들면 어떨까?
- 어떤 다른 품목 또는 항목이 이것과 합병될 수 있을까?

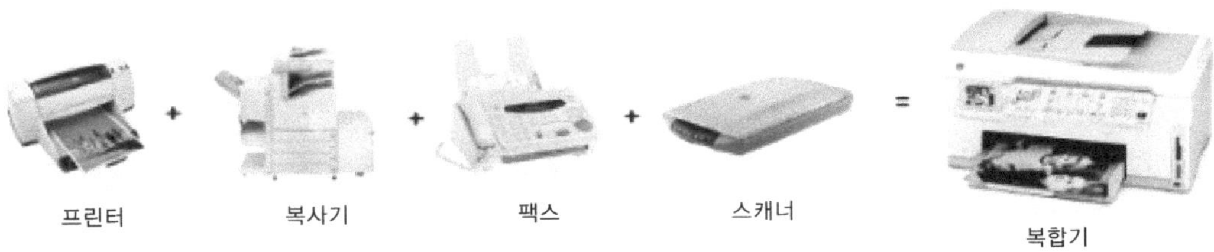

[그림 5-9] 결합하기(Combine)

다) 적용하기(Adapt)

어떤 것을 다른 조건에서 사용하거나 다른 목적으로 응용하면 어떻게 될지 질문을 통해 아이디어를 도출하는 방식이다.

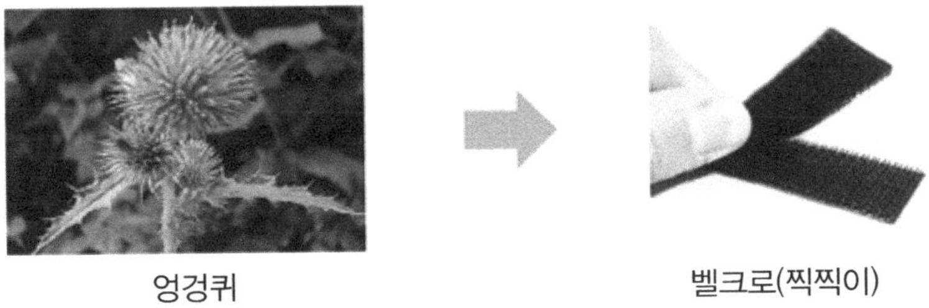

[그림 5-10] 적용하기(Adapt)

- 이 아이디어를 다른 곳에 적용하면 어떨까?
- 자연으로부터 응용할 수 있는 아이디어는 없을까?

- 이 상품을 다른 용도로 사용하면 어떨까?
- 무엇을 흉내 내면 좋을까?
- 어떤 프로세스를 여기에 적용할 수 있을까?
- 모방할 만한 것이 없을까?
- 옛날에는 어떻게 했을까?
- 복제할 수 있는 것이 없을까?

라) 수정·확대·축소하기(Modify–Magnify–Minify)

Modify란 형태나 색, 소리, 크기, 동작, 의미 등을 변경하면 어떻게 될지 질문을 통해 아이디어를 도출하는 사고방식이다.

[그림 5-11] 수정하기(Modify)

- 색상을 변경하면 어떨까?
- 수작업 대신 자동화하면 어떨까?
- 소리를 어떻게 바꾸면 좋을까?
- 다른 용도로 사용하면 어떻게 변경해야 할까?
- 형태를 바꾸면 어떨까?

한편, Magnify란 기존 아이디어나 제품 또는 서비스 등을 확대하면 어떻게 될지 질문을 통해 아이디어를 도출하는 사고방식이다. 이에 반해 Minify는 Magnify와 반대되는 아이디어 방식이다.

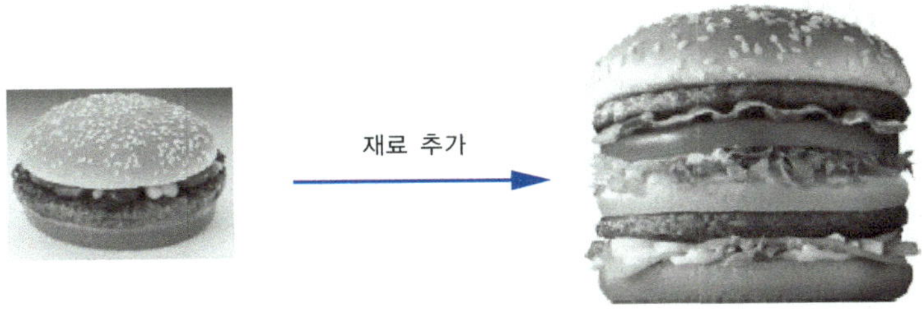

[그림 5-12] 확대하기(Magnify)

- 어떤 특성을 추가하면 좋을까?
- 어떻게 두드러지게 만들 수 있을까?
- 더 높게 · 길게 · 크게 · 강하게 만들면 어떨까?
- 무엇을 추가하면 특별한 가치를 갖게 될까?
- 시간을 더 늘리면 어떨까?
- 빈도를 더 늘리면 어떨까?
- 횟수를 늘리면 어떨까?

마) 용도 변경하기(Put to other uses)

어떤 아이디어나 제품 또는 서비스 등을 있는 그대로 또는 약간 변형해서 다른 무엇을 할 수 있는지 질문해봄으로써 아이디어를 도출하는 방식이다.

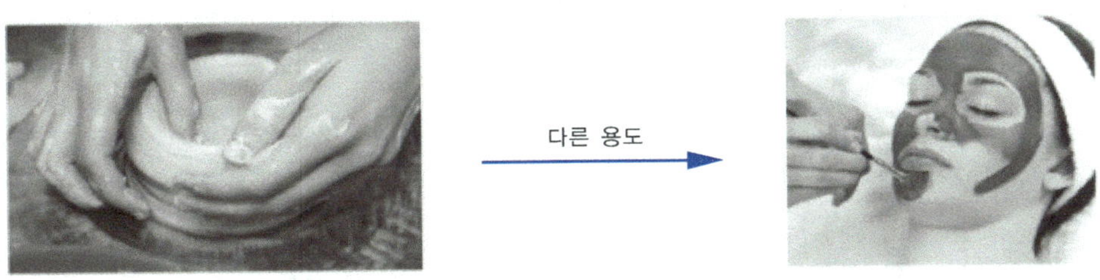

[그림 5-13] 용도 변경하기(Put to other uses)

- 있는 그대로 다른 용도로 활용할 수 없을까?
- 다른 용도로 재활용할 수 있을까?
- 약간 변경하여 다른 용도로 활용할 수 없을까?
- 여러 개 사용하면 다른 용도로 사용할 수 있을까?
- 이름을 바꿔 다른 용도로 활용할 수는 없을까?

바) 제거하기(Eliminate)

기존 제품의 불필요한 부분이 제거 가능한 것이 있는지 또는 최소화시키면 어떤지 질문해봄으로써 아이디어를 도출하는 사고방식이다.

[그림 5-14] 제거하기(Eliminate)

- 무엇을 생략하면 좋을까?
- 크기를 최소화하면 더 좋지 않을까?
- 시설을 최소화 하면 더 좋지 않을까?
- 꼭 필요한 게 아닌 것이 무엇일까?
- 콤팩트하게 만들 수 없을까?
- 쪼갤 수 있을까?

사) 재배열하기(Rearrange)

순서를 바꾸거나 재배열하면 어떻게 될지 질문을 통해 아이디어를 도출하는 사고방식이다.

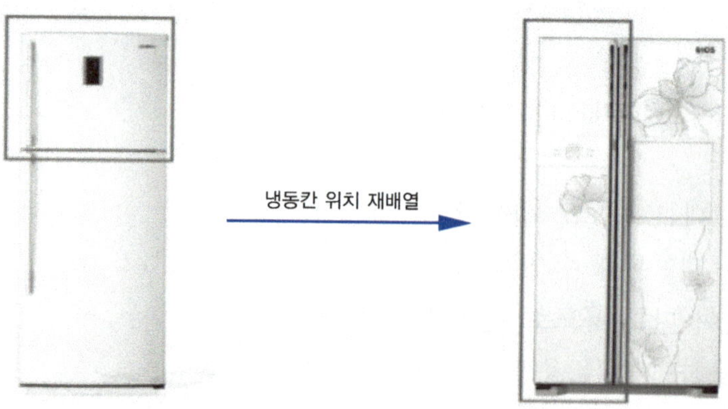

[그림 5-15] 재배열하기(Rearrange)

● 무엇을 재배열하면 더 좋아질까?
● 순서를 바꾸면 어떨까?
● 어떻게 패턴을 바꿀 수 있을까?
● 이것의 위치를 바꾸면 어떨까?
● 레이아웃을 바꾸면 어떨까?
● 스케줄을 바꾸면 어떨까?
● 속도를 바꾸면 어떨까?

쉼터 **인식의 차이**

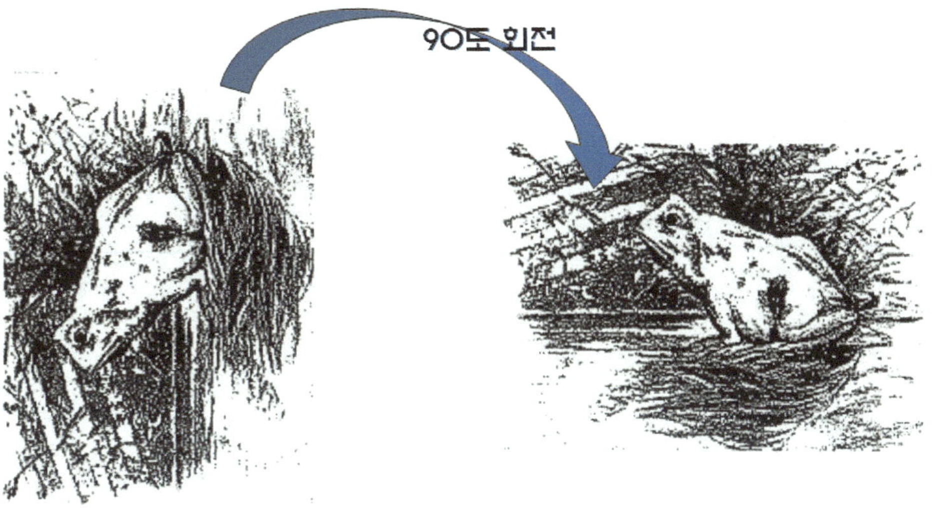

3) 진행 방법

스캠퍼의 진행 방법을 간단히 설명하면 다음과 같이 전개할 수 있다.

① 학생들에게 스캠퍼 기법의 목록을 제시해 준다.
② 각 목록에 해당되는 7가지 내용을 적용한 사례를 찾아보게 한다.
축소한 예) 휴대전화, 이어폰, 소형 라디오, 접는 지휘봉과 접는 자, 접는 우산 등
확대한 예) '아이가 커졌어요.', '고릴라'라는 제목의 영화 등

결합한 예) 안과 겉을 뒤집어 입을 수 있는 옷, 라이터와 재떨이가 재결합된 것
제거한 예) 팔 부분에 지퍼를 달아 조끼로도 입을 수 있는 옷

③ 현재의 물건을 7가지 기법에 따라 개선해 보게 한다.

[표 5-7] 스캠퍼 연습

소재 : 우산, 드라이버, 핸드폰, 자전거, 망치		
S	대체시키면? (Substitute)	
C	결합하면? (Combine)	
A	적용하면? (Adapt)	
M	수정 · 확대 · 축소시키면? (Modify–Magnify–Minify)	
P	용도 변경하면? (Put to other uses)	
E	제거시키면? (Eliminate)	
R	재정리하면? (Rearrange)	

연습문제

1. 브레인스토밍 회의 시 다른 사람의 의견을 비판하지 말아야 하는 이유를 설명하시오.

2. 브레인라이팅(Brain Writing)의 개념, 진행 방법 및 장점에 대하여 설명하시오.

3. 브레인스토밍이란 무엇이며, 브레인스토밍의 네 가지 규칙 그리고 리더의 역할에 대해서 설명하시오.

4. 창의력의 개념을 설명하고 Torrance의 창의적 구성 요소에 대하여 열거하시오.

5. 창의적 사고 개발 기법 중에서 발산적 사고의 개념과 수행 방법(3가지)을 설명하시오.

6. 형태학적 분석법의 정의와 고려사항에 대하여 자세히 서술하시오.

7. 알렉스 오스본의 체크리스트 관점(5가지)을 열거하시오.

8. Mind Map의 개념과 특징(3가지)을 설명하시오.

9. 육색 사고모의 개념을 정의하고 6가지 색의 역할과 사고 유형에 대하여 자세히 서술하시오.

10. SCAMPER의 개념을 정의하고 단계별 사고유형을 열거하여 설명하시오.

요약

1. 브레인스토밍은 아이디어의 발상과 평가를 철저히 분리하기 위한 방법으로 제안된 아이디어에 대한 비판 없이 '열린 마음' 혹은 '자유로운 사고'를 사용할 것을 강조한다.

2. 마인드맵은 마치 지도를 그리듯이, 자신이 여태까지 배웠던 내용이나, 자기 관리 등을 할 수 있는 방법이다.

3. 육색 사고모는 6개의 모자로 서로 다른 사고를 한다는 의미로 아이디어를 발산적으로 생기게 하기 위해서나 한 가지 입장에서만 생각해보게 할 수 있는 방법이다.

4. 형태학적 분석법은 다차원적이고 비계량적인 복잡한 문제를 해결하기 위하여 가능한 모든 해결 방법을 탐색하는 아이디어 사고방식이다.

5. 스캠퍼 기법은 7개 항목으로 개선된 체크리스트의 영문 첫 자로 구성된 합성어로서, Substitute, Combine, Adapt, Modify, Put to other Uses, Eliminate, Rearrange로 체크 목록을 구성하였다.

제6장

수렴적 아이디어 사고

학습 목표

1. 수렴적 사고의 개념을 살펴볼 수 있다.
2. PMI의 정의 및 진행 방법을 이해할 수 있다.
3. 역브레인스토밍을 알아볼 수 있다.
4. P-P-C 기법을 살펴볼 수 있다.
5. 하이라이팅을 이해할 수 있다.
6. 쌍비교 분석법을 알아볼 수 있다.
7. 평가행렬법을 살펴볼 수 있다.

우리는 끊임없이 의사결정을 하며 살고 있다. 예를 들면 점심은 무엇을 먹을까? 하는 일상적 의사 결정부터 대학 및 직장 선택, 배우자 선택, 국가 정책 결정까지 다양한 수준의 의사 결정 상황이 있다.

공학설계 과정의 모든 단계에서 선택과 결정의 상황에 직면하게 되며 각각의 상황에서의 의사결정은 최종 결과물에 매우 많은 영향을 끼치므로 매우 신중하게 이루어져야 한다. 따라서 매 의사결정의 순간마다 체계적인 기법을 적용하는 것이 매우 중요하다. 의사 결정 기법은 생성해 낸 여러 아이디어 가운데서 가장 그럴듯한 해결대안을 찾고, 선택하여 실제로 실행할 수 있는 해결책을 만들기 위해 사용된다. 이 기법은 수렴적 사고 방법으로도 불리며 발산적 사고에서 생성해 낸 여러 가지 아이디어를 분류하고 평가하여 가장 유망하게 보이는 것을 선택할 때 사용할 수 있다.

발산적 사고는 창의성과 밀접한 관련이 있는 사고방식으로 생각하지만 수렴적 사고기법은 지능이나 IQ, 또는 학교나 기관에서 시행하는 일반적인 시험에서의 뛰어난 수행과 관련 있는 사고방식으로 여겨지며 대표적인 방법으로 PMI 기법, PPC 기법 하이라이팅 기법, 역브레인스토밍 기법 그리고 평가행렬법 등이 있다.

본 장에서는 먼저 수렴적 사고의 개념을 살펴본 뒤 다양한 수렴적 아이디어 사고방식을 살펴보기로 한다.

1. 개 요

창의성이란 무엇인가에 대해 수많은 논쟁이 있지만, 대부분의 사람들은 '새로운 아이디어와 혁신적인 해결책을 생성하는 능력'이라고 동의한다.

Nickerson, Perkins, 그리고 Smith는 1985년 발산적 사고와 수렴적 사고가 별개의 것이 아니라 동전의 양면 같아서 실제 문제 해결에 함께 작용한다고 보았다. 창의적 산출물을 위해서는, 먼저 발산적 사고 과정을 통해 새롭고 독창적인 아이디어를 생성한 다음, 비판적 사고 과정을 통해 생성된 아이디어들 중에서 최선의 아이디어를 선택해야 한다고 주장했다.

발산적 사고는 정보를 광범위하게 탐색하고 문제에 대한 새로운 대답을 생성하는 능력으로 창의성의 특성과 매우 유사하다. 이러한 이유로, 발산적 사고와 창의적 수행 간의 관계에 대해 많은 연구가 이어졌다. 그러나 대부분의 연구 결과는 발산적 사고가 창의성과 동일한 개념이기보다는 창의성에 기여하는 여러 지적 사고 능력 중 하나로 보인다.

한편, 수렴적 사고는 옳고 적절한 아이디어에 초점을 두기 때문에 일반적으로 사람들은 창의성과 관련이 없다고 생각한다. 그러나 수렴적 사고 또한 창의적 산출물을 생성하는 과정에서 중요한 요소로 작용한다.

수렴적 사고는 학교나 기관에서 주관하는 시험에서 매우 흔하게 요구되는 사고방식이다. 대부분의 시험은 여러 보기나 가능성 중 정답에 가장 가깝다고 여겨지는 하나의 답만을 요구하는데, 이렇게 미리 정해진 답을 맞히는 문제를 해결하기 위해서는 수렴적 사고가 필요하다. 수렴적 사고의 예로, 가능성들을 조직화하고 분석하기, 개인들이 선호하는 가능성들을 다듬고 개발하기, 대안들을 나름의 기준에 따라 등급 매기기, 그리고 어떤 대안을 제시하거나 결정하기 등이 있다.

종종 수렴적 사고는 가장 좋다고 여겨지는 답을 맞히기 위한 능력으로서 추리, 이해, 계산 등의 능력과 상관된다. 따라서 동서양을 막론하고 대부분의 학교 교육 과정이 수렴적 사고를 기르는 데 높은 가치를 두고 있다.

결국 발산적으로 생성된 많은 정보나 질문, 감정 등을 현재의 상황에 비추어 좀 더 잘 이해할 수 있도록 자료를 거르고, 분류하고, 조직화하는 사고가 수렴적 사고이다. 즉, 수렴적 사고는 이미 생성되어 있는 아이디어나 정보를 여러 가지 기법을 통하여 분류하고, 따져보고 분석해 봄으로써 가장 효과적이고 바람직한 대안을 유도해 내는 것이 목적이다.

모든 수렴적 사고에서 특별히 강조하고 있는 것은 '긍정적인 판단'이다. 대안의 강점이나 긍정적 측면을 살펴보고, 단점을 죽이기보다는 단점에 대하여 '어떻게 이러한 단점을 보완할 수 있을까?' 또는 '어떻게 하면 이러한 면을 수정할 수 있을까?'와 같은 질문을 통하여 단점을 수정하고 보완해 나간다.

최근 들어 좌 · 우뇌의 균형적인 활용이 창의성에 중요한 역할을 한다는 의견들이 나타났다. 창의성은 새로운 생각에서 멈추는 것이 아니라 새로운 생각을 구조화하고 실현하는 것이 필요한데, 이를 위해서는 좌뇌의 역할이 필요하다. 이에 반해 우뇌는 새로운 아이디어를 생성하거나 확산하는 기능을 가지고 있으므로 결국 좌 · 우뇌의 기능, 즉 발산적 사고와 수렴적 사고가 모두 필요하다.

쉼터 **신문지 사용도 백태!**

2. PMI (Plus, Minus, Interesting)

1) 정 의

De Bono가 1973년 고안한 기법으로 특정한 대상의 긍정적인 면과 부정적인 면을 각각 기록한 다음 이들 각각에 대한 문제 해결자 나름대로의 판단에 의해 이익이 되는 점을 찾는 기법이다. 이 기법은 동시에 여러 가지 요인들이 혼합되어 작용하는 사고의 상황에서 하나하나씩의 단계를 거쳐 보다 냉철한 판단 아래 사고를 전개시킬 수 있는 이점을 가지고 있다.

① P(plus) : 아이디어에 대한 좋은 점(왜 그것을 좋아하는가?)
② M(Minus) : 아이디어에 대한 나쁜 점(왜 그것을 좋아하지 않는가?)
③ I(Interest) : 아이디어에 대해 발견된 흥미

2) 원 리

- PMI가 없다면 처음에는 좋지 못한 의견처럼 보이지만, 사실은 아주 좋은 의견을 빠뜨릴 수도 있으므로 중요하다.
- PMI가 없다면 매우 좋은 의견처럼 보이는 것의 단점을 생각하기가 어려울 것이다.
- PMI는 아이디어의 장단점 그리고 흥미로운 점까지 보여준다.
- PMI가 없다면 그 의견의 좋고 나쁜 점에서가 아닌 그 당시의 감정에 의해서 대부분 판단할 것이다.
- PMI로 미리 아이디어를 탐색한 후에 그것을 좋아하는 지 아닌지를 판단할 수 있다.

3) 진행 절차

- PMI의 의미를 팀원들에게 팀 리더가 설명한다.
- 각 영역별로 아이디어를 생성한다.
  - P를 고려할 때는 P에만 집중(M,I는 마음에 두지 않음)한다.
- PMI 결과를 발표한다.
- PMI 결과를 논의한다.

4) PMI 예

아이디어 1 창문을 유리창 대신 플라스틱 창으로 바꾸어져야 한다.

P	● 쉽게 깨지지 않을 것이다. ● 깨졌을 때 별로 위험하지 않을 것이다.
M	● 플라스틱은 유리보다 더 비쌀 것이다. ● 플라스틱은 잘 긁힐 것이다.
I	플라스틱으로 창문을 만든다면 여러 가지 색깔의 창문을 만들 수 있을 것이다.

아이디어 2 버스 안에 있는 좌석은 모두 치워 버려야 한다.

P	● 많은 사람들이 더 탈 수 있다. ● 버스를 제작하는 비용이 보다 적게 들 것이다.
M	● 버스가 갑자기 서면 넘어지기 쉽다. ● 교통 약자들이 버스를 이용하는 데 많은 불편을 경험하기 쉽다.
I	한 가지는 좌석이 있고, 다른 한 가지는 좌석이 없는, 두 가지 유형의 버스를 생각하게 하는 아이디어를 도출할 수 있다.

쉼터 **접는 화장실**

[표 6-1] PMI 연습

아이디어	
P (Plus)	● ●
M (Minus)	● ●
I (Interesting)	● ●

쉼터 이상한 집

3. 역브레인스토밍

(Reverse BrainStorming, RBS)

1) 정 의

하나의 아이디어가 가질 수 있는 가능한 약점을 발견하고 실천될 때 잘못될 수 있는 부분을 예상해보는 기법으로 Hotpoint 회사가 하나의 집단 방법으로 생각해낸 방법이다.

이미 생성해놓은 아이디어를 '비판'한다는 점에서 고전적인 브레인스토밍과 차이를 보인다. 이 기법은 일차적인 평가 과정을 거친 소수의 아이디어들을 심도 있게 분석하는데 적절하며 의견일치가 어려울 경우 '목표 스토밍(goalstorming)'을 실시한 후 '가장 그럴듯한 아이디어'를 선택한다. 선택 후 목표를 세분화하여 세분 목표가 평가될 때까지 한다.

2) 진행 방법

① 해결해야 하는 문제를 먼저 명확히 정의하고 종이에 써라.

② 지금까진 "문제를 해결하려면 어떻게 해야 할까?"라는 질문을 던져왔겠지만, 이젠 "어떻게 역효과를 낼까?", "프로젝트를 망치려면 어떻게 해야 할까?", "어떤 방법이 최악의 솔루션일까?"와 같은 질문을 던져라.

③ 역브레인스토밍도 결국 '브레인스토밍'이기 때문에 질보단 양이다. '최악의 솔루션'을 가능한 한 많이 제시하라.

④ 수없이 쏟아져 나오는 이 '최악의 솔루션'들을 모두 기록하라.

⑤ 이제 지금까지 나온 아이디어들을 뒤집어라(reverse). 이때 전부 반대로 바꿔서 원래 해결하려 했던 문제에 적합하게 바꿔보자.

⑥ 이제 아이디어들을 평가할 시간이다. 무언가 가능성이 보이는가? 해결책이 될 만한 무언가가 있는가?

3) 아이디어 평가 방법([표 6-2]에 의한)

① 다른 사람도 가능하지만 아이디어를 만들어 냈던 사람들이 아이디어를 평가하는 데 참여할 수 있게 한다.

② 차트 용지에다 아이디어 리스트와 함께 목표와 문제를 기록하여 잘 보이는 곳에 고정시킨다.

③ 어떤 한 사람 또는 여러 사람이 리스트에 있는 첫 번째 아이디어에 대하여 비판을 가하고 그것을 차트 용지에다 적는다.

④ 첫 번째 아이디어에 대한 비판을 모두 하고 나면 두 번째 아이디어를 비판하는 방법으로 모든 아이디어를 비판한다.

⑤ 이제 집단 전체는 아이디어들을 다시 음미해보고 제시된 비판을 고려하여 필요하다면 수정을 가하고 다듬어 최선의 해결책을 생성해낸다.

⑥ 약점이 가장 적고 문제를 잘 해결해줄 수 있을 것 같은 아이디어를 선택한다. 그 다음의 단계는 실천을 위한 행위 계획을 세운다.

[표 6-2] 역브레인스토밍 예시

문 제 : 저 출산 문제를 해결하려면 어떻게 해야 할까?	
최악의 솔루션 및 반전	● 모든 일상에서 남녀를 분리시켜 서로 만날 수 없도록 한다. (반전) 남녀의 만남 기회를 자주 가지도록 한다. 미팅을 적극 장려하고, 이벤트에 자주 참여하도록 한다. ● 유년시절부터 가정에 대한 부정적인 면을 바라보게 한다. (반전) 가정에서의 부모 및 형제들의 역할에 대하여 생각해보도록 한다. ● 결혼에 대한 바른 인식을 가지지 않도록 하고 사교성을 저하시킨다. (반전) 연인들, 부부가 함께 가상 결혼이나 연애를 경험할 수 있도록 한다. 게임을 하며 더욱 분위기를 가지므로 사랑을 유도하도록 한다. ● 설령 결혼을 하더라도 출산하면 모든 권리를 박탈시킨다. (반전) 아이를 입양하거나 출산하는 경우, 정부에서 요람의 국가 정책을 제시하도록 한다.

쉼터 무동력 비행이 가능한 비행기

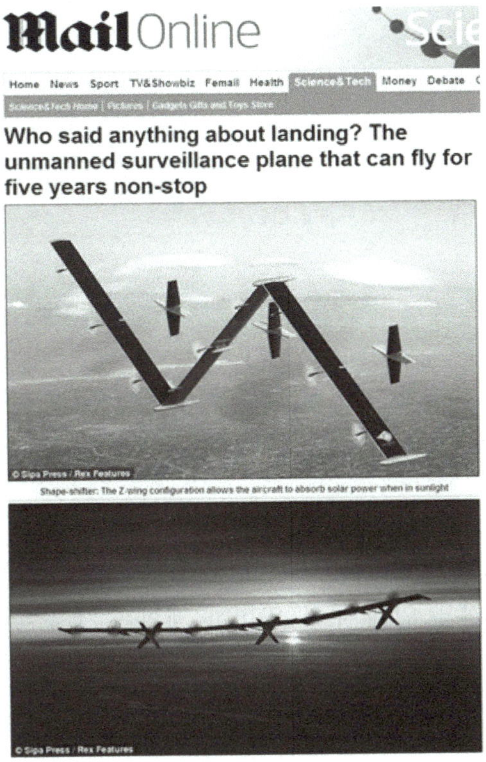

오디세우스라는 이 비행체는 태양열을 이용해 5년 동안 착륙이나 연료 공급없이 비행할 수 있다. 밤에는 태양광발전으로 저장된 전기로 모터를 움직여 하늘에 머물 수 있다. 이 비행체는 약 18,000[m]~27,000[m]의 높이에서 통신과 환경을 모니터하고 기후 변화에 대한 연구에 사용한다고 한다.

4. P-P-C(Positive-Possibilities-Concern)

1) 정 의

너무 엉뚱하거나 미심쩍은 유보적 아이디어를 다룰 때 긍정적인 측면, 가능성이 있는 측면 그리고 염려스러운 측면으로 구분하여 대화하는 기법을 P-P-C 기법이라고 한다.

이 기법을 활용하면 너무 성급하거나 극단적으로 판단하는 것을 막을 수 있으며, 아이디어가 가지고 있는 모순점을 보완하여 문제 해결을 위해 보다 완벽한 계획을 세울 수 있다.

P-P-C 기법의 각 알파벳이 의미하는 것은 [표 6-3]에 제시되어 있다.

[표 6-3] P-P-C 기법

구 분	내 용
P(Positive)	● 긍정적인 면 ● 제시된 아이디어의 훌륭한 면을 칭찬해 주어야 한다.
P(Possibilities)	● 가능성이 있는 면 ● 아이디어가 구체적으로 어떤 상황에 응용될 수 있을 지 항목별로 작성한다.
C(Concern)	● 염려스러운 면 ● 아직 불안하다. 그것을 없애려면 어떻게 하면 좋을 것인가?

2) 진행 방법

P-P-C 기법은 상대방이 제시하는 미심쩍은 생각이 드는 아이디어를 효과적으로 받아들일 수 있도록 하는 기법으로 진행 절차는 다음과 같다.

① 첫 번째 P는 '긍정적인 면(Positive)'을 나타내며 그 아이디어에 대하여 좋다고 생각되는 것을 말해야 한다.

② 두 번째 P는 '가능성(Possibilities)'이며 그 아이디어를 어떻게 적용하거나 확대시킬 수 있는지에 대하여 언급한다.

③ 마지막 C는 '염려스러운 점(Concern)'을 말하는데, 그것을 직설적으로 말할 수 있어야 한다. 예를 들면, "홍길동은 걱정이 되는데, 그것을 어떻게 극복할 수 있을지 이야기 좀 해 줄 수 있을까?"라고 말하는 것과 같다. 그러면 제안자는 보기, 모델, 이론 또는 보다 자세한 계획을 적극적으로 말할 수 있을 것이며, 때로는 아이디어가 가지고 있는 모순점을 느끼고 철회할 수도 있다.

3) 사 례

아이디어 1 학급의 모든 학생들이 일주일간 굶어서 절약한 돈을 모아 전달합시다.

구 분	생 각 적 기
긍정적인 면 (P)	불우 이웃 돕기에 매우 적극적이어서 좋다.
가능성이 있는 면 (P)	우리가 아주 적극적이면 다른 사람들도 영향을 받겠지.
염려스러운 면 (C)	그런데 일주일을 굶을 수 있을까? 모든 반원들이 그렇게 해줄까?

아이디어 2 우리 학교에는 매점이 없다. 학교의 여유 교실을 이용하여 매점을 만들자.

구 분	생 각 적 기
긍정적인 면 (P)	학용품이나 각종 문구류를 손쉽게 구입할 수 있다.
가능성이 있는 면 (P)	수익금을 불우한 친구들을 돕거나 학교발전을 위해 사용할 수 있다.
염려스러운 면 (C)	군것질을 많이 해서 급식을 적게 먹게 될 것이다.

아이디어 3 모든 고등학생들의 두발 및 복장을 자율화시키자.

구 분	생 각 적 기
긍정적인 면 (P)	학생의 인격과 개성이 존중된다.
가능성이 있는 면 (P)	자기표현의 독립적인 보장이 제공된다.
염려스러운 면 (C)	두발이나 복장에서 경제적인 양극화 현상이 발생할 수 있다.

쉼터 **생뚱맞은 식사**

5. 하이라이팅(Highlighting)

1) 정 의

하이라이팅 기법은 히트 기법으로 선정된 그럴듯한 대안들을 몇 개의 같은 범주끼리 분류해 보는 것이다. 직관에 의하여 분류해 보는데, 먼저 히트한 대안에 번호를 부여하고 같은 성격의 아이디어이거나 대안들 간의 어떤 관계를 중심으로 공통 주제끼리 영역을 만들어 조직화한다.

쉼터 히트

수렴적인 기법들은 발산적인 사고 기법을 통한 많은 아이디어들을 바탕으로 이루어진다. 아이디어를 생성할 때는 판단을 유보하면서 거침없이 쏟아놓았기 때문에 먼저 목적에 맞는지 여부를 생각해 보아야 한다. 이때 활용하는 기법이 히트 기법이다. 문제에 적절하고 분명하고 흥미롭다는 생각이 들고 해결하고자 하는 목적에 부합된다고 생각이 되는 대안에 대하여 ∨표를 하면서 선택한다. 선택된 대안들은 하이라이팅 기법으로 분류할 수도 있다.

이때 생성된 아이디어 중에서 괜찮다고 느껴지는 아이디어를 골라낸 다음 공통적인 측면이나 요소에 따라 결집하는데 이를 적중영역이라고 한다. 조직화된 영역에서는 공통의 주제를 재 진술한다.

하이라이팅 기법은 아이디어를 평가하고 선택하는 간단하면서도 효과적인 방법이다. 이렇게 일차적으로 평가된 대안들을 좀 더 구체적으로 분석해 볼 필요가 있을 때는 역브레인스토밍, PMI 그리고 P-P-C 대화기법 등을 활용할 수 있다.

2) 진행 방법

가) 히트(hits)를 찾는다.

아이디어들을 나열하고 차례대로 번호를 매긴 후 그럴듯해 보이는 아이디어에 표시를 한다.

나) 서로 관련되어 있는 것 같아 보이는 히트 아이디어들을 함께 묶는다.

다) 적중 영역을 발견한다.

히트 아이디어들이 서로 어떻게 유사한 지를 음미해보고 같은 영역으로 결집시켜 '적중 영역'을 찾아낸다. 각 적중 영역에 속하는 히트 아이디어들을 그 아래에 나열한다.

라) 적중 영역을 재진술한다.

문제의 요구를 가장 잘 만족시키는 것 같이 보이는 적중 영역 하나를 선택한다. 이때 몇 개의 적중 영역을 조합하여 하나의 해결책을 만들 수도 있다.

[표 6-4]는 'Freshman 공학설계 교과목의 원활한 운영'을 위한 브레인스토밍으로 얻은 40개의 대안 중 히트된 아이디어들이다. 한편, [표 6-5]는 '적중 영역'으로 분류하고, [표 6-6]은 재진술에 의해 선택된 해결책의 예시를 제시한다.

[표 6-4] 히트된 아이디어

히트된 아이디어	
1) 요구된 설계 시스템 예산 확보	13) 신입생들을 지원하는 조교 확보
4) 수학, 기초과학, 공학지식 확보	18) 적절한 과제물
5) 적절한 팀 구성원	23) 설계 주제와 관련된 동영상 자료
7) 공학 분야의 산업현장 문제	29) 팀 구성원 수
8) 지속적인 일반 예산 지원	35) 설계 공간 확보
11) 설계 경험이 풍부한 교수진 확보	42) 설계 주제의 선택

[표 6-5] 적중 영역 분류

교육 내용	환 경	팀 구성	경 제	강사진
• 설계 주제의 선택 • 적절한 과제물 • 수학, 기초 과학, 공학지식 확보	• 설계 공간 확보 • 설계 주제와 관련된 동영상 자료 • 공학 분야의 산업현장 문제	• 적절한 팀 구성원 • 팀 구성원 수	• 지속적인 예산 지원 • 요구된 설계 시스템 예산 확보	• 설계 경험이 풍부한 교수진 확보 • 신입생들을 지원하는 조교 확보

[표 6-6] 재진술에 의해 선택된 해결책

재진술에 의해 선택된 해결책
Freshman 공학설계 교과목을 원활히 운영하는 방법으로 팀 구성적인 면으로는 허만의 두뇌 우성 모형에 따른 적절한 팀 구성이 되어야 하고 팀 구성원 수도 적당해야 한다. 한편, 강사진으로는 설계 경험이 풍부한 교수진을 확보해야 할 뿐만 아니라 신입생들을 지원하는 조교가 확보되어야 한다.

쉼터 고정 개념은 깨도 아프지 않다.

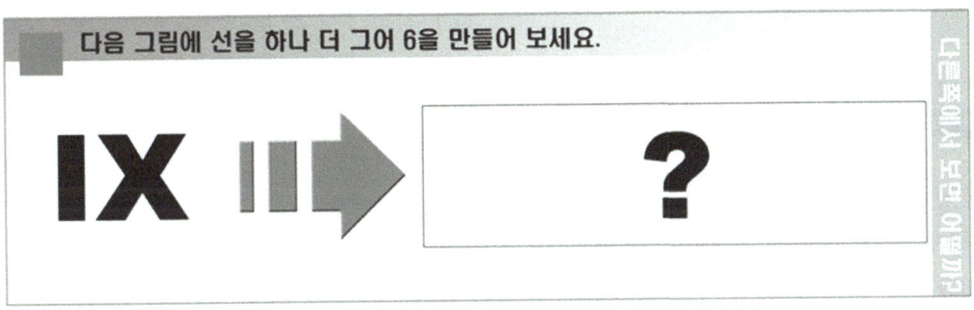

6. 쌍비교 분석법(Paired Comparison Analysis, PCA)

1) 정 의

쌍비교 분석법은 많은 대안들이 모두 중요해서 어느 것을 먼저 실천해야 하며, 어느 것을 가장 먼저 생각하여 일을 처리해야 할지를 판단하고자 할 때 사용되는 기법이다. 즉, 우선순위를 정하여 대안을 선택하고 결정해야 할 때 활용되는 기법이다.

모든 대안들을 서로 한 번씩 비교해 보고 상대적으로 중요한 것을 확인하여 상대적인 우선순위를 정할 수 있으므로 2안 비교 순위 결정법(Pair Ranking)이라고도 한다.

쉼 터 훌륭한 판정을 위한 조건

- 불확실성의 제거
  - 문제 해결 과정 및 결과에서 발생할 수 있는 실수, 위험, 부작용 등을 발견
- 비판적 사고
  - 제시된 아이디어나 해결방안, 설계, 생산품이 가지고 있는 결점, 위험 등을 발견하고 그 개선을 위한 제안, 검토과정
- 판단에 영향을 미치는 편견, 편향된 가치관, 선입견 등을 인식하여 제거
- 현실인식

2) 아이디어 판정 방법

A, B, C, D의 4가지 대안이 있을 경우 PCA에 의한 아이디어 판정을 하도록 한다. 먼저 A와 B를 비교하여 B가 더 좋으면 다음과 같이 B에 투표하도록 한다.

① 대 안 A　② 대 안 B ○　③ 대 안 C　④ 대 안 D

한편, A와 C를 비교하여 C가 더 좋으면 C에 다음과 같이 투표하도록 한다.

① 대 안 A　② 대 안 B ○　③ 대 안 C ○　④ 대 안 D

그런 다음에 A와 D를 비교하여 D가 더 좋으면 D에 투표하도록 한다.

① 대 안 A　② 대 안 B ○　③ 대 안 C ○　④ 대 안 D ○

동일한 요령으로 B와 C를 비교하여 B가 더 좋으면 B에 투표하도록 한다.

① 대 안 A　② 대 안 B ○○　③ 대 안 C ○　④ 대 안 D ○

마찬가지로 B와 D를 비교하여 B가 더 좋으면 B에 투표하도록 한다.

① 대 안 A　② 대 안 B ○○○　③ 대 안 C ○　④ 대 안 D ○

그런 다음에 C에 대하여 같은 요령으로 D와 비교하여 더 좋은 대안에 투표한다.

① 대 안 A　② 대 안 B ○○○　③ 대 안 C ○○　④ 대 안 D ○

대안들이 N개 있을 경우 총 투표 수는 N(N−1)/2개이므로 이 예의 경우 N이 4이므로 총 6개의 투표수가 결정된다. 그러므로 획득한 투표수에 따라서 B, C, D, A 순으로 순위가 결정된다.

쉼터 **성형 회선망과 망형 회선망의 비교**(N : 전체 호스트수)

	성형 회선망	망형회선망
교환점	1	N
전송매체수	N−1	N(N−1)/2
회선품질	양호한 품질로 해야 한다.	저품질이라도 된다.

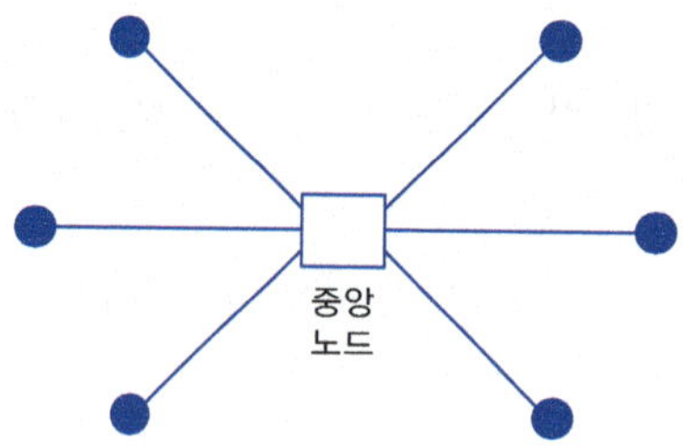

성형

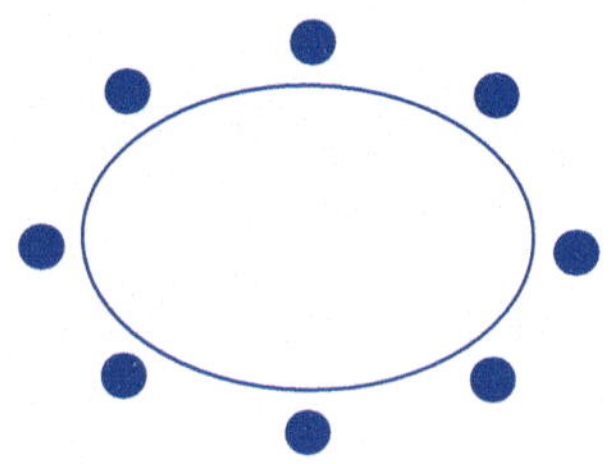

망 형

7. 평가 행렬법(Evaluation Matrix)

1) 정 의

평가 행렬법은 하이라이팅된 대안들을 평가할 때나 생성된 대안이나, 행위계획을 위한 대안들을 평가할 때 활용되며, 대안들은 어떠한 준거에 따라 체계적으로 평정척도를 제시하여 평가하는 것이다.

제안된 아이디어들을 미리 정해 놓은 준거에 따라 체계적으로 평가하며 평가하려는 아이디어들을 세로축에 나열하고 평가 준거를 가로축에 적어 행렬표를 만든 후, 각 준거를 기초로 모든 아이디어를 평가한다.

평가준거도 문제에 따라 다양하므로 적절한 준거의 선택도 중요하다. 예를 들면, 취업을 하거나 집을 구입할 경우 다른 준거가 필요할 것이다. 많이 사용하는 준거의 범주를 [표 6-7]에 예로 제시하였다.

[표 6-7] 평가 행렬법 사용 양식

평가준거 / 아이디어	크기	모양	색깔	가격	인지도	합계
1						
2						
3						
4						

평가 척도 : ① 1,2,3,4,5 ‥ 10 ② 수, 우, 미, 양, 가
③ −1, 0, +1 ④ 부정적, 보통, 긍정적

행렬표의 결과는 아이디어의 장점과 단점을 확인하는 데에만 이용한다. 점수가 낮다고 하여 '나쁜' 대안이라고 단정하기는 어렵고, 어떤 준거에서는 점수가 낮은데 어떤 준거에서는 높은 점수로 평가되었다면 그 아이디어를 다듬어 발전시킬 방법을 강구해야 한다.

2) 아이디어 판정 방법

최적의 모델을 가진 스마트폰을 선택하기 위해 평가 행렬법에서 먼저 임의로 선택한 평가 준거들을 이용해서 최종적으로 최적 스마트폰을 선택하는 데 여기서 검토된 5개 모델은 임의로 가정한다.

1단계 크기, 모양, 색깔, 가격, 인지도 그리고 무게로 판정 기준을 정하여 비교 순위 방법으로 정한다.

[표 6-8] 평가 행렬법 1단계 방법

판정기준	얻은 투표	총 투표수
크기	○	1
모양	○○○○	4
색깔	○○	2
가격	○○○○○	5
인지도	○○○	3
무게		0

2단계 상위 3가지 판정 기준에 대한 가중치를 다음과 같이 부여한다.

가격 : 모양 : 인지도 = 0.5 : 0.3 : 0.2

3단계 각 판정기준에 대해서 구입하고자 검토 중인 스마트폰을 투표해서 얻은 투표수에 가중치를 곱하고 총점을 구한 다음 순위를 매긴다.

[표 6-9] 평가 행렬법 3단계 방법

모 델	가 격 가중치 0.5	모 양 가중치 0.3	인지도 가중치 0.2	총 점	순 위
A	3(1.5)	3(0.9)	3(0.6)	3	①
B	1(0.5)	1(0.3)	2(0.4)	1.2	5
C	2(1.0)	1(0.3)	2(0.4)	1.7	4
D	2(1.0)	3(0.9)	2(0.4)	2.3	2
E	2(1.0)	2(0.6)	1(0.2)	1.8	3

수렴적 아이디어 사고를 이용한 공학설계 보고서 사례

사례1

설계 목표

현대인은 각종 성인병에 시달리고 있다. 특히 혈압이나 당뇨는 많은 장년층들에게 위협이 되고 있다. 그러면 이러한 성인병들을 치유하는 방법이 있는지 알아보도록 하자.

1. 도입 배경

성인병은 일반적으로 40세 이상의 성인과 노인들의 발병률이 증가하는 병을 총칭한다. 사람의 몸이 노화하기 시작하면 몸의 각 기능이 신진대사를 원활하게 하지 못하며, 환경의 변화에 적절하게 반응해나가는 조직·기능의 결손, 자신을 제어할 수 있는 능력과 외계에 대한 적응력이 떨어지게 된다. 신진대사가 원활하지 못하면 소모되는 것과 생산되는 것의 균형이 취해지기 어렵다. 이러한 기능의 손상으로 인해 간 기능이 감퇴하여 결합조직 콘드로이틴의 결핍, 각종 호르몬의 부족, 동맥경화, 췌장 기능의 저하 등이 일어난다. 그 결과 고혈압, 협심증, 심근경색, 암, 폐기종, 기관지확장증, 당뇨병 등의 질병이 발생한다.

현대에 들어서 영양상태가 향상되고, 항생제의 발달로 감염증에 의한 사망률이 격감되고 있지만, 과식과 운동부족 등에 의한 비만, 복잡해진 사회에 따른 스트레스의 증가로 문화병이라고 할 수 있는 성인병이 늘어가고 있다. 최근 우리나라도 서구화된 식습관과 환경오염 등 여러 원인에 의해 성인병 환자가 늘고 있다. 40대 뿐만 아니라 20~30대의 젊은 층과 소아비만의 증가 등으로 소아 성인병 환자도 많아지는 추세이다.

우리나라의 3대 성인병은 고혈압, 당뇨, 암이다. 이중 요즘 들어 환자가 급증하고 우리나라 사망률 5위이기도 한 당뇨를 중심으로 성인병 치료법에 대해 알아보자.

2. 치료방법

① 혈당강하제 복용

혈당강하제는 인슐린 분비촉진제와 인슐린 감수성 개선제로 나누어진다. 인슐린 분비촉진제는 설폰요소제와 메글리티나이드계가 있다. 설폰요소제는 저혈당상태를 유발할 수 있는 것 외에는 큰 부작용이 없어 흔히 처방되는 약이며, 메글리티나이드계는 약효가 매우 빠른 제제로 식전에 복용한다. 인슐린 감수성 개선제는 단독 복용시 저혈당이 거의 없는 것이 특징이며 바이구아나이드계, 치아졸리딘다이온계 등이 있고 소장에서 탄수화물을 지연시키는 글루코바이, 베이슨 등이 있다.

② 인슐린 주사

인슐린 주사는 피하주사로 투여하는 것을 원칙으로 하고 있고, 작용시간에 따라 투여방법이 다르다. 초속효성 인슐린은 투여 15분 이내에 효과가 나타나며 약효는 3~4시간 정도 지속된다. 따라서 식사 직후나 직전에 투약한다.

속효성 인슐린은 레귤러 인슐린으로 투여 후 30분~1시간 후 효과가 나타나며 지속시간을 2~9시간이다.

중간형 인슐린은 투여 후 1~3시간 후에 효과가 나타나며 보통 12~16시간 지속되고 투약후 6~8시간에 최고 효과를 나타낸다.

지속형 인슐린에는 인슐린, 글라진, 인슐린 디터머가 있고 중간형 인슐린보다 작용시간이 길다.

③ 생활습관 개선

성인병의 주요 원인은 비만과 운동부족이 있다. 따라서 생활습관을 바꿈으로써 당뇨를 예방하고 치료할 수 있다. 성인병을 예방할 수 있는 방법은 짠 음식은 피하고, 하루 염분 섭취량을 10g 이하로 하기, 비타민・미네랄・식이섬유가 풍부한 생야채 매일 먹기, 단 것이나 과일 과식하지 않기, 금연과 금주, 과식을 피하고 규칙적으로 운동하기, 스트레스 해소법 찾기 등이 있다.

④ 인슐린 펌프

인슐린 펌프는 '1형 당뇨병 치료에 대한 합병증 연구'를 통해 하루 3차례 인슐린을 주사하는 적극적인 혈당치료를 할 때 당뇨 합병증 발생이 현저히 줄어든다는 결과가 나오자 적극적 인슐린 요법이 주목받게 되면서 인슐린 주사 대신 인슐린을 자동으로 주입해주는 기계이다.

⑤ 췌장 이식

췌장에서 아예 인슐린이 분비되지 않는 경우, 다른 사람의 췌장을 이식하여 치료할 수 있다.

3. 아이디어 탐구

〈치료법의 장·단점 분석〉

① 혈당강하제 복용

- 장점 : 자기 몸의 인슐린을 사용하는 것이기 때문에 부작용이 없고 안전하다.
- 단점 : 약의 내성이 생길 수 있다. 인슐린이 아예 생성되지 않는 1형 당뇨를 효과없음.

② 인슐린 주사

- 장점 : 몸 상태에 따라 인슐린 종류와 용량을 조절할 수 있어 혈당조절이 쉬움. 1형과 2형 당뇨 모두 쓰일 수 있음.
- 단점 : 자기 몸의 인슐린이 아니라 인슐린 알레르기나 인슐린 항체에 의한 인슐린 저항성 등 부작용이 있을 수 있음. 인슐린 보관의 어려움. 외식이나 여행갈 때 불편함.

③ 생활습관 개선

- 장점 : 다른 성인병 예방도 할 수 있으며, 일상생활에 쉽게 실천할 수 있다. 치료비가 들지 않아 경제성이 좋음.
- 단점 : 예방이나 심각하지 않은 당뇨환자의 진행상황을 더 나아지게 할 순 있지만 근본적인 치료법은 아님.

④ 인슐린 펌프

- 장점 : 인슐린 주사에 관한 장점을 모두 가져가고, 따로 주사시간이나 복용시간을 체크하지 않아도 되는 편리함이 있다.
- 단점 : 인슐린 주사에 관한 단점과 기기값이 비싸다.

⑤ 췌장 이식

- 장점 : 당뇨환자의 근본적인 문제를 고쳐줌
- 단점 : 가격도 매우 비싸고, 이식을 할 장기기증자도 거의 없으며, 장기이식의 경우 거부반응 등 위험성이 크다.

〈평가문항의 판단〉

첫 번째로 당뇨병의 진행을 막고, 합병증 발생을 줄일 수 있는 치료가능성이 있는지 판단하여야 한다. 그리고 두 번째로 치료비용에 의한 경제성을 판단해야 한다. 또 얼마만큼 편리하게 치료를 할 수 있는지 편리성과 당뇨병 환자의 경우 성인병은 게으르고 생활습관이 안좋아 생기는 병이라는 인식 때문에 당뇨환자임을 숨기고 싶어한다. 따라서 이 치료법이 얼마나 티가 나는지도 평가에 넣었다. 마지막으로 부작용 등 안정성에 대한 평가가 있다.

4. 아이디어 판정

평가 행렬법에 의한 아이디어 판정 (장단점법)

	혈당강하제	인슐린주사	생활습관개선	인슐린펌프	췌장이식
치료가능성	2	3	−2	3	3
경제성	1	1	3	−1	−3
티	0	−1	2	0	1
편리성	2	1	2	3	−3
안전성	0	−1	2	−2	−2
합계	5	3	7	3	−4

5. 결론

당뇨병의 종류와 정도의 차이에 따라 치료법이 다양하게 적용되어야 하기 때문에 어느 것이 제일 좋은 치료법이라고 이야기할 수는 없지만 평가표를 보았을 때 생활습관을 개선하는 법이 가장 합리적이었다. 그러나 그 방법은 치료가능성이 조금 떨어지므로 생활습관개선과 약물복용 또는 인슐린 치료법을 함께 병행하는 것이 가장 이상적인 치료법이다.

사례2

설계 목표

눈이 많이 내리는 지역에서 전파를 탐지하기 위하여 이동용 안테나를 설치하였다. 이 안테나는 이동용이라서 가벼워야 했다. 그런데, 눈이 많이 내리는 지역적 특성 때문에 쌓이는 눈의 무게를 견디지 못하고 안테나가 부서지는 문제가 발생하였다. 이 문제를 해결할 좋은 아이디어를 적어보자.

1. 안테나의 종류

안테나는 전파를 송신할 때는 송신기에 의해 변조된 교류전압을 전자기파로서 대기 중에 방사(emitting)하고, 반대로 수신할 때는 전자기파를 수신기에 의해 평가된 교류전압으로 변환시키는 기능을 수행한다.

가) 야기 안테나

반 파장 안테나의 전방에 약간 짧은 도선(도파기), 후방에 약간 긴 도선(반사기)을 배열한 구조이다. 금속 막대를 "균일하게" 배치함으로써 일정한 방향으로부터 오는 전파를 더 잘 수신할 수 있으며, 반대의 원리로 강한 지향성 전파를 송신하는 것이 가능하다.

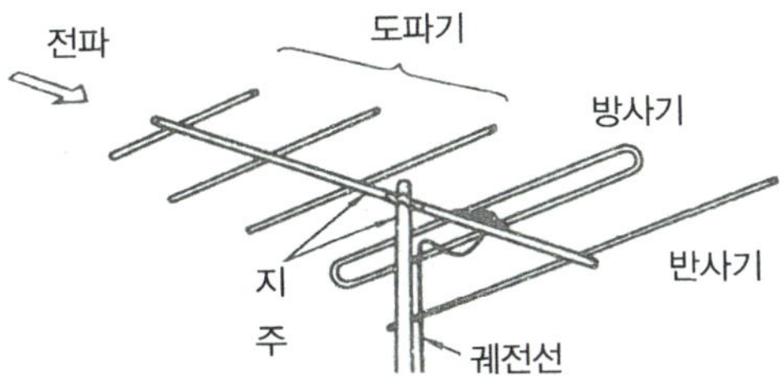

[그림 6-1] 야기 안테나

나) 파라볼라 안테나

아르키메데스는 포물면 모양의 거울을 이용하여 태양 빛을 초점에 집중시켜, 바다로부터 침입해오는 로마 병선을 불태웠다는 이야기가 있다. 이것은 포물선의 축과 평행인 직선이 포물선에서 입사각과 반사각이 같게 반사되면 초점에 모인다는 기하학적 사실을 응용한 예이다. 한편, 아르키메데스와는 반대로, 광원을 포물면의 초점에 놓으면, 빛은 거울에 반사되어 축과 평행인 방향으로 나아간다. 이런 원리가 자동차 헤드라이트에 이용된다. 포물선의 이런 원리는 공중에 있는 전파를 모으는 파라볼라 안테나에 이용된다. '파라볼라'는 포물선을 뜻한다. 그리고 이와 반대로 파라볼라 안테나는 전파를 발사할 때도 이용된다. 즉, 파라볼라 안테나는 송신 안테나와 수신 안테나 모두에 이용된다.

[그림 6-2]와 같이 포물면 형태의 반사경과 그 초점에 있는 안테나소자로 이루어져있다. 포물선 축과 평행한 전파가 들어와 그림의 방물면에서 반사되면 들어온 전파는 포물선의 초점에 있는 다이폴로 모인다.

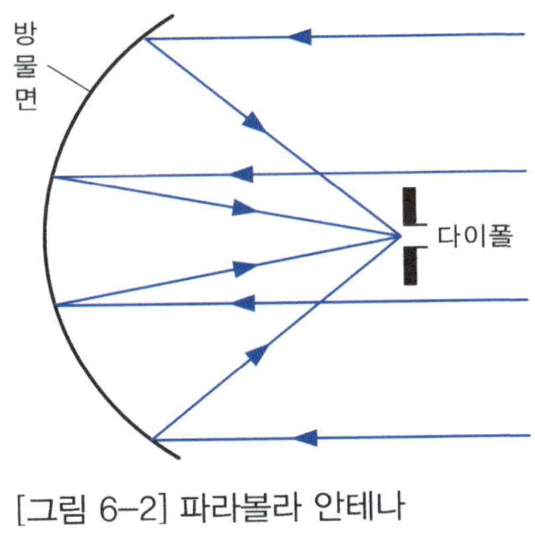

[그림 6-2] 파라볼라 안테나

다) 혼 안테나

도파관의 선단을 펴서 나팔 모양으로 한 것. 전자혼이라고도 하며, 다음과 같은 특징이 있다.

① 3,000[MHz] 이상에서는 비교적 소형으로 중간 정도의 지향성을 쉽게 얻을 수 있다.
② 주 빔 외에 2차적인 빔은 없다.
③ 2 : 1 정도의 광대역성을 갖는다.
④ 기계적인 구조가 간단하며, 조정 조작이 쉽다. 그리고 큰 이득이나 늦은 지향성을 얻기 위한 것으로서 혼 리플렉터 안테나가 있다.

[그림 6-3] 혼 안테나

라) 링 안테나

FM 방송용 송신 안테나의 일종으로, 둘레가 1/2 파장인 고리로 된 소자를 여러 단 겹쳐 쌓아서 사용하여 원하는 전력 이득을 얻도록 하고 있다. 실제로는 소형화하기 위해 그림과 같은 구조로 하여 링 중앙에 용량판을 부착하여 불평형 궤전(급전)을 한다. 이 안테나는 부착 방법에 따라 수평면 내에서 지향성이 얻어진다.

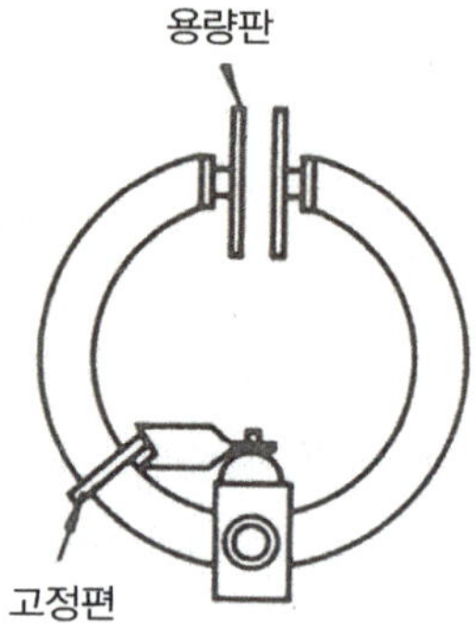

[그림 6-4] 링 안테나

마) 쌍극 안테나

가장 기본적인 안테나이다. 다이폴 안테나라고도 한다. 특히 안테나의 길이가 파장의 1/2과 똑같을 때, 반파장 안테나 또는 반파장 쌍극안테나라고 한다. 도체의 끝을 반대쪽으로 접어, 그 끝을 서로 접속한 것도 쌍극안테나의 일종이다. 텔레비전 수신용의 야기안테나는 쌍극안테나에서 만든 안테나의 대표적인 것이다. 큰 안테나 시스템의 요소로서도 사용된다.

[그림 6-5] 쌍극 안테나

2. 문제점을 해결하기 위한 아이디어 도출

가) 스프링지지 안테나

스프링의 탄성력을 이용한 해결방안으로, 눈이 쌓일 경우 스프링의 탄성으로 인해 안테나가 기울어지게 한다.

나) 열선을 사용한 안테나

눈이 쌓이지 않고 녹을 수 있도록 안테나에 열선 기능을 추가하여, 안테나의 표면에서 열이 방출되도록 한다.

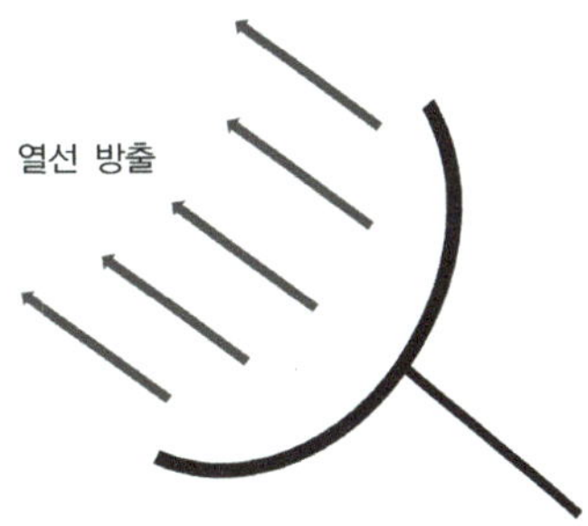

[그림 6-6] 열선을 이용한 안테나

다) 재료 변경하기

눈이 쌓여도 안테나가 잘 부서지지 않도록 하기 위해 안테나의 재료를 내구성 및 유연성이 강한 재료로 바꾸거나, 또는 발수성(물에 반발하는 성질)이 강한 광촉매와 같은 물질을 안테나의 표면에 칠한다.

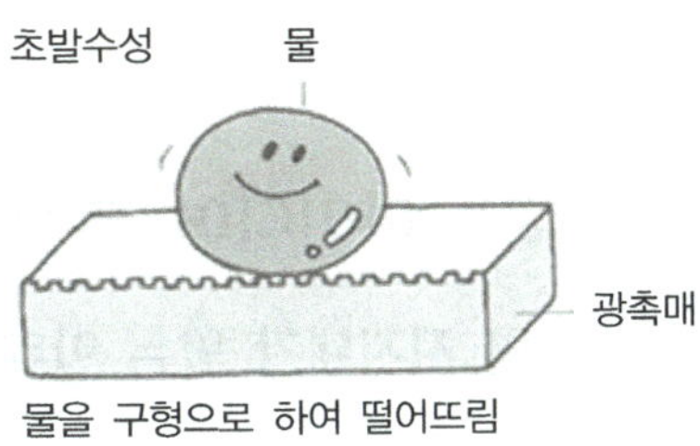

[그림 6-7] 재료를 변경한 안테나

라) 안테나 덮개를 설치하기

설치된 안테나를 텐트와 유사한 형태로 된 덮개로 덮는다. 이 덮개는 가능하면 눈이 잘 쌓이지 않는 형태로 만든다.

[그림 6-8] 덮개가 취부되어 있는 안테나

마) 회전시키기

위쪽 지주가 회전축이 되어, 선 안테나의 도파기 부분이 선풍기와 같은 원리로 회전을 함으로써, 쌓인 눈이 곧바로 지면에 떨어질 수 있도록 한다.

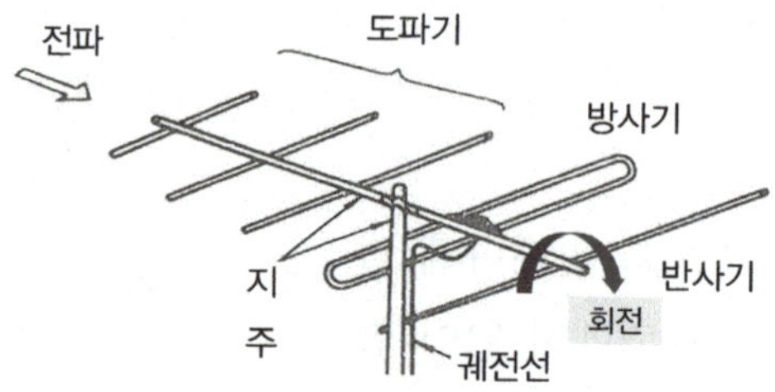

[그림 6-9] 회전이 가능한 안테나

바) 사이사이에 빈칸을 만들기

원형 안테나를 사이사이에 구멍이 뚫어진 형태로 만들어, 눈이 안테나에 쌓이는 대신 구멍 사이로 빠져 나가도록 한다.

3. 각각의 아이디어 분석 및 장단점 파악

가) 스프링 지지대가 있는 안테나

① 장점 : 가격이 저렴하고, 기존의 안테나를 이용할 수 있다.

② 단점 : 쌓인 눈을 버리는 과정에서 양각이 변하게 되며 이때 적은 변화에도 민감한 반응을 보인다. 얼마 되지 않는 시간동안 수신도의 변화가 존재한다.

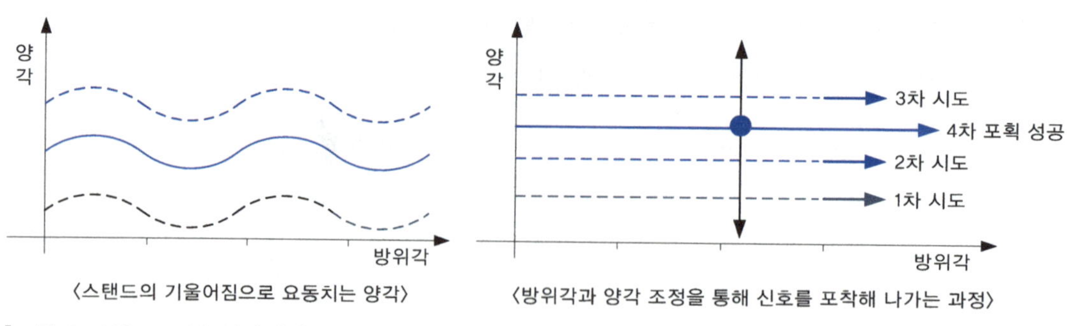

[그림 6-10] 스프링 지지대가 있는 안테나의 해석

나) 열선이 깔려있는 안테나

① 장점 : 가장 효과적으로 안테나 위의 눈을 녹일 수 있다.

② 단점 : 열선으로 인한 전자파 장애현상이 일어난다.

쉼터 열선의 종류에 따른 전자파 발생량의 차이

1) 일반 열선

최저가형 열선이며 매트나 전기장판에 주로 사용되며 전자파 차단이 안 된다.

① 안정성 : 다소 불안전

② 생산원가 : 저가

2) 무전자계 열선

자기장과 전기장을 동시에 소멸시키는 열선으로 전자파 차단이 된다.

① 안정성 : 불안전

② 생산원가 : 중저가

3) 변형무전자계 열선

무자계 열선에서 온도 센서를 없앤 열선으로 전자파 차단이 안 된다.

① 안정성 : 매우 불안전

② 생산원가 : 중저가

4) 실리콘 열선

일반 열선에 실리콘 피복을 사용한 열선으로 전자파 차단이 안 된다.

① 안정성 : 다소 안전

② 생산원가 : 다소 고가

5) 무자계 열선

자기장을 차단하는 열선으로 전자파가 완벽 차단된다.

① 안정성 : 매우 안전

② 생산원가 : 다소 고가

다) 안테나의 원자재 변경하기

(1) 내구성이 강한 재질로 변경한 안테나

안테나의 일반적인 재질은 대부분 알루미늄 및 철의 합금이다. 안테나에 눈이 쌓이더라도 잘 부서지지 않게 하기 위해서는 강도 및 유연성이 높은 재료가 필요하다. 밀도는 낮아 가볍지만 약한 재료인 알루미늄에 알루미늄보다 강한 철 등을 합금한 '알루미늄 합금'은 철에 비해 가벼우며 알루미늄에 비해 강도가 높은 특성을 갖는다. 그러므로 내구성이 강한 안테나를 만들기 위해서는 철과 같이 강도가 높은 금속의 비중을 늘린 합금재료를 사용할 수 있다는 것을 알 수 있다. 그러나 강도가 높은 재료로 만들어진 안테나도 눈 쌓임을 버틸 수 있는 한계점이 존재한다. 또한 알루미늄보다 밀도가 높은 재료의 비중을 높이면 안테나의 무게가 늘어나 이동하면서 가지고 다니기 불편해지므로 기존의 '이동용' 안테나라는 목적에 어긋날 수 있다.

(2) 광촉매를 이용한 안테나

발수성 테프론 표면을 울퉁불퉁하게 만들면 접촉면적의 증가로 발수성이 더욱 강화되어 초발수성이 되며, 그러므로 물방울이 맺히지 않고 굴러 떨어진다. 이것이 겨울철에 전선이나 전화선의 절단사고를 방지하는 데에 실용적으로 쓰이고 있는 것으로 보아, 얇은 선들로 구성된 야기 안테나의 눈 쌓임 방지에도 사용될 수 있다는 것을 알 수 있다.

위에서 설명한 원리는 전선과 마찬가지로 얇은 선의 형태로 된 야기 안테나의 눈 쌓임은 방지해 줄 수 있을지 몰라도 야기 안테나에 비해 눈이 훨씬 더 잘 쌓일 수 있는 구조로 된 파라볼라 안테나의 눈 쌓임을 방지해주는 데는 한계가 있을 수 있다. 또한 이러한 광촉매에 먼지가 쌓이는 등 이물질이 덮일 경우 발수 효과가 떨어지므로, 안테나에 먼지가 쌓이지 않도록 자주 닦아주어야 하는 불편함이 있다.

용어설명 **테프론**

미국 듀퐁사제로 폴리불화에틸렌계 합성섬유의 상품명. 테트라플루오로에틸렌의 유화중합에 의해 미분 상으로 얻을 수 있다. 미분체를 가열, 가압하여 제품으로 하나, 성형도 가능하다. 내약품성이 뛰어나고 넓은 온도범위에서도 특성이 변화하지 않는다. 불연성이고 내후성도 좋으며, 비점착성으로 마찰계수가 작다. 전기특성도 양호하다. 도금에서는 도금수조 등의 수조 라이닝재로써 내약품성이 뛰어나 넓은 온도범위(-50~260[℃])에서 사용할 수 있다. 또 투입히터의 케이스로써도 이용되고 있다.

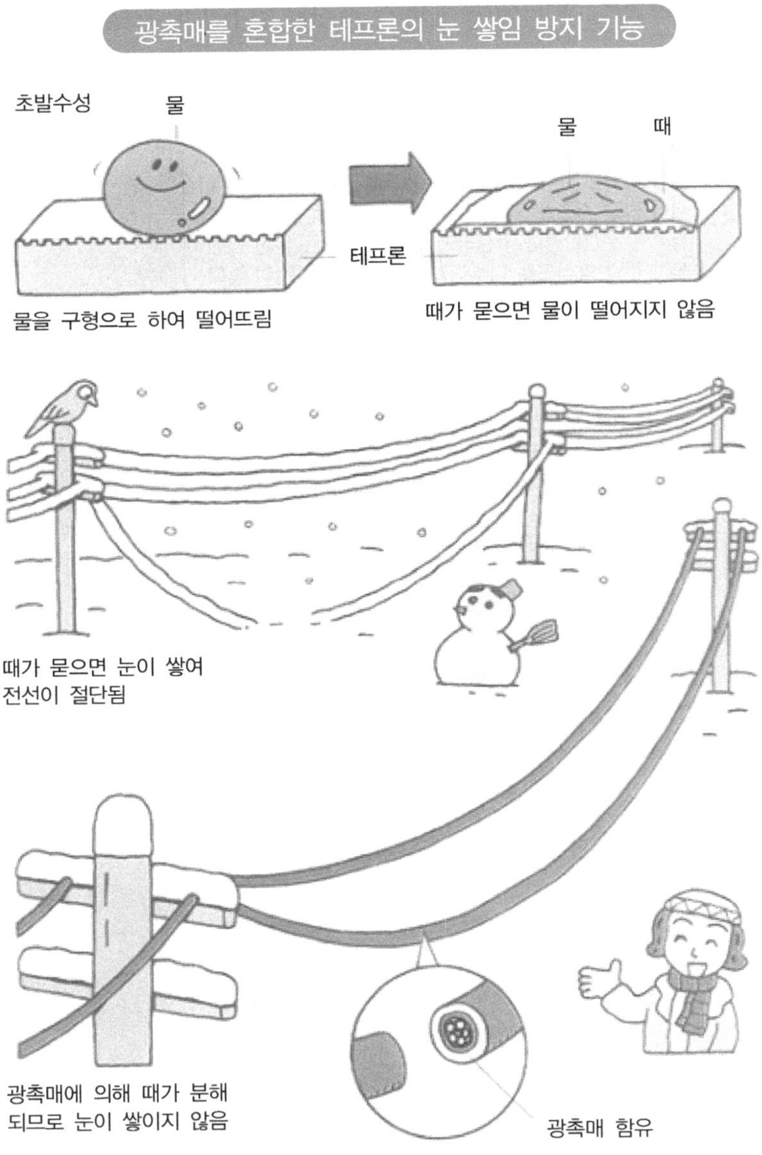

[그림 6-11] 광촉매를 혼합한 테프론의 눈 쌓임 방지 기능

라) 안테나 덮개 설치하기

송신측과 수신측 사이에 콘크리트 구조물, 금속류, 산등의 큰 차단물이 있을 경우에는 수신율에 영향이 있을 수 있으나, 일반적으로 비닐과 같은 얇은 막은 수신율에 커다란 영향을 미치지는 않는다.

다만 전파가 비닐과 충돌하고 통과하는 과정에서 약간의 수신율 저하를 가져온다. 송신기의 안테나와 수신기의 안테나 사이에 전파가 굴절되거나 방해를 받을 물체가 없어야 한다. 전파는 언제나 직선으로 이동하며 절대 휘어지거나 꺾어져 이동될 수 없다.

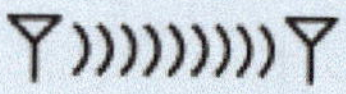

직접 전달

직접 전달은 장애물이 없는 두 안테나 사이에서 이루어진다.
직접 전달 경로는 두 안테나 상이의 가상적인 직선이다.
최적의 무선환경을 구성하기 위해서는 모든 무선 통신이 직접 전달 방식으로 이루어지도록 구성하는 것이 좋다.

투과 전달

투과 전달은 전파투과가 가능한 장애물을 사이에 둔 두 안테나 사이에서 이루어진다.
유리, 나무 등과 같은 재질은 투과율이 높아 무선 전달에 거의 영향을 미치지 않으며 일부 금속성분을 포함한 장애물의 경우 두꺼울수록 투과율이 낮아진다.
철판, 콘크리트 등과 같은 재질은 투과되지 않는다.

[그림 6-12] 직접 전달과 투과 전달의 차이

마) 안테나를 회전시킨다.

단점은 전파를 찾은 후에도 계속하여 회전한다(전력낭비)는 것이다.

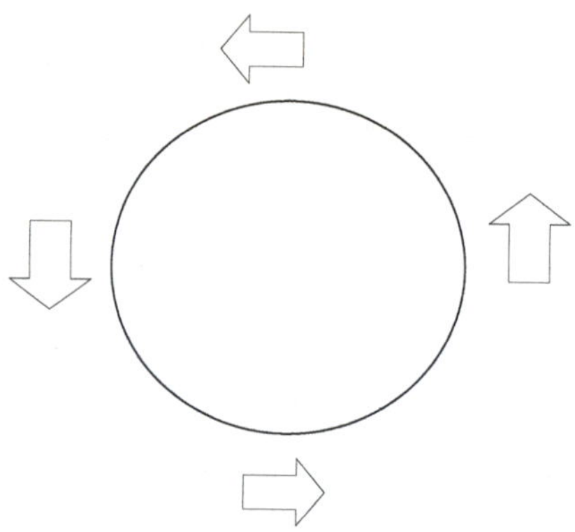

[그림 6-13] 안테나를 위에서 본 모습

바) 방물면에 구멍을 낸다.

들어오는 전파를 다이폴 쪽의 방향으로 반사하는 방물면에 구멍을 만들 경우, 반사될 수 있는 전파가 줄어들어 전파방해가 생길 수 있다. 파라볼라 안테나의 각도와 이러한 구멍들의 크기에 따라서, 물방울들이 구멍 속에서 얼어버리면 동파될 수도 있다는 문제점 또한 존재한다.

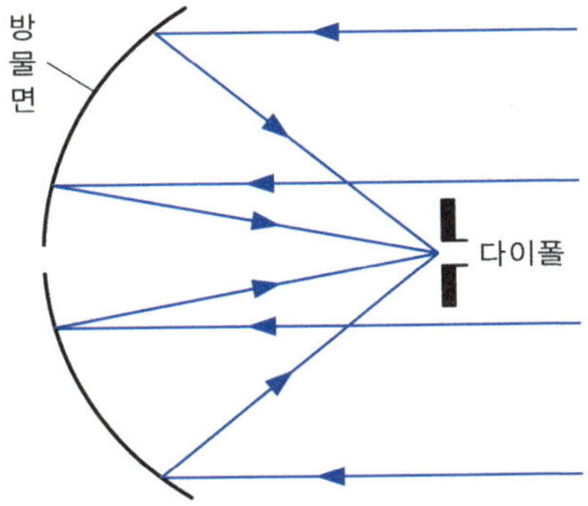

[그림 6-14] 안테나 방물면에 구멍을 낸 모습

4. 최적의 아이디어 선정 및 설계

우리 조는 장점 · 단점 기법을 이용하여 최적의 아이디어를 선정하였다.

[표 6-12] 장점 · 단점 기법에 의한 아이디어 판정

성격 \ 아이디어	스프링	열 선	재료 변경	덮개	회전	구멍
가격	3	−1	−3	2	−2	1
휴대성	3	1	1	−2	2	3
제작시간	2	−1	1	−3	−1	2
내구성	1	3	3	−1	−2	−1
전파장해 차단	1	−3	3	1	−2	−1
에너지효율	3	−2	3	3	−1	3
합계	13	−3	8	0	−6	7

장점을 양의 값으로 주고 단점을 음의 값으로 주어 점수를 합하였다. 최종적으로 스프링지지 안테나가 가장 효율적인 안테나로 선정되었다.

간단하게 스프링 안테나의 설계를 하였고 가격적인 측면을 살펴보았다.

[표 6-13] 스프링 안테나의 구성 요소

이름	모양	가격	개수
스프링		37,000원	1개
경첩	규격 20*20mm 	960원	4개
나사	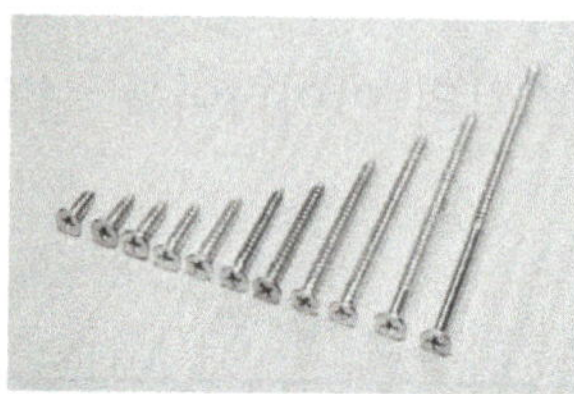	920원	8개
압축봉		9500원	2개

사이즈에 따라서 가격이 달라질 수 있지만 일반 안테나에서 스프링 지지대가 있는 안테나로 변경 시 추가비용은 67,200원이 소요된다.

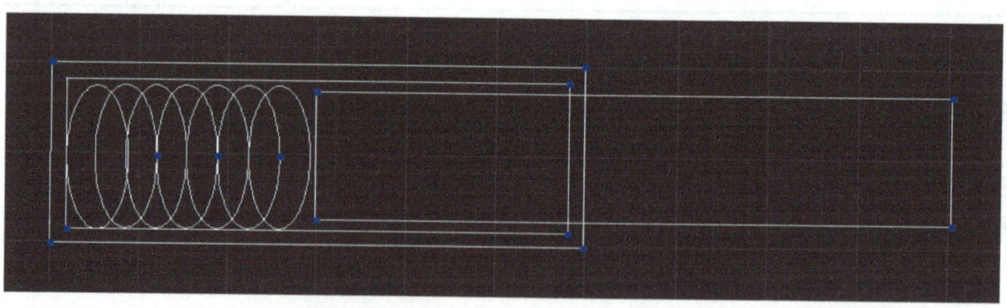

[그림 6-15] 스프링 지지봉의 설계면

사례3

설계 목표

태양열을 이용해 연결 케이블이 없어도 배터리를 충전할 수 있다. 이에 대한 제품을 공학적인 측면에서 완성하시오.

차례

1. 아이디어 판정
   - 가) 하이라이팅
   - 나) 2안 비교법
   - 다) PMI
   - 라) 평가 행렬법(Evaluation matrix)
   - 마) 최종선택
2. 주제 선정
   - 가) 선정 동기
   - 나) 관련 기술
     - 반도체 기술
     - 산업디자인 기술
   - 다) 목표 성능
3. 설계 계획
   - 가) 설계의 관점
     - 사용자 측면에서의 설계
     - 설계 공정 측면에서의 설계
   - 나) 공학적 관점
     - solar cell 원리
     - 효율적인 측면
     - 더 가볍고 저렴하며 유연성이 있는 태양 전지(solar cell)의 구현
4. 최종 설계안
   - 디자인
   - 가격

설계 내용

1. 아이디어 판정

가) 하이라이팅

(1) brain-storming으로 아이디어 제시

1. solar cell 충전기의 무게(휴대하기에 무리가 가지 않는 무게로 설계)
2. 전력손실 최소화(효율이 좋지 않는 태양열 충전방식에서 최대효율 방식 찾기)
3. 일체형 · 분리형 충전방식
4. 휴대성(휴대하기 불편하지 않게 목걸이형으로 설계)
5. 패널의 수(가격대비 적정 패널 수 결정하기)
6. 사용자 편의성(연결 케이블 충전이 아닌 야외에서 충전가능)
7. 충전시간
8. 태양열 패널 단가(최근 태양열 패널 단가변화 추이 관찰하기)
9. high current 생성 (PN junction에 은나노 입자 층 추가)
10. 태양열 이용으로 환경적인 제품 설계
11. 보관 방식
12. 분리형의 탈부착 방식으로 설계하여 필요시에만 제품 사용가능하게 설계

(2) 적중 영역 분류(공학적인 측면)

- 일반적인 측면 : 일반적 제품 특성
- 기계 공학적 측면 : 구조나 동작원리
- 전기 · 전자 공학적 측면 : 전력, 에너지 효율
- 산업 공학적 측면 : 사용자 편의성
- 경제학적 측면 : 가격

[표 6-14] 적중 영역 분류표

일반적인 측면	기계공학적 측면	전기 · 전자 공학적 측면	산업 공학적 측면	경제학적 측면
ㅁ휴대성	ㅁ 충전기 무게 ㅁ 일체형 · 분리형	ㅁ 전력 손실 최소화 ㅁ 충전 시간 ㅁ high current	ㅁ 사용자 편의성 ㅁ 환경적 제품 ㅁ 패널의 수	ㅁ 태양광 모듈가격 ㅁ 태양열 패널 단가

설계 내용

(3) 재 진술에 의한 해결책

일반적인 측면으로 휴대하기 간편해야하며 기계공학적 측면에서는 충전기의 무게가 휴대하기에 무리가 가지 않는 무게이어야 하며 분리형의 경우 따로 충전기를 들고 다녀야 하는 불편함 때문에 일체형의 제품을 설계한다. 전기 · 전자 공학적 측면은 평균 20~30[%]의 태양열 충전방식의 전력 효율을 최대한으로 향상시키기 위해 solar cell층에 은나노 입자 층을 추가하는 방식의 transistor를 이용하여 제품 설계한다. 산업 공학적으로는 사용자 편의를 위해 외부에서 급하게 여분의 배터리가 필요한 상황을 예측하여 제품을 설계하며 에너지효율과 사용자 편의를 비교하여 적정수의 패널 수를 결정한다. 경제학적 측면으로 최근 태양광 모듈가격 추이를 관찰하고 제품의 가격을 예상한 후 설계한다.

나) 2안 비교법(하이라이팅에 근거를 둔 제품에 의한)

A : 태양열 열선도로 　　B : 태양열 텐트

C : 태양열 발열 깔창 　　D : 태양열 보조 충전기(목걸이형)

E : 태양열 카드

[표 6-15] 2안 비교법의 비교표 4개

A에 대한 비교							
A, B 비교	A /	A, C 비교	A /	A, D 비교	A /	A, E 비교	A //
	B		B		B		B
	C		C /		C /		C /
	D		D		D /		D /
	E		E		E		E

B에 대한 비교					
B, C 비교	A //	B, D 비교	A //	B, E 비교	A //
	B /		B /		B /
	C /		C /		C /
	D /		D //		D //
	E		E		E /

C에 대한 비교			
C, D 비교	A //	C, E 비교	A //
	B /		B /
	C /		C //
	D ///		D ///
	E /		E /

D에 대한 비교	
D, E 비교	A //
	B /
	C //
	D ////
	E /

N개의 대안이 있을 경우 총 투표 수 N(N−1)/2=5*4/2=10

획득한 투표수에 따라서 D 〉 A, C 〉 B, E순으로 순위가 결정

설계 내용	다) PMI ● **태양열 열선도로** P : 열선을 도로에 매설하여 기온이 낮을 시 결빙으로 인한 피해 예방 M : 설치비용이 매우 크며 열선에 대한 보수가 필요할 시 작업 취약 I : 결빙에 대한 부분뿐만 아니라 공원이나 녹지에서 식물이 살기 적합한 온도를 조절해 주는 용도로도 사용가능할 것으로 예상 ● **태양열 텐트** P : 야외 활동 시 전력이 필요한 상황에 적합하며 태양열을 받아 충전할 수 있는 시간 충분 M : 패널 부착으로 인하여 무게가 과도하게 증가하여 휴대가 불편하며, 시중에 적절한 캠핑 용품이 많아 대체 가능 I : 이동성이 양호하므로 사용자들의 관심도가 양호할 가능성 내포 ● **태양열 발열 깔창** P : 혹한의 상황에서 유용하게 사용되며 동상과 같은 추위로 인한 추가적인 피해 방지 M : 체중이 많이 실리는 부분이기 때문에 패널 부착 시 내구성에서 문제 발생 I : 군인들이 겨울에 야간 경계근무 시 유용하게 사용될 수 있어 확실하게 발생되는 구매시장 존재 ● **태양열 보조 충전기(목걸이형)** P : 전자기기 사용이 증가하면서 배터리 충전에 대한 필요성이 높아지므로 간단하게 휴대 가능한 배터리 충전기를 개발하여 보조적인 배터리 충전기 사용 가능 M : 여분의 배터리를 준비하는 등으로 대체 가능 I : 개인이 휴대하고 있는 전자기기가 다양할수록 해당 제품의 효율성 증가 ● **태양열 카드** P : 태양열을 이용하여 카드의 잔액 쉽게 확인 M : 휴대폰이나 ARS 서비스 등으로 간단하게 잔액확인을 할 수 있어 필요성 저하 I : 개인의 카드 소지량이 높은 만큼 카드의 특성에 맞게 여러 디자인으로 다양한 기능 응용

설계 내용

라) 평가 행렬법(Evaluation matrix)

제안된 아이디어들을 미리 정해 놓은 준거에 따라 체계적으로 평가하기 위한 기법

● **판정기준 : 휴대성(P), 충전효율(E), 가격(C), 무게(W), 제작(M)**

아이디어 판정기준에 대한 우선순위를 정하기 위해 5명의 팀원이 2가지 기준에 대해 투표를 하여 순위를 결정함.(5×2=10표)

[표 6-16] 판정 기준 표

판정기준	얻은 투표수	순위	가중치
휴대성(Portable)	///	2	0.3
충전효율(Efficient)	////	1	0.4
가격(Cost)	/	4	0.1
무게(Weigh)		5	0
제작(Manufacture)	//	3	0.2

※ 투표수가 10이기 때문에 1을 기준으로 각 투표수에 0.1을 곱해 가중치를 정함

● **평가척도**

: 1위(5점) 2위(4점) 3위(3점) 4위(2점) 5위(1점)

[표 6-17] 평가 척도 계산 표

	P(0.3)	E(0.4)	C(0.1)	M(0.2)	총점	순위
태양열 열선도로	5(0.3)	1(2.0)	5(0.1)	5(0.2)	2.6	4
태양열 텐트	4(0.6)	2(1.6)	4(0.2)	4(0.4)	2.8	3
태양열 발열 깔창	3(0.9)	5(0.4)	3(0.3)	2(0.6)	2.2	5
태양열 보조 충전기(목걸이형)	2(1.2)	3(1.2)	1(0.5)	1(1.0)	3.9	1
태양열 카드	1(1.5)	4(0.8)	2(0.4)	3(0.8)	3.5	2

마) 최종선택

평가 행렬법에 의해 가중치에 의한 아이디어 평가에서 1위를 한 태양열 보조 충전기(목걸이형)로 선정한다.

설계 내용	## 2. 주제 선정 ### 가) 선정 동기 전자기기(핸드폰, 디지털 카메라 등)를 사용하다 보면 배터리가 금방 소모되는 불편함을 자주 느낄 수 있다. 특히나 외부에서는 충전할 수 있는 여건이 충분하지 않고 급하게 연락을 취해야 될 상황이 오게 되면 이러한 불편함은 더욱 크게 느껴진다. 따라서 간단하게 휴대할 수 있는 태양열 충전기를 목에 두를 수 있는 형식으로 제작하여 외부에서 활동하는 동안 충전하여 외부에서 급한 상황이나 여분의 배터리가 필요한 상황에서 쓸 수 있는 제품을 구상하게 되었다. ### 나) 관련 기술 ● 반도체 기술 제품 설계에 있어서 제일 핵심이 되는 기술이다. 태양열 패널을 사용하여 전자기기의 배터리를 충전할 수 있는 전력을 태양광으로 부터 생산한다. ● 산업디자인 기술 태양광으로부터 생산되는 전력을 최대화할 수 있도록 패널의 수량 및 배치를 고려해야 한다. 또한 착용하는 사람이 불편함을 느끼지 못하도록 해야 한다. ### 다) 목표 성능 이 제품의 목적은 전자기기의 임시적인 충전에 있다. 즉 전류를 이용한 충전보다는 당연히 효율은 낮을 수밖에 없으며 외부에서 전자기기를 사용해야 하는 상황에서 추가적인 임시전력을 공급하는 것이 주된 목표라 할 수 있다. ## 3. 설계 계획 ### 가) 설계의 관점 ● 사용자 측면에서의 설계 전자 기기를 사용하다보면 금방 배터리가 방전돼 불편함을 느낄 수 있다. 그러므로 목걸이형 태양열 충전기를 이용해 전자기기가 방전되는 것을 방지하고 또 목걸이형이여서 부담 없이 착용할 수 있다.

설계 내용

● 설계 공정 측면에서의 설계

전자기기를 충전하려면 콘센트가 필요한데 목걸이형 태양열 충전기를 이용하면 햇빛이 있는 곳이면 어디서든 충전이 가능하다.

나) 공학적 관점

● solar cell원리

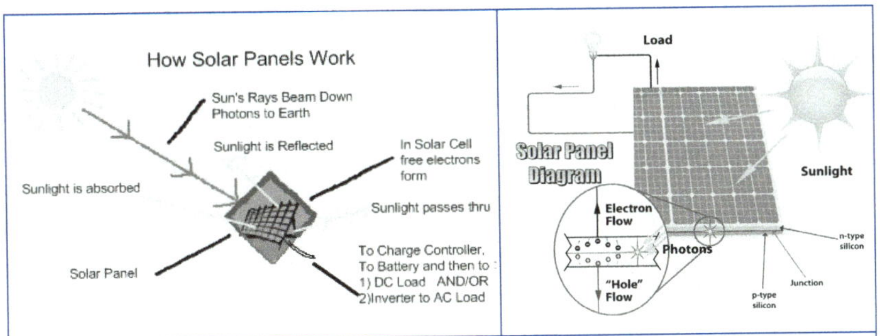

Sunlight의 photons → Free electrons 생성(valence band에 위치하는 전자)
→ electrons, holes flow에 의해 current 발생(electric signal)

[그림 6-16] solar cell의 원리

사진 출처 :
좌-http://www.solar-and-wind-power-source.com/how-solar-panels-work.html
우-http://etap.com/renewable-energy/photovoltaic-101.htm

● 효율적인 측면

태양열 패널 사이즈

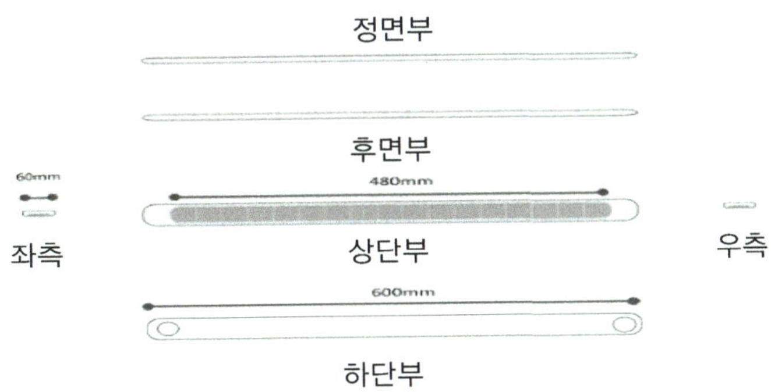

목선과 닿는 부분에 패드를 붙여 태양과 solar cell 각도를 60° 로 유지한다.

[그림 6-17] 태양열 패널 사이즈

설계 내용

발전량은 solar cell과 수직상태에서 최대 발전량 × cos (태양과 솔라판넬의 각도)가 된다. 즉 태양고도가 가장 높은 정오 12~1시일 때 130[W] x cos0°에서 약 130[W]가 출력된다. 여기서 오후 3시가 되어 솔라셀과 태양과의 각도가 40°정도 되었다라고 한다면 이때 출력은 130[W] × cos40°= 99[W]가 된다.

지구는 23.5°가 기울어져 있다. 그리고 우리나라는 북방 37°에 위치해 있으므로 37° + 23.5° = 60.5°만큼 세워야 태양과 수직 상태를 유지할 수 있다.

즉, X축 경사 값은 하루시간에 따라 결정되고, Y축 경사는 계절에 의해 결정된다. 가장 효율을 높이는 방법은 태양각도에 따라 solar cell 각도를 자동으로 따라가게 하는 트래킹 장치를 설치하는 것이다. 태양광 패널을 목줄로 하는 경우 태양열의 양이 적은 동지 기준으로 목선에 60° 정도 경사가 되게 설계하기 위해 목줄 반대편에 패드를 비스듬히 붙여 solar cell 중심부위의 각도가 60°가 되게 하여 효율을 높일 수 있다.

● **더 가볍고 저렴하며 유연성이 있는 태양 전지(solar cell)의 구현**

최근 플라스틱에 매우 작은 은 나노 입자(silver nano-particles)를 추가하여 재료의 전류 생성을 촉진시킬 수 있다는 사실을 발견했다. 은 나노 입자가 없을 때 태양 전지 재료는 6.2[mA/cm^2]의 전류를 생성시켰지만 은 나노 입자가 있을 때 태양 전지 재료는 약 12[%] 증가된 7.0[mA/cm^2]의 전류를 생성시켰다. 왜냐하면 작은 은 입자는 고분자가 더 넓은 범위에 해당하는 파장의 일광을 포획할 수 있도록 도와주어 전류 생성을 증가시킬 수 있기 때문이다. 새로운 제조 기술은 일반적인 태양 전지를 제조할 때 사용되는 빛을 흡수하는 기존의 고분자와는 다른 초박막 고분자 층(ultra-thin polymer layer)에 은 입자를 넣는 것이다. 그러므로 코팅을 통해 은 입자가 한 군데 모이는 것을 막아주고, 은 입자의 자기 조립(self-assemble)을 통해 빽빽하고 규칙적인 모자이크 패턴을 형성하여 빛의 흡수를 강화시킨다.

설계 결과

4. 최종 설계안

● 디자인

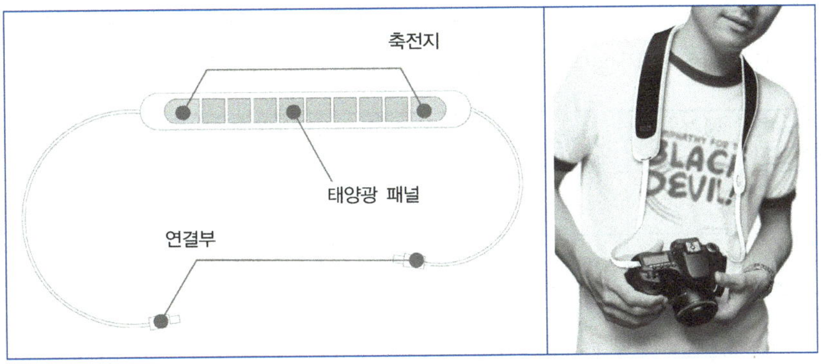

[그림 6-18] 최종 디자인

● 가 격

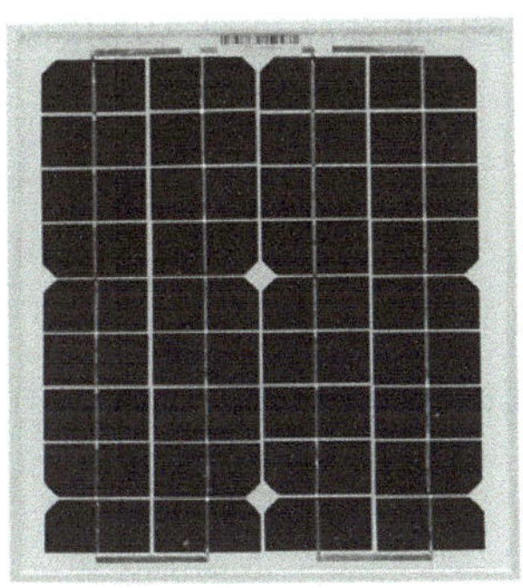

[그림 6-19] 태양열 패널과 축전지

태양열 패널 : 30,000원
축전지 : 5,000원
기타 부대비용 : 10,000원

= 총 45,000원 예상으로 저렴하다.
(가격 참고 : www.atpower.co.kr, www.battman.co.kr)

연습문제

1. 환경 오염을 줄이기 위해 할 수 있는 방법을 모색하기 위하여 브레인스토밍한 후, 산출된 아이디어를 평가행렬법을 통해 수렴하시오.

평가준거 / 아이디어						합계

2. 주제를 한 가지 정하여 평가행렬표를 완성한 후, 그 결과를 평가하시오.

3. 창의적 사고 개발 기법 중에서 수렴적 사고의 개념과 수행 방법(3가지)을 설명하시오.

4. 하이라이팅은 적중 영역(hot spots) 이라는 묶음을 만들고 이러한 적중 영역을 문제해결에 적합한 형태로 재진술하는 기법이다. 구체적인 사례를 들어 표현하시오.

5. Pair Ranking의 개념을 제시하고 평가 행렬법과의 관계를 아이디어 발생 방법을 예로 들어 설명하시오.

6. 취업률을 높이기 위해 역브레인스토밍을 자세히 사용하여 아이디어를 발생시키시오.

7. 다음을 간단히 설명하시오.

   1) PMI 사고방식

   2) PPC 사고방식

요약

1. 창의성은 새로운 아이디어와 혁신적인 해결책을 생성하는 능력이다.

2. PMI(Plus, Minus, Interesting)는 특정한 대상의 긍정적인 면과 부정적인 면을 각각 기록한 다음 이들 각각에 대한 문제 해결자 나름대로의 판단에 의해 이익이 되는 점을 찾는 기법이다.

3. 역브레인스토밍(Reverse BrainStorming, RBS)은 하나의 아이디어가 가질 수 있는 가능한 약점을 발견하고 실천될 때 잘못될 수 있는 부분을 예상해보는 기법으로 Hotpoint 회사가 하나의 집단 방법으로 생각해낸 방법이다.

4. 너무 엉뚱하거나 미심쩍은 유보적 아이디어를 다룰 때 긍정적인 측면, 가능성이 있는 측면 그리고 염려스러운 측면으로 구분하여 대화하는 기법을 P-P-C 기법이라고 한다.

5. 하이라이팅 기법은 히트 기법으로 선정된 그럴듯한 대안들을 몇 개의 같은 범주끼리 분류해 보는 것이다.

6. 쌍비교 분석법은 많은 대안들이 모두 중요해서 어느 것을 먼저 실천해야 하며, 어느 것을 가장 먼저 생각하여 일을 처리해야 할지를 판단하고자 할 때 사용되는 기법이다.

7. 평가 행렬법은 하이라이팅된 대안들을 평가할 때나 생성된 대안이나, 행위계획을 위한 대안들을 평가할 때 활용되며, 대안들은 어떠한 준거에 따라 체계적으로 평정척도를 제시하여 평가하는 것이다.

제7장

TRIZ

학습 목표

1. TRIZ의 개념을 이해할 수 있다.
2. 발명 문제를 고찰할 수 있다.
3. 모순의 정의 및 모순 행렬을 살펴볼 수 있다.
4. 40가지 발명 원리를 알아 볼 수 있다.
5. 표준 해를 이해할 수 있다.

문제 정의를 포함한 문제해결 능력에는 분석적 사고 및 종합적 사고가 필요하다. 이러한 요인의 충족을 위한 도구로 TRIZ가 있으며, 문제 정의 단계부터 활용하여야 정확한 문제 해결이 필요하다.

TRIZ는 과학자나 엔지니어, 발명가 등이 실제로 겪어왔던 해결이 불가능해 보이는 복잡한 기술적 문제들과 그 해결 방식들을 무수히 분석하여, 창의적이고 보편적인 원칙으로 정리한 경험적 이론으로 1946년부터 알츠슐러 박사에 의해 처음으로 연구되기 시작했다.

알츠슐러 박사는 동일한 해결안이 전혀 다른 기술 분야의 문제를 해결하는 데 반복적으로 재사용되는 발명 원리가 존재하고 있다는 것을 특허를 분석하고 있는 과정에서 발견했다. 그 후 동일한 해결안은 동일한 유형의 문제에 반복적으로 사용된다는 것도 발견하였다. 여기서 동일한 유형의 문제란 문제에 포함된 모순과 요소간의 상호작용이 동일함을 의미한다.

문제해결자의 경험이나 지식수준에 의존하는 브레인스토밍과는 달리 TRIZ는 문제 해결 과정에서 특허 분석형 접근으로 시행착오를 최소화한다.

본 장에서는 먼저 TRIZ의 개념 그리고 발명 문제를 고찰한 뒤 모순 행렬과 발명 원리를 살펴본 후 TRIZ에서 해결이 어려운 문제를 해결할 수 있는 표준 해결책, ARIZ 그리고 ASIT에 대하여 살펴보기로 한다.

1. 개 념

TRIZ란 '창의적 문제 해결 이론'을 뜻하는 러시아어인 Teoriya(쩨오니아, 이론), Resheniya(레셰니아, 해결), Izobretatelskikh(이조브레따쩰스키흐, 발명), Zadatch(자다취, 문제)의 이니셜로 기술, 발명 혁신 분야의 창의적 문제 해결을 돕는 강력한 구조 접근법이다.

TRIZ는 주어진 문제에 대하여 가장 이상적인 결과를 정의하고, 그 결과를 얻는 데 관건이 되는 모순을 찾아내어 그 모순을 극복할 수 있는 해결안을 얻을 수 있도록 생각하는 40가지 방법에 대한 이론으로서 1960년대 구 소련의 알츠슐러 박사와 그의 제자들에 의해 처음 만들어졌다.

일반적으로 카스피해 해군에서 특허와 관련된 기술적 문제를 해결하던 알츠슐러 박사는 서로 다른 분야의 문제들이 동일한 원리로 해결되는 것을 자주 목격하고 창의적인 해결에 어떤 공통된 원리가 존재할 것이라고 가정하고 이를 찾아내기 위하여 수십만 건의 특허를 조사하였다. 알츠슐러 박사는 동일한 해결안이 전혀 다른 기술 분야의 문제를 해결하는 데 반복적으로 재사용되는 발명 원리가 존재하고 있다는 것을 발견했다. 그 후 동일한 해결안은 동일한 유형의 문제에 반복적으로 사용된다는 것도 발견하였다. 여기서 동일한 유형의 문제란 문제에 포함된 모순과 요소간의 상호작용이 동일함을 의미한다.

브레인스토밍에 의한 문제해결 방법은 다양한 분야의 구성원들 간의 회의를 통하여 많은 아이디어를 얻고 이들을 조합하여 문제를 해결할 수 있는 해결안을 창출하는 방법이다. 하지만 이 같은 시행착오적 문제해결 방식은 다방면의 무질서한 발상으로부터 문제해결의 실마리를 찾고자 하는 방법론이므로 문제의 본질을 제대로 파악하지 않은 채 문제를 여러 관점으로 관찰함으로써 시간과 자원의 비효율을 유발할 수도 있다.

쉼터 TRIZ의 숨은 일화

알츠슐러는 TRIZ에서의 모순에 대한 해결안을 찾아내고 조국에 이 사실을 알린다. 그러나 '소비에트 연방의 창의적 사고능력 향상을 위한 조언'이란 제목으로 편지를 썼고, 오히려 당국은 체제 불만자로 낙인찍어 그를 감옥에 가둔다. 재미나는 것은 그 감옥이 지식인의 수용소였다는 점이다. 옥중생활을 통해 수많은 석학과 이야기를 나누며 그의 이론을 더 공고히 한다.

결국 투옥된 지 5년 후 스탈린이 죽고 그는 사면되어 나와 TRIZ 방법론을 세상에 전파한다. 소련이 TRIZ를 국가 기밀로 간직했고 개방 이후 서방 대기업이 거액의 돈으로 TRIZ 전문가를 데려가 혁신을 주도했다고 한다.

공공연한 이야기지만 삼성에서도 비밀리에 TRIZ를 통해 많은 혁신과 발명을 이뤘다고도 전해진다.

브레인스토밍은 문제를 정의한 후 곧바로 해를 제안하는 방법이기 때문에 실행 가능한 아이디어를 얻을 때까지 아이디어를 찾는 일이 계속되고 결국 시간이 오래 걸리게 된다. 수학으로 예를 들면 2차 방정식의 해를 구할 때 숫자를 하나하나 식에 대입해 보며 만족하는 해를 찾는 것과 같다.

그러나 TRIZ는 브레인스토밍과 시행착오의 방법과는 다르다. 어떠한 문제 상황이 있다면 TRIZ를 이용하기 위해서는 문제를 다시 정의함으로써 일반화해야 한다. 문제를 다시 정의하는 과정은 어려운 문제를 쉬운 형태의 일반적인 문제로 바꾸는 과정으로 전문용어나 기술용어를 사용하지 않음으로써 심리적 관성(Psychological Inertia)이나 고정관념을 피할 수 있다. 일반화된 문제는 다른 기술 분야의 특허나 해결원리에 의하여 해결책이 알려져 있다고 할 수 있다. TRIZ에서는 이러한 해결방법을 발명 원리 또는 표준 해결책으로 정리해 둔다.

결국 TRIZ는 4단계의 과정을 거쳐 해법을 찾아낸다고 볼 수 있다. 그 4가지 과정으로는 모순의 원인 파악 → 모순의 원인을 39가지 변수 중 적합한 것으로 치환 → 변수들의 조합 구성 → 최적의 해결원리 도출의 과정을 거쳐 문제 해법을 찾는다. TRIZ에서 문제 해결을 위해서 공학적 변수 39가지와 40가지의 발명 원리를 이용한다.

TRIZ에서 추구하고자 하는 문제 해결 방법을 도식화하면 [그림 7-1]과 같다. 일반적인 문제를 시행착오를 통해서 해결책을 찾아내는 것이 아니라 표준 문제로 바꾸고 이 문제의 해결책을 TRIZ의 도구(tool)를 통해서 찾아낸 다음 표준 해로 도출하는 것이다. 수학으로 예를 들자면 2차 방정식의 해를 구할 때 근의 공식이라는 표준 해를 통하여 근을 구하는 것과 같다고 할 수 있다([그림 7-2] 참조).

최대의 아이디어를 창출하기 위한 방법으로 먼저 자유로운 사고를 통한 브레인스토밍을 한 후, 강제로 사고를 자극하는 방법인 SCAMPER를 활용하고, 여기에 추가하여 40가지 발명원리를 활용하는 것이 가장 이상적이다.

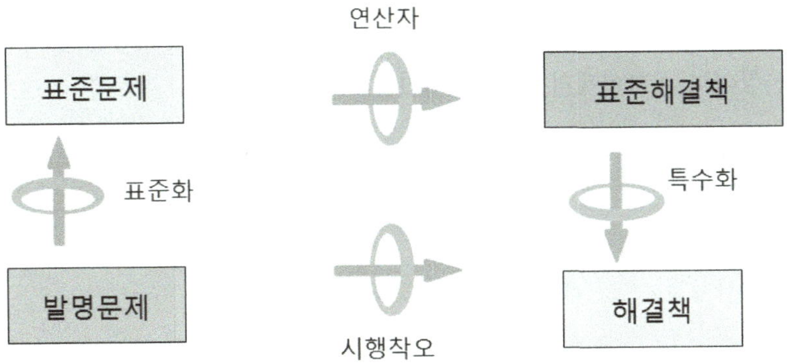

[그림 7-1] TRIZ에서의 문제 해결 방법

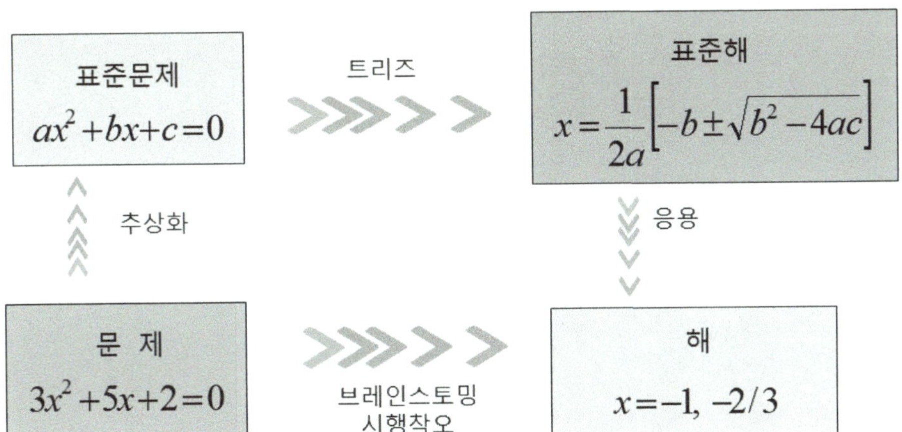

[그림 7-2] 2차방정식 문제 해결 방법의 도식화

쉼터 컴퓨터, 암호 해독기에서 시작되었다

영국 수학자 앨런 튜링(1912~1954)은 치밀한 연산이 가능한 기계를 만들어 독일군 암호기인 에니그마(enigma, 그리스어로 '수수께끼')를 해독하는 데 성공하였다. 이로 인해 세계대전을 일으킨 독일의 히틀러는 대서양 전투에서 크게 패하였다.

튜링이 만든 기계에 내장된 테이프는 지금의 컴퓨터 메모리로 발전하였다. 테이프를 읽고 쓰기 위한 장치는 컴퓨터의 메모리칩과 입출력장치가 되었다. 천재 수학자였던 튜링의 암호 해독 노력에서 오늘날의 컴퓨터 공학이 시작되었다. 비록 해킹의 부작용을 낳게 되었지만 모순을 해결한 창의적 공학설계의 산물이 되었다.

2. 발명 문제

1) 정 의

발명문제란 적어도 한 개 이상의 '모순(contraction)'을 포함하고 있는 것인데 이때 모순이란 시스템의 한 특성이 좋아지면 다른 특성이 나빠지는 현상을 말한다.

모순의 예를 들어보면 다음과 같다.

예 1. AM 라디오에서 국부 발진 주파수를 중심으로 선택도(selectivity)를 좋게 하려면 중간주파수를 작게 해야 하나 영상 주파수(Image Frequency)가 생긴다.

예 2. 이동통신 사업자들은 스마트폰에서 동영상을 제공하려면 대역폭(bandwidth)을 크게 해야 하나 더 높은 전력(power)이 필요하다.

예 3. 면도날은 수염을 자르기 위해 날카로워야 하며 동시에 피부 손상을 방지하기 위해 무뎌야 한다.

예 4. 비행기 날개는 이착륙 시에 양력을 받기 위해 넓어야 하지만 이륙 후에는 공기 저항을 줄이기 위해 작아야 한다.

예 5. 비행기 랜딩 기어는 이착륙 시에 필요하지만 이륙 후에는 공기 저항을 줄이기 위해 없애야 한다.

대부분의 문제에는 이러한 모순이 존재하는데, 현재의 해결법은 대부분의 모순을 타협해서 해결한다는 것이다. 예를 들어 [예 1]의 경우 중간주파수를 적당하게 함으로써 모순과 타협하며, [예 4]의 경우 날개의 면적을 중간 정도로 만들어 문제를 해결하는 식의 문제 해결이 대부분의 해결책이다. 그러나 창의적인 해결책은 타협에 의해 문제를 해결하는 것이 아니라 모순 자체를 제거함으로써 문제를 해결하는 것이다.

이러한 모순을 해결하기 위한 TRIZ는 몇 가지 도구를 제시했는데 모순 행렬, 표준해, ARIZ가 대표적이다.

2) 발명의 수준

가) 난이도에 따른 단계

일반적으로 특정 목적 또는 기능을 수행하기 위하여 인위적으로 생성된 유 · 무형의 집합체를 시스템이라고 정의한다. 이 시스템으로는 자동차, TV, 전화기 같은 기술적 시스템이 있고 사회제도, 법률, 마케팅 기법과 같은 비기술적 시스템이 있다. 이러한 시스템들은 기술적, 경제적, 사회적 요구를 수용하며 진화한다.

모든 유형의 시스템은 [그림 7-3]과 같이 진화 과정에서 다양한 문제를 극복하며 도입기, 성장기, 성숙기, 쇠퇴기의 S자형 성장곡선에 따라 발전하다가 성장 한계에 도달하면 목적과 기능은 같아도 다른 경쟁 시스템으로 대체된다.

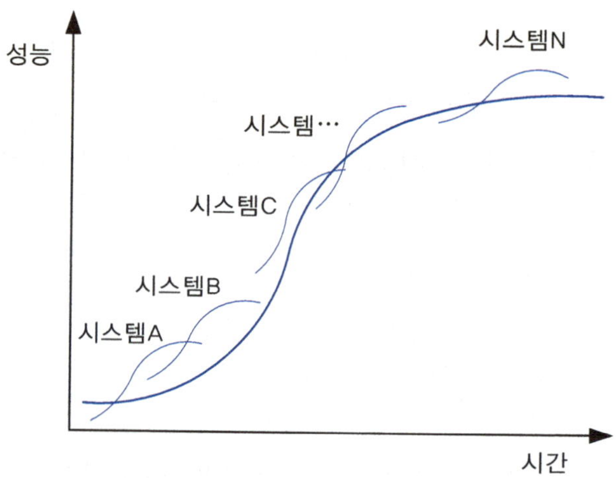

[그림 7-3] 기술 시스템의 진화과정

이러한 시스템에 대한 창의적인 특허를 발명의 난이도에 따라 5단계로 나누었는데, [표 7-1]과 같다. 발명의 수준 중 1수준과 2수준의 문제는 명백 및 개선으로 특별한 어려움 없이 해결될 수 있는 문제이며, 5수준의 문제는 현재 과학지식의 범위를 뛰어 넘는 단계이기 때문에 TRIZ가 목표로 하는 문제 해결의 단계는 주로 3, 4수준의 문제 해결에 맞추어져 있다.

쉼터 **발명가가 되려면**

- 주위 사물에 관심을 갖는 성격을 가져야 한다.
- 평소 일상생활에서 불편한 점 등이 발견됐을 때 해결하기 위해 생각하고 관찰하는 성격을 가져야 한다.
- 현재 일상생활에서 사용하는 대부분이 발명품이므로 다양한 분야에 관심 갖는 성격을 가져야 한다.

[표 7-1] 특허 분류를 통한 발명의 정의

수 준	발명의 수준	점유율 [%]	필요한 지식	고려해야할 해결책의 수	예
1	명백	32	개인적 지식	10	● 수송 효율을 높이기 위하여 트럭 사용
2	개선	45	사내 지식	100	● 용접장치에 부착된 소화용 도구
3	혁신	18	산업 내 지식	1,000	● 용량이 개선된 메모리 스틱 ● 무선 마우스
4	발명	4	산업 외 지식	100,000	● 과학의 영역에서 해결책 발견 ● 해저 광케이블
5	발견	1	모든 지식	1,000,000	● 과학지식의 범위를 뛰어넘는 단계 ● DNA, 레이저

나) 문제점(심리적 관성에 의한)

발명의 수준이 높은 문제일수록 문제의 해결책이 다른 산업에서 찾을 수 있는 경우가 많다는 것이다. 이는 대부분의 사람들이 자신의 경험에 의해서 문제를 해결하려 들지만 발명의 수준이 높을 경우 그런 방법으로 해결하는 것은 힘들다는 것을 의미한다.

사람들은 어떤 문제를 접했을 때 심리적 관성 때문에 자신의 경험에 비춘 방법으로 개념을 잡고 진행하지만 거기에서 답을 찾지 못할 경우 또 다른 개념을 떠올리면서 해결책을 찾으려 한다.

이러한 시행착오적 방법은 시간을 많이 소모할 뿐만 아니라 우연에 의해 해결책에 접근하는 방법이기 때문에 효율적이지 못하다. TRIZ에서는 이러한 해결책으로 가는 방향을 이상 해(Ideal Final Result)라는 개념을 도입하여 제시했다.

3) 이상 해(Ideal Final Result)

가) 접근 방법

이상 해란 유해성은 제거하고 유익성은 극대화하는 이상적 기술 시스템이 구현된 해결책을 의미한다. 이상적 기술 시스템은 물리적 실체는 없지만 규정된 기능을 완전하게 수행하는 시스템을 말한다.

이상 해 전략은 위의 이상적 기술 시스템 개념을 실현하기 위한 일반적인 접근 방법으로 다음과 같은 일반적인 접근 방법들이 있다.

① 이상해 전략 1 : 대상(object)을 제거하는데 이는 도구(tool)와 도구의 유용하면서 해로운 작용 모두를 제거하게 해준다.

② 이상해 전략 2 : 도구를 제거하고, 대상(또는 그 대상의 어느 부분)이 스스로 유용한 기능을 수행하도록 한다.

③ 이상해 전략 3 : 도구를 제거하고, 그 유용한 기능을 환경이나 다른 도구에 위임한다.

발명을 통한 이러한 이상적 기술 시스템에서 [표 7-2]와 같은 진화의 유형을 찾아낼 수 있다. 기계적인 시스템이든 사회적인 시스템이든 일정한 발전 방향과 유형이 존재한다는 것이다. 진화의 유형이 중요한 의미를 지니는 것은 지금 당장 문제는 되지 않더라도 앞으로 발전해 나갈 기술의 진화 방향 예측에 도움을 준다는 것이다.

[표 7-2] 발명의 진화 유형

진화의 유형	내 용
1	진화의 4단계(유아기, 성장기, 성숙기, 쇠퇴기)를 거치면서 진화한다.
2	이상을 증가시키는 방향으로 진화한다.
3	시스템 요소들이 불균등하게 발전하면서 진화한다.
4	역동성과 조종성을 증가시키는 방향으로 진화한다.
5	복잡성을 증가시키는 방향에서 단순화를 향하여 진화한다.
6	조화와 부조화를 거치면서 진화한다.
7	마이크로 레벨과 장(field)의 사용을 증가시키는 방향으로 진화한다.
8	인간의 개입을 줄이는 방향으로 진화한다.

나) ARIZ(Algorithm for Inventive Problem Solving)

TRIZ에서는 이상 해의 구체적인 접근 방법으로 ARIZ를 제시하고 있다. ARIZ는 TRIZ의 방법론들을 체계화 해놓은 알고리즘으로서 TRIZ의 마지막 단계로 사용하는 도구이다. 그 기초는 모호하거나 초기에 잘못 정의된 문제 및 상황을 분석하는 단계에 역점을 둔 논리적 절차이다.

이 알고리즘은 문제 분석, 자원 분석, 이상 해결책과 물리적 모순의 정의, 물질-장 자원의 활용, 지식 DB의 활용, 문제의 변경 혹은 재구성, 물리적 모순 해결 방법 분석, 도출된 해결안의 적용, 문제해결 과정 분석의 총 9단계로 나누어져 있다.

다시 말하면, 시스템 갈등의 고려는 물리적 모순의 정형화로 제시되고, 그 모순의 제거는 분리의 해결안으로, 그리고 대상 시스템의 자원을 최대로 활용함으로써 구체적으로 가능해진다.

쉼터 **심리적 관성**

나에게 익숙한 감정이나 생각, 그리고 행동 등을 떨쳐내기 힘든 현상을 심리적 관성이라고 한다. 심리적 관성의 의미에는 다음과 같은 내용이 있다.

1. 학습의 관성

학생들, 특히 수험생들은 간단없이 책상에 붙어 있다. 책장을 넘기고 또 넘기고, 문제를 풀고 또 풀고, 연습을 하고 또 연습하고... 끊임없는 학습활동의 연속선에서 잠시라도 학습하지 않으면 견디기 어렵다. 불안하고 초조하고 좀이 쑤신다. 즉 학습의 관성이다.

2. 일기쓰기의 관성

일기쓰기의 예를 보더라도 처음에는 선생님의 검열이 두려워 일기를 썼다. 날마다 쓰는 일기, 매일 검열을 받기 위해 쓰는 일기였다. 그런데 어느 날 선생님이 검열을 멈추었다. 그래도 일기를 쓴다. 다음 날에도 또 일기를 쓴다. 평생 일기를 쓴다. 이는 일기쓰기 관성이다.

3. 모 순(Contradiction)

1) 정 의

시스템 진화의 결과로서 모순이 발생되며 모순을 발명 원리 또는 분리의 원리를 통해 확인 및 해결하는 것은 시스템 발전으로 연결된다.

모순의 종류에는 기술적 모순과 물리적 모순이 있는 데 그 내용은 다음과 같다.

기술적 모순은 서로 다른 두 개의 요소가 충돌하는 것으로 시스템의 모수 A를 개선하면 모수 B가 악화되는 상황으로서 40가지 발명 원리로 그 모순을 해결할 수 있다.

예 1. 자동차의 엔진의 배기량을 크게 만들면 연료 소모가 많다는 것이다.

예 2. 자동차 엔진은 출력이 좋으면 연비가 나빠지는 특성을 갖는다.

한편, 물리적 모순은 상황 동일한 하나의 변수에서 충돌하는 모순으로 어떤 상황에서는 증가하기를 원하고 또 다른 상황에서는 감소하기를 원하는, 혹은 어떤 상황에서는 존재해야 하고, 어떤 상황에서는 존재하지 않아야 하는 모수 C가 있는 상황이다.

예 1. 날카로운 면도날은 면도가 잘 되지만 다치기 쉽다는 것이다.

예 2. 자전거 체인은 축과 함께 회전할 만큼 유연해야 하지만, 힘을 받을 만큼 충분히 강해야 한다.

다시 말하면 물리적 모순은 한 가지 변수가 서로 다른 값을 동시에 가져야 하는 경우로 다음과 같은 4가지 분리의 원리에 의해 해법이 제시되고 있다.

① 시간에 의한 분리(Separation in Time)
② 공간에 의한 분리(Separation in Space)
③ 전체와 부분에 의한 분리(Separation in Scale)
④ 조건에 의한 분리(Separation in Condition)

2) 모순행렬 (Contradiction Matrix)

가) 개 념

모순행렬은 TRIZ에서 중요한 영역을 차지하는 도구인데 문제 내에 존재하는 모순의 유형을 찾아내 상호 갈등을 일으키는 물리적 매개 변수로 묶은 뒤, 이 유형들끼리 짝을 지어 몇 개의 소단위로 구성되어 있다.

이 행렬은 39가지 공학변수와 40가지 발명 원리로 구성되어 있는 행렬이며 공학변수는 수십만 건의 특허를 분석하여 기술적으로 모순이 되는 요소를 일반화하여 나타낸 값이다.

[표 7-3] 39가지 공학변수

1. 이동물체의 무게 (Weight of moving object)
2. 정지물체의 무게 (Weight of non moving object)
3. 이동물체의 길이 (Length of moving object)
4. 정지물체의 길이 (Length of non moving object)
5. 이동물체의 면적 (Area of moving object)
6. 정지물체의 면적 (Area of non moving object)
7. 이동물체의 체적 (Volume of moving object)
8. 정지물체의 체적 (Volume of non moving object)
9. 속도(Speed)
10. 힘(Force)
11. 응력/압력 (Tension/Pressure)
12. 모양(Shape)
13. 물체의 안정성 (Stability of object)
14. 강도(Strength)
15. 이동물체의 내구성 (Durability of moving object)
16. 정지물체의 내구성 (Durability of non moving object)
17. 온도(Temperature)
18. 조도(Brightness)
19. 이동물체의 에너지 소비 (Energy spent by moving object)
20. 정지물체의 에너지 소비 (Energy spent by non moving object)
21. 출력(Power)
22. 에너지 낭비 (Waste of energy)
23. 물질 낭비 (Waste of substance)
24. 정보 손실 (Loss of information)
25. 시간 낭비(Waste of time)
26. 물질의 양 (Amount of substance)
27. 신뢰성(Reliability)
28. 측정의 정확도 (Accuracy of measurement)
29. 제조의 정확도 (Accuracy of manufacturing)
30. 물체가 받는 유해요인 (Harmful factors acting on object)
31. 유해한 부작용 (Harmful side effects)
32. 제조의 용이성 (Manufacturability)
33. 사용의 편의성 (Convenience of use)
34. 수리의 용이성 (Repairability)
35. 적응성(Adaptability)
36. 도구의 복잡성 (Complexity of device)
37. 조절의 복잡성 (Complexity of control)
38. 자동화의 수준 (Level of automation)
39. 생산성(Productivity)

나) 구현 방법

모순 행렬은 [표 7-4]와 같이 공학 변수 중 개선이 되는 특징과 악화되는 특징으로 행과 열이 구성되어 있다. 예를 들어 악화되는 특징이 힘(force)이고 개선이 되는 특징이 움직이는 물체의 무게라면 8번 발명 원리인 평형추를 이용하여 문제를 해결할 수 있다는 것을 알 수 있다. 발명 원리는 창의적인 특허들을 분석하여 각각의 문제를 해결할 때 주로 사용되는 원리를 일반화하고 데이터베이스화 하여 만든 것이다.

[표 7-4] 모순 행렬

악화점 / 개선점	1. 이동물체의 무게		10. 힘		39. 생산성
1. 이동물체의 무게		…	8. 평형추	…	
⋮					
10. 힘					
⋮					
39. 생산성					

쉼터 평형추의 원리

평형추(Counterweight)의 원리는 공중부양의 원리라고도 한다. 기술적 모순을 해결하기 위한 8번째 발명원리로서 평형을 이루지 못하였을 때, 평형으로 만들어줄 수 있는 힘을 가진 무언가를 결합시키는 것이다. 구체적으로 살펴보면 여러 가지 형태로 나타난다.

평형추의 원리 적용 사례는 낙지볶음과 조개탕, 중화, 상쇄, 그리고 공중부양 등이 있다. 평형추는 우물가에 있는 도르래를 생각할 수 있다. 한쪽에는 무거운 추를 달아놓고 물동이를 우물에 내리면 손쉽게 무거운 물을 들어 올릴 수 있다.

건설 현장에서 크레인의 반대쪽에 무거운 물체를 매달아 놓으면 반대쪽에 무거운 물체를 쉽게 들어 올릴 수 있고, 위치를 변화시키면 들어 올릴 수 있는 무게를 조절할 수 있다.

지렛대의 원리도 이에 해당한다. 아주 맵거나 짜거나 뜨거운 음식을 먹는 사람이 중화시키는 음식을 같이 먹는 경우가 많다. 매운 주꾸미를 먹을 때 계란찜으로 중화하고, 낙지볶음을 먹을 때 시원한 조개탕으로 중화하고, 차가운 냉면을 먹을 때 따뜻한 육수를 먹어 중화한다.

모순 행렬을 살펴보면 발명 원리가 정확한 답을 주는 것은 아니다. 예를 들어 8번 발명 원리인 평형추는 한 객체에 작용하는 힘을 줄이기 위한 반대되는 힘을 가하는 원리인데, 이것 자체가 구체적인 해결책을 주는 것은 아니지만 이런 유형의 문제들은 평형추라는 원리를 이용하여 창의적으로 해결되었기 때문에 주어진 문제의 해결을 얻을 수 있는 것이다.

이러한 발명 원리는 40가지가 있으며, TRIZ의 주요한 도구이다. 40가지 발명 원리는 [표 7-5]에 나타냈다.

[표 7-5] 40가지 발명 원리

1. 분할	15. 유연성	29. 공압 및 수압
2. 추출	16. 초과나 과부족	30. 연한 껍질이나 얇은 막
3. 국소 품질	17. 다른 차원	31. 다공성 소재
4. 비대칭	18. 기계적 진동	32. 색상 변화
5. 병합	19. 주기적 조치	33. 동질성
6. 범용성	20. 유용한 조치의 지속	34. 폐기 또는 복구
7. 포개기	21. 고속 실행	35. 모수변화
8. 평형추	22. 유해물 이용	36. 상태 전이
9. 사전 예방조치	23. 피드백	37. 열팽창
10. 사전 준비조치	24. 중간 매개물	38. 강한 산화제의 이용
11. 사전 보호조치	25. 셀프서비스	39. 불활성 환경
12. 높이 유지	26. 대체 수단	40. 복합재료
13. 반전	27. 일회용품	
14. 타원체	28. 기계식 시스템의 대체	

초기에 40가지 발명 원리는 모순 행렬 안에서 선택하여 이용되었지만, 실제적으로 문제를 해결하는 데는 크게 도움이 되지 못한다는 지적에 따라 현재는 40가지 원리를 개별적으로 적용하여 문제를 해결하고 있다.

다) 문제점

① 변수를 식별하는 데 시간이 많이 걸리며 해결하지 못할 경우 좌절감을 느끼게 된다.

② 변수들이 공학적인 문제와 관련이 있어 이를 정확히 유추하지 못하는 경우에는 문제 해결이 어렵다.

③ TRIZ를 익히는 데 시간이 너무 많이 소요된다.

4. 발명 원리

세상의 모든 문제는 모순에서 출발한다. 그 모순의 해결법은 40가지로 요약할 수 있다는 것이 TRIZ에서의 발명 원리의 골자이다. 각각의 예에 대한 설명을 이해한 후, 각각의 원리가 적용되어 우리 주변에서 활용되고 있는 것들에 대해 생각해본다.

1) 분할(Segmentation)

① 대상을 독립적인 부분으로 나눈다.
② 물체를 부분화 한다.
③ 물체의 분할 정도를 증가시킨다.

예:
- 조립식 가구
- 모듈로 된 컴퓨터 부품
- 트럭과 트레일러로 나눈 트럭
- 정원에서의 연결 호스
- 베니스식 블라인드

[그림 7-4] 조립식 가구

[표 7-6] 분할을 이용한 문제 해결 예제

단계	예제	주의점
문제 정의	• 큰 물통을 들고 집에 가져가기 불편하다.	• 평소에 불편한 것들을 문제로 정의
이상적 해결책	• 물통이 필요할 때 나타났다 필요 없는 경우 사라진다.	• 문제의 이상적 해결책이 무엇인지 기술
모순의 정의	• 사용할 때는 커야 하고, 가져갈 때는 작아야 한다.(기술적 모순)	• 문제의 모순을 파악한다.
모순 해결 방안	• 분할의 원리 이용	• 40가지의 발명원리 중 분할의 원리 적용 • 주변의 자원을 파악
표준해결책	• 물통을 분할하여 부피가 변할 수 있도록 한다.	• 모순을 극복할 수 있는 방법을 중심으로 기술
해결책	• 양파 껍질처럼 물통을 작은 것부터 넣어 뚜껑으로 닫아 이용하기 편리하게 제작한다.	• 일반적인 해결책으로 바꾸어 문장으로 기술

2) 추출(Extraction)

① 교란시키는 부분이나 특성을 물체로부터 제거하거나 분리시킨다.

② 꼭 필요한 부분이나 특성만을 추출한다.

예: ● UV를 통과시키지 않는 선글라스
● 새들을 쫓아 내기 위해 녹음기를 이용해서 새들을 놀라게 하는 소리를 낸다.

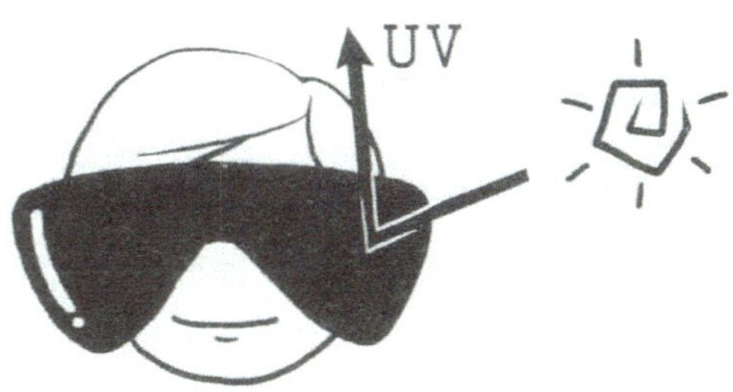

[그림 7-5] UV를 통과시키지 않는 선글라스

3) 국소 품질(Local Quality)

① 물체나 외부환경 · 행위의 동질적인 구조를 이질적인 구조로 천이한다.

② 물체를 구성하는 부분들이 서로 다른 기능을 수행하도록 한다.
③ 물체를 구성하는 부분들이 가장 유리한 상황에서 동작하도록 한다.

예: ● 지우개가 달린 연필
● 다기능 공구
● 칸막이가 있는 도시락

[그림 7-6] 지우개가 달린 연필

4) 비대칭(Asymmetry)

① 대칭 형태의 것을 비대칭으로 바꾼다.
② 물체가 이미 비대칭 형태라면 비대칭 정도를 증가시킨다.

예: ● 컴퓨터 시리얼 포트
● 비대칭 혼합 용기(믹서, 레미콘 트럭)
● 커브 길에서 타이어의 마모를 줄이기 위해 타이어의 바깥쪽을 안쪽보다 강하게 만든다.

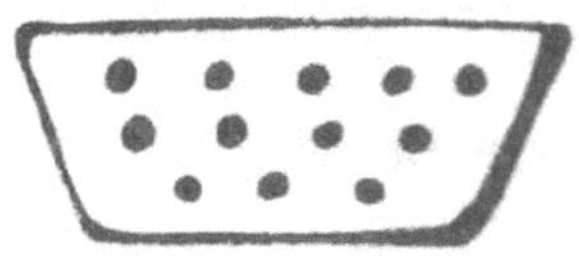

[그림 7-7] 컴퓨터 시리얼 포트

5) 병합(Merging)

① 동질적인 물체나 연속으로 작동하는 물체를 공간적으로 결합한다.
② 동질적이거나 연속적인 동작을 시간적으로 결합한다.

예: ● Catamaran
● 오디오 세트
● 조립용 개인 컴퓨터
● 병렬처리 컴퓨터에 있는 마이크로프로세서들

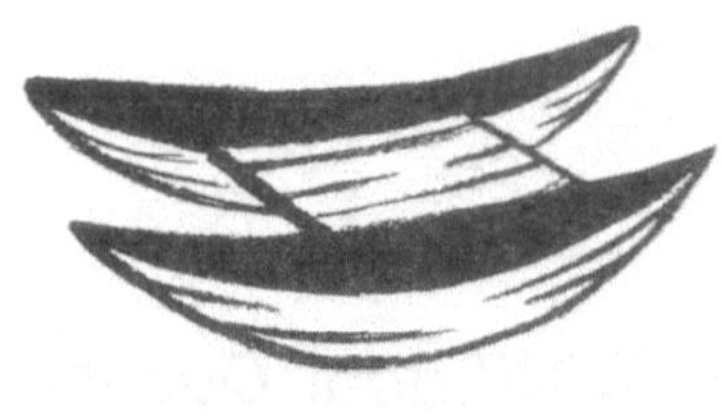

[그림 7-8] Catamaran

용어설명 Catamaran

뉴질랜드 원주민이 배 두 개를 막대로 연결해 물고기를 잡거나 화물을 나르는 배

6) 범용성(Universality)

한 물체가 다수의 기능을 수행하도록 해서 다른 물체의 필요성을 제거한다.

예:
- 가위, 칼 등 다기능을 하는 도구
- 스마트폰
- 유모차로 변하는 자동차 안전 시트
- IPTV

[그림 7-9] 가위, 칼 등 다기능을 하는 도구

용어설명 IPTV

IPTV 서비스는 IP망을 통해 방송이나 동영상 콘텐츠, 정보 등을 TV와 이동 단말에 제공하는 통신·방송 융합 서비스이다.

IPTV 서비스는 양방향(interactive) 서비스가 가능하고 개인화된 서비스를 제공할 수 있다는 점에서 기존의 방송 서비스와 차별성을 가지고 있다. IPTV 서비스가 대중들이 많이 이용하는 서비스가 되기 위해서는 안정적인 품질의 서비스 제공, 다양한 콘텐츠 확보가 선결되어야 한다.

7) 포개기(Nesting)

① 물체를 차례로 다른 물체의 내부에 놓는다.

② 물체를 다른 물체의 구멍을 통해 통과한다.

예: ● 여행용 코펠 세트
● 마이크나 스피커가 내장된 휴대용 오디오 시스템
● 안전벨트
● 비행기의 이착륙장치

[그림 7-10] 여행용 코펠 세트

8) 평형추(Counterweight)

① 물체를 상승력이 있는 다른 물체와 결합함으로써 중량을 경감한다.
② 공력이나 수력을 제공하는 환경과 상호작용을 통해 물체의 중량을 경감한다.

예: ● 플래카드를 지지하기 위해 헬륨 풍선을 이용한다.
● 건설용 기중기
● 지렛대

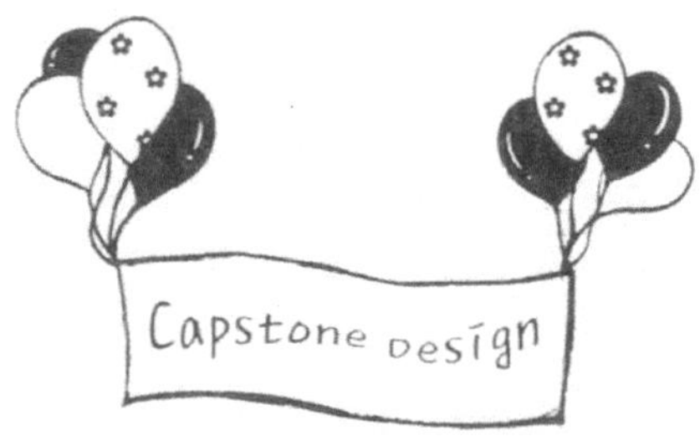

[그림 7-11] 플래카드 위에 풍선 달기

9) 사전 예방조치(Preliminary anti-action)

① 사전에 대응 조치를 취한다.
② 물체가 장력을 받거나 받을 경우 미리 대응장력을 준다.

예: ● 페인트칠을 하지 않을 것을 미리 테이프로 싼다.
● X 선에 노출되는 부분을 납으로 된 치마를 사용하여 가린다.
● 강철봉을 콘크리트에 넣기 전에 미리 스트레스를 가한다.

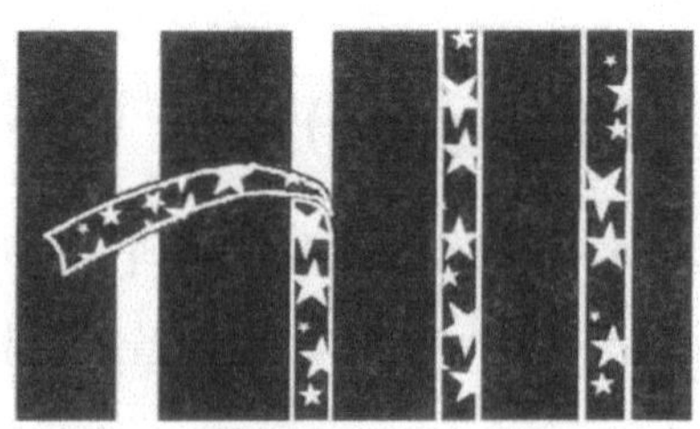

[그림 7-12] 줄무늬를 만들기 위한 테이핑 작업

10) 사전 준비조치(Prior action)

① 필요한 동작의 전부나 일부를 미리 수행한다.
② 시간의 낭비 없이 물체를 바로 사용할 수 있도록 편리한 위치에 배열한다.

예:
- 색연필 안에 미리 실을 넣어서 깎아 쓰기 편리하게 한다.
- 수술에 필요한 모든 도구들을 봉합된 쟁반에서 살균한다.
- 무디어진 부분을 잘라내서 사용하는 칼날

[그림 7-13] 실이 들어있는 색연필

11) 사전 보호조치(Beforehand cushioning)

사전에 대응조치를 취해서 물체의 상대적으로 낮은 신뢰성을 보완한다.

예:
- 에어백 장착 오토바이
- 예비 낙하산
- 도난 방지를 위한 상품의 바코드

[그림 7-14] 에어백 장착 오토바이

12) 높이 유지(Equipotentiality)

① 동작환경을 바꿔서 물체의 상승이나 하강 요구를 없앤다.
② 물체가 오르거나 내려가지 않도록 작업 조건을 변화시킨다.

예: ● Anglepoise lamp

● 자동차 엔진 오일을 교환하기 위해서 작업자가 구덩이에 들어가서 작업한다.

[그림 7-15] Anglepoise lamp

13) 반전(Inversion)

① 물체나 외부환경의 움직이는 부분을 움직이지 않도록 하거나 움직이지 않는 부분을 움직이도록 한다.

② 문제를 해결하기 위해서 반대의 조치를 취한다.

③ 물체나 공정을 거꾸로 뒤집는다.

예: ● 바닥이 움직이는 러닝머신

● 컨테이너를 비우기 위해서 컨테이너를 비운다.

● 연마제 대신에 진동에 의해 각 부분들이 서로 부딪혀 세척되도록 한다.

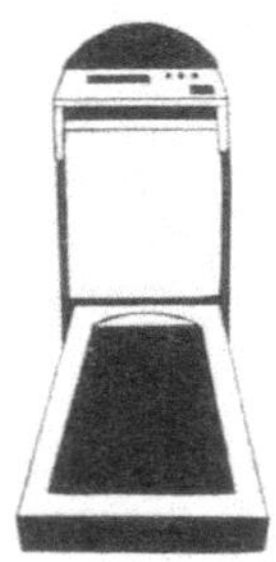

[그림 7-16] 바닥이 움직이는 러닝머신

14) 타원체(Sphericality)

① 선형이거나 평편한 표면은 곡선형으로, 입방체는 구형체로 대체한다.

② 롤러나 나선형 물체를 이용한다.

③ 선형 운동을 회전이동으로 바꾸고 원심력을 이용한다.

예: ● 굴곡을 갖춘 나사못
● 건축물에서 강도를 높이기 위해 아크나 돔을 사용한다.
● 잉크 분배를 부드럽게 하기 위해서 롤러 포인트를 사용한다.

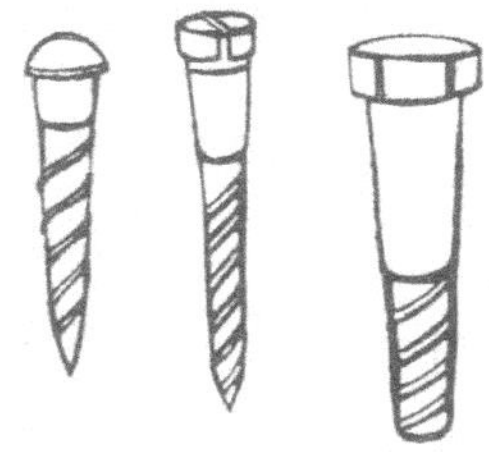
[그림 7-17] 굴곡을 갖춘 나사못

15) 유연성(Flexibility)

① 동작단계마다 물체나 그 환경이 자동적으로 조정되어 최적의 성능을 발휘하도록 한다.
② 물체를 여러 부분으로 나누어 서로 위치를 상대적으로 변경할 수 있도록 한다.
③ 움직일 수 없는 물체를 움직이게 만들거나 교체할 수 있도록 한다.

예: ● 굴절 버스
● 조정 가능한 핸들, 의자, 거울
● 버터플라이 키보드

[그림 7-18] 굴절 버스

16) 초과 또는 과부족(Partial or excessive action)

100[%] 만족한 효과를 얻기 힘들면 '조금 덜' 또는 '조금 더'와 같은 방법을 사용한다.

예: ● 하트 도형을 정확하게 페인팅할 수 없을 경우에는 과하게 주변까지 스프레이로 뿌린 다음 하트 도형 주변을 지운다.
● 이미지 압축 기술

[그림 7-19] 초과의 예

17) 다른 차원(Another dimension)

① 평면(2차원)을 따라 이동시킴으로써 직선적으로 움직이는 물체가 갖는 문제를 제거한다.

② 단일층 대신에 다수의 층으로 이루어진 물체의 조합을 사용한다.

③ 물체를 기울이거나 한쪽 면을 이용한다.

예:
- 나선형으로 된 전화선
- 프레젠테이션을 위한 적외선 컴퓨터 마우스는 평면이 아니라 공간상에서 움직인다.
- 양면이 프린트된 전자회로

[그림 7-20] 나선형으로 된 전화선

18) 기계적 진동(Mechanical vibration)

① 물체를 진동시킨다.

② 진동이 존재하면 초음파 수준까지 진동주파수를 증가시킨다.

③ 공명주파수를 이용한다.

④ 기계적인 진동 대신에 피에조 진동기를 사용한다.

용어설명 **피에조**

특정 주파수를 전달해 주면 소리가 나는 장치

예:
- 해머 드릴
- 초음파 진동을 이용하여 담석이나 신장 결석을 파괴한다.
- 수정 발진 시계

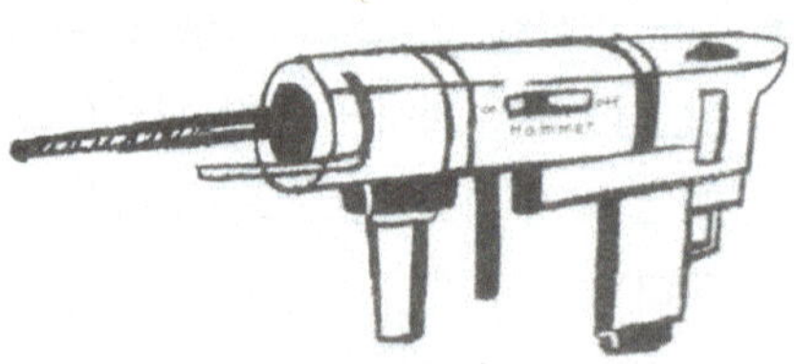

[그림 7-21] 해머 드릴

19) 주기적 조치(Periodic action)

① 연속적인 동작을 주기적(펄스형) 동작으로 대체한다.
② 주기적인 동작에 대해서는 그 주파수를 변경한다.
③ 다른 조치를 수행하기 위해서 펄스 사이에 휴지 기간을 사용한다.

예:
- 모스 부호
- 연속적인 사이렌을 주기적인 사이렌으로 바꾼다.
- 해머로 물체를 반복해서 두드린다.

[그림 7-22] 모스 부호

20) 유용한 조치의 지속(Continuity of useful action)

① 물체의 모든 부분이 최대용량으로 동작하도록 멈춤 없이 연속적으로 동작을 실행한다.
② 모든 유휴 또는 단속 작업을 제거한다.

예:
- 카약(Kayak)
- 프린트 용지를 공급하는 동안 인쇄한다.

[그림 7-23] 카약

21) 고속 실행(Rushing Through)

유해하거나 위험한 동작을 고속으로 실행한다.

예: ● 여름철 몸매를 자랑하기 위해 털 뽑을 곳에 왁스를 발라 굳어지게 한 뒤 털과 함께 뜯어내는 왁싱을 할 때 순식간에 뜯어낼 수 있다.
● 치아를 갈 때 치아 조직이 가열되는 것을 피하기 위해 드릴을 고속으로 회전시킨다.
● 플라스틱 절단시 변형을 피하기 위해 열리 플라스틱에 퍼지기 전에 빠르게 절단한다.

[그림 7-24] 고속 실행의 예

22) 유해물 이용(Convert harm into benefit)

① 해로운 요인이나 환경영향을 이용해서 긍정적인 효과를 거둔다.
② 해로운 요인을 또 다른 유해요인과 결합해서 유해성을 제거한다.
③ 해롭지 않게 될 때까지 해로운 동작의 양을 증대한다.

예: ● 독으로 독을 제압하는 예방접종
● 잠수할 때 공기와 질소 혼합물로부터 질소의 마취 성분과 산소의 독성을 제거하기 위해서 헬륨-산소 혼합물을 사용한다.
● 폐기물 재활용

[그림 7-25] 예방 접종

23) 피드백(Feedback)

① 궤환이 이미 사용 중이면 그것을 역전시킨다.
② 기존의 궤환의 본질을 역전시킨다.

예: ● 냉방을 할 때 에너지의 효율을 높이기 위해서 자동 온도조절 장치의 민감도를 변화시킨다.
● 통계적 공정관리(SPC)
● 무게를 소리로 변화시킨다.

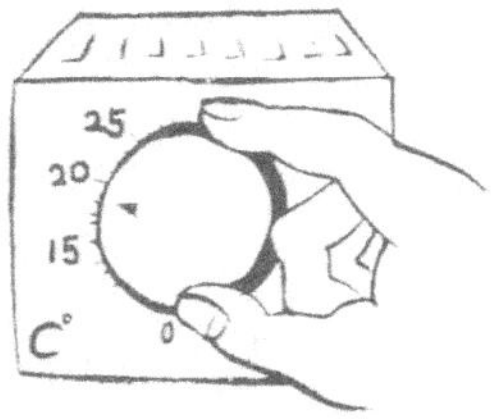

[그림 7-26] 자동 온도조절 장치

24) 중간 매개물(Intermediary)

① 동작을 전달하거나 실행하기 위해 중간 물체를 사용한다.
② 일시적으로 물체를 제거하기 쉬운 다른 물체에 연결한다.

예: ● 딱딱한 돌을 깨기 위해 중간 매개물로 정을 사용한다.
● 해머와 못 사이에 사용하는 목수의 못 박는 기구
● 뜨거운 접시를 식탁에 옮기는 데 사용되는 용기 받침

[그림 7-27] 중간 매개물로 정을 사용하는 사례

25) 셀프-서비스(Self-service)

① 보조기능을 수행함으로써 물체가 자신에게 서비스하도록 한다.
② 버려진 물질과 에너지를 이용한다.

예: ● 자전거 페달을 밟으면 전구에 불이 들어온다.
● RFID 교통카드의 요금 정산
● 동물의 배설물을 비료로 사용한다.

[그림 7-28] 자전거에서의 셀프 서비스의 예

26) 대체 수단(Copying)

① 작동시키는 데 복잡하거나 비싸거나 깨지기 쉽거나 불편한 물체 대신에 단순하고 값싼 대체품을 활용한다.

② 물체를 그것의 광학이미지에 의해 대체, 이미지를 확대하거나 축소해서 그 크기를 조정한다.

③ 가시적인 광학 복제를 사용하고 있다면 그것을 적외선이나 자외선 복제로 바꾼다.

예:
- 실험용 인형
- 컴퓨터를 통한 가상현실
- 세미나에 참가하는 대신 오디오 테이프를 얻는다.

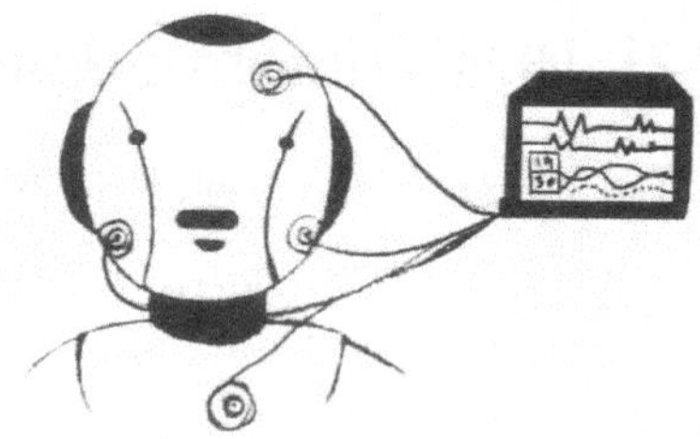

[그림 7-29] 실험용 인형

27) 일회용품(Cheap short-living objects)

비싸고 내구성이 긴 물체 대신에 싸고 수명이 짧은 것을 사용한다.

예:
- 성 냥
- 기저귀의 세탁 비용을 없애기 위해서 1회용 기저귀를 사용한다.
- 모든 1회용품

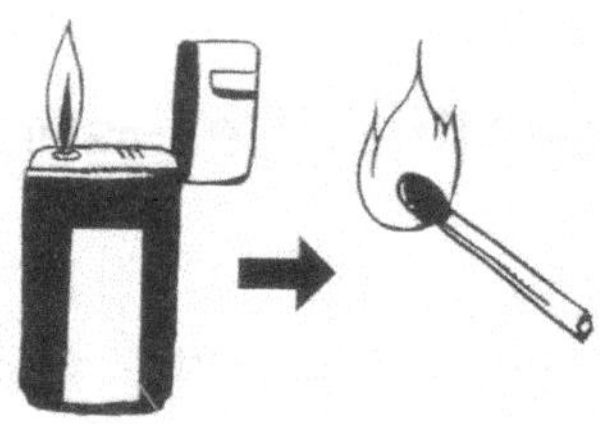

[그림 7-30] 성 냥

28) 기계식 시스템의 대체(Replace a mechanical system)

① 기계적인 시스템을 광학, 음향 또는 후각시스템으로 교체한다.

② 물체와 상호작용을 위해 전기, 자기 또는 전자기장을 사용한다.

예: ● 회로 차단기
● 개나 고양이의 침입을 막기 위해 물리적 울타리 대신에 음향 울타리로 대체한다.
● 자기장을 이용한 자기부상열차

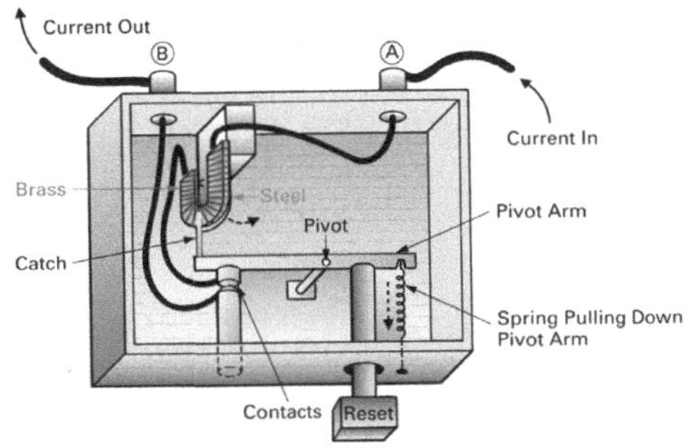

[그림 7-31] 회로 차단기

29) 공압 및 수압(Pneumatics and hydraulics)

고체 대신에 압축공기나 수력을 이용한다.

예: 수륙양용 공기부양선(Hovercraft)는 프로펠러가 강하게 회전하면서 바깥의 공기를 빨아들여 압축시킨 다음 공기주머니(스커트)에 가두면서 밑바닥 전체에 일정한 압력이 생기도록 아래로 분사하여 양력으로 선체를 바닥보다 약간 위로 띄운다.

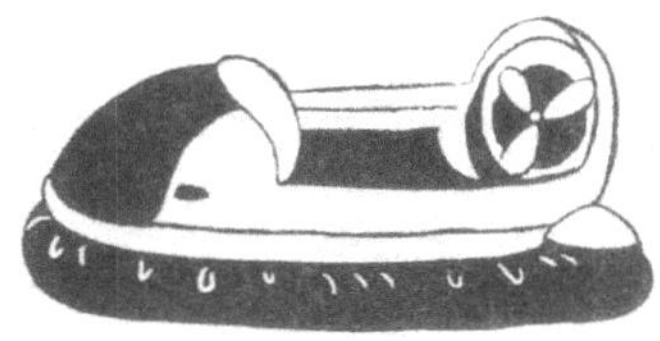
[그림 7-32] 수륙양용 공기부양선

30) 연한 껍질이나 얇은 막(Flexible shells and thin films)

① 기존의 것을 유연한 막이나 얇은 필름으로 만든 것으로 대체한다.
② 유연한 막 또는 얇은 필름을 이용하여 물체를 환경으로부터 분리한다.

예: ● 자동차 썬팅
● 식물의 잎으로부터 물이 빠져나가는 것을 방지하기 위해서 중합체를 부린다.
● 겨울에 테니스코트 보호용으로 부풀릴 수 있는 커버를 이용한다.

[그림 7-33] 자동차 썬팅

31) 다공성 소재(Porous materials)

① 물체를 구멍이 많게 만들거나 구멍이 많은 요소를 채용한다.
② 물체가 이미 많은 구멍을 갖고 있는 경우 미리 그 구멍을 다른 재료로 채운다.

예: ● 꽃꽂이용 오아시스
● 무게를 줄이기 위해서 구조물에 구멍을 뚫는다.

[그림 7-34] 꽃꽂이용 오아시스

32) 색상 변화(Color changes)

① 물체나 그 주변의 색을 변경한다.
② 물체나 보기 어려운 프로세스를 관측하기 위해 색이 있는 첨가물을 사용한다.
③ 첨가물이 이미 사용 중일 때는 발광자극이나 추적물질을 사용한다.

예: ● 온도에 따라 변하는 염료
● 암실에서 붉은 빛을 이용하여 사진을 현상한다.
● 투명한 붕대

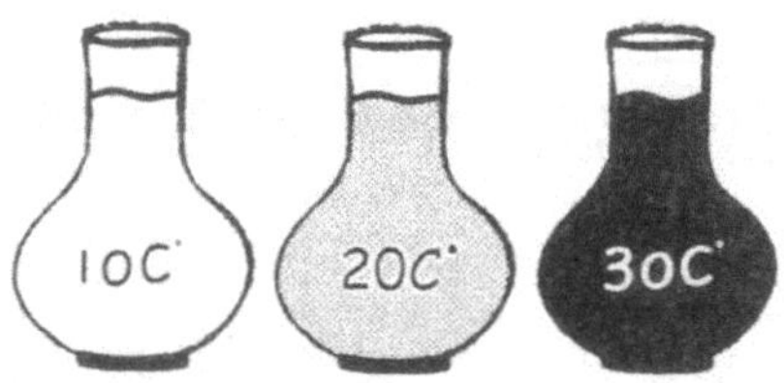

[그림 7-35] 온도에 따라 변하는 염료

33) 동질성(Homogeneity)

동일한 재료나 매우 유사한 재료로 만들어진 주요 물체와 상호작용하는 물체들을 동작시킨다.

예: ● 물이 아닌 같은 음료로 얼린 얼음으로 만든 시원한 음료
● 다이아몬드는 다이아몬드로 만든 절단 도구를 이용하여 자른다.

[그림 7-36] 동질성의 예

34) 폐기 또는 복구(Discarding and recovering)

① 부품이 그 기능을 다했거나 쓸모가 없어졌을 때 그것을 제거 또는 수정한다.
② 고갈되었거나 소모된 부품을 그 즉시 복구한다.

예: ● Propelling pencil
● 녹는 알약 캡슐
● 저절로 날이 갈리는 잔디 깎기

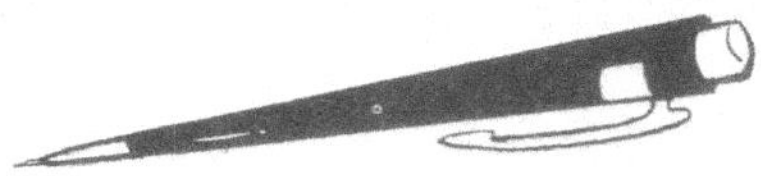

[그림 7-37] propelling pencil

35) 모수 변화(Parameter changes)

① 물체의 물리적 및 화학적 상태를 변형시킨다.
② 물체의 상태, 밀도분포, 유연성과 온도를 변경시킨다.

예: ● 압력 밥솥
● 액체 비누는 고체 비누보다 농도가 진하고 점도가 높다. 또한 여러 사람이 사용할 때 좀 더 위생적이고 적정량을 따르기가 쉽다.
● 강자성체를 상자성체로 변화시키기 위해서 퀴리점 이상으로 온도를 올린다.

[그림 7-38] 압력 밥솥

36) 상태 전이(Phase transitions)

물질의 상태가 변하는 동안 발생하는 효과를 구현, 예로 체적이 변할 때 열이 흡수되거나 방출된다.

예:
- 드라이아이스는 대기압 하에서는 액체가 되지 않고 고체에서 기체의 이산화탄소가 된다.
- 물은 다른 액체와는 달리 얼면 부피가 팽창한다.

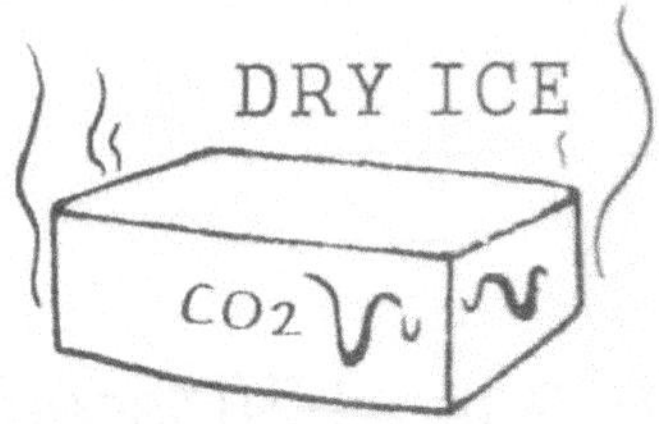

[그림 7-39] 드라이아이스

37) 열팽창(Thermal expansion)

① 열로 팽창시키거나 추출시킬 수 있는 재료를 사용한다.
② 열팽창계수가 서로 다른 물질들을 사용한다.

예:
- 변형시킨 후에 열을 가하면 원래 형상으로 되돌아오는 특성을 가진 형상기억합금
- 부품을 단단하게 조립하기 위해서 안에 들어갈 부분은 냉각시키고, 밖에서는 싸는 부분은 가열하여 조립한다.
- 바이메탈

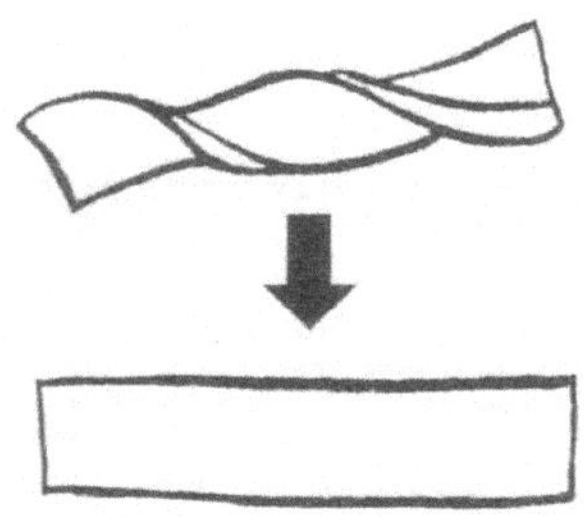

[그림 7-40] 형상기억합금

38) 강한 산화제의 이용(Use strong oxidizers)

① 통상적인 공기를 산소가 풍부한 공기로 대체한다.
② 물체를 이온방사와 함께 공기나 산소에서 반응시킨다.
③ 이온화된 산소를 이용한다.

예: ● 산소 마스크
● 공기청정기에서 오염 물질을 골라내기 위해서 공기를 이온화한다.
● 사용하기 전에 가스를 이온화 함으로써 화학반응 속도를 높인다.

[그림 7-41] 산소 마스크

39) 불활성 환경(Inert environment)

① 통상적인 환경을 비활성 환경으로 대체시킨다.
② 공정을 진공에서 처리시킨다.

예: ● 산소를 차단하는 거품을 내뿜는 소화기
● 아르곤 기체를 이용하여 뜨거운 금속 필라멘트의 파손을 막는다.
● 창고에서 솜이 불이 붙는 것을 방지하기 위해 창고로 옮길 때 불활성 가스로 처리한다.

[그림 7-42] 소화기

40) 복합재료(Composite materials)

동종의 소재 대신에 복합소재를 사용한다.

예: ● 골프채의 샤프트는 가볍고 축방향의 유연성과 뒤틀림의 높은 강도를 갖기 위해 스틸, 보론, 흑연 등 복합재료를 사용한다.
● 비행기 동체의 복합재료는 가볍고 강하고 유연하다.

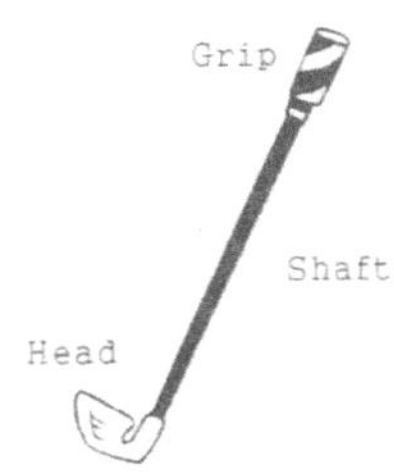

[그림 7-43] 골프채의 샤프트

5. 표준 해(Standard Solution)

1) 정 의

TRIZ의 관점에서 보면 발명문제는 표준화된 문제와 표준화되지 않은 문제로 분류할 수 있다. 전자는 그 문제를 해결하기 위해서 시스템이 어떻게 수정되어야 하는지를 결정해주는 기술시스템의 진화 유형을 기초로 만든 규칙들을 이용하여 해결할 수 있다. 이러한 규칙들을 표준 해라고 부른다.

표준 해는 40가지 발명 원리로 해결이 어려운 문제를 해결하기 위하여 알츠슐러와 그의 동료들에 의해 1975년과 1985년 사이에 76가지로 정리되었다. 76가지 표준해는 물질-장(Substance Field) 분석을 문제의 유형별로 나누어 정리한 것이다. 이 분석은 시스템의 문제를 모델링하기 위한 TRIZ의 분석도구라고 할 수 있다.

용어설명 **물질-장(Substance Field)**

자연의 법칙에서는 물이 높은 곳에서 낮은 곳으로 흐른다는 원리를 말하며 기술 시스템에서는 자연의 법칙을 이용한 의도된 작용으로 물을 이용한 물레방아가 있다. TRIZ는 전기장 및 자기장과 같은 공학적인 장들을 포함한다.

TRIZ에서의 40가지 발명 원리가 해결하기 어려운 문제들을 해결할 때 쓴 도구로는 이해하기 어려운 점이 있다. 그러므로 표준 해는 TRIZ의 고급 도구로 강력하고 체계적인 사고를 형성하는 데 도움을 준다.

2) 유 형

현재 사용되는 표준해결책은 알츠슐러와 그의 동료들에 의해서 1975년부터 1985년 사이에 정리된 것으로 76가지가 있는데, 5가지 클래스로 분류된다. 각 클래스는 몇 개의 하위클래스로 구성된다.

① 클래스 1 : 물질–장 모델을 구성하고 파괴하는 것과 관련된 해결책으로, 원하는 작용을 창출하거나 원하지 않는 작용을 제거하기 위한 규칙들을 포함하고 있다.(13개 해결책)

② 클래스 2 : 물질–장 모델을 개선하기 위한 해결책으로, 시스템을 복잡하게 하지 않고 시스템의 성능을 향상시키기 위한 방법들을 포함하고 있다.(23개 해결책)

③ 클래스 3 : 상위시스템(Super system)이나 하위시스템(Sub system)으로의 변환을 위한 규칙들을 포함하고 있다. 클래스 2와 3의 표준해결책들은 기술시스템의 진화유형을 기초로 하고 있다.(6개 해결책)

④ 클래스 4 : 탐지(detection)와 측정(measurement)에 관련된 특정한 문제들을 해결하는데 이용할 수 있는 규칙들을 포함하고 있다.(17개 해결책)

⑤ 클래스 5 : 표준 해를 적용하기 위한 규칙들을 포함하고 있는데, 효과적인 해결책 개념을 얻는데 매우 중요하다. 종종 클래스 1~4의 표준 해들을 적용하면 시스템에 물질이나 장을 도입해야 할 필요가 있기 때문에 시스템이 복잡해진다. 클래스 5의 표준 해들은 시스템을 간소화하기 위한 규칙들을 포함하고 있다.(17개 해결책)

[표 7–7] TRIZ를 이용한 문제해결 방식

문제 모형		해결안 모형
모순	기술적 모순	(40가지)발명 원리(inventive Principles)
	물리적 모순	분리의 원리(Separation Principle) – 시간, 공간, 전체와 부분, 조건에 의한 분리
물질–장 모형 (Substance Field)		표준 해(Standard Solution)
요구되는 기능		자연과학 효과(Scientific Effects)

쉼터 ASIT(Advanced Systematic Inventive Thinking)

ASIT는 호로위츠 박사에 의해 개발된 창의성 프로그램으로서 변형된 TRIZ의 한 형태이며 단계별 내용은 다음과 같다.

① 1단계 : 이상적인 해결책을 한정된 세계의 원리로 변환하여 해결

문제의 요소에 물이 있다면 이것의 변형 요소인 얼음을 이용한다는 것인데, 이러한 TRIZ의 개념을 한정된 세계의 원리라고 부른다. 따라서 ASIT에서는 현재 있는 문제 중에서 문제 요소와 주변 요소를 구별하여 정리한다.

② 2단계 : 모순의 극복을 관계 변화의 원리로 설명

문제를 일으키는 '악화 요인'과 그로 인해 발생되는 '원하지 않는 결과' 사이에는 비례하는 관계가 발생하는 데 이것을 반비례하는 관계로 만들거나 무관한 관계로 만들어 내도록 해결책을 마련하는 것이다.

③ 3단계 : 40가지 발명 원리를 5가지 문제 해결 기법으로 정리

ASIT에서 지적하는 TRIZ의 문제점은 다음과 같다.

- 일반적인 문제 이외에 상당히 특정한 문제에만 적용되는 원리들이 있다.
- 활용 빈도 차원에서 볼 때 일부 원리는 매우 자주 쓰이지만 다른 몇 개의 원리는 거의 사용되지 않는다.
- 원리의 수가 너무 많아 40가지 모두를 적용하기 매우 어렵다.

이러한 TRIZ의 문제점을 해결하기 위해서 ASIT에서는 40가지 발명원리를 용도 변경(Unification), 복제(Multiplication), 분할(Division), 대칭 파괴(Breaking Symmetry), 제거(Object Removal)의 다섯 가지로 요약하였다.

연습문제

1. TRIZ 방법론을 이용한 문제 해결 및 아이디어 창출 방법은 브레인스토밍과 어떤 차이점이 있는 가 설명하시오.

2. TRIZ에서의 모순행렬표의 개념 및 문제점 그리고 구현사례를 자세히 설명하시오.

3. TRIZ에서의 심리적 관성의 의미와 해결방안(3가지)을 자세히 설명하시오.

4. ASIT(Advanced Systematic Inventive Thinking)의 개념과 단계별 요소를 자세히 서술하시오.

5. 알츠슐러는 트리즈(창의적 문제해결 이론)를 창시하면서, 40가지 발명원리를 제시하였다. 그 중 5가지만 사례를 들어 설명하시오.

6. 알츠슐러는 트리즈(창의적 문제해결 이론)을 창시하면서, 모순을 체계적으로 정의하였다. 여기서 모순 발생 원인, 모순의 종류, 각 모순의 해결 방법에 대해서 설명하시오.

7. 모순행렬의 사용배경을 자세히 설명하고 공학변수를 사용하여 발명원리를 각각 3가지를 예로 들어 해결안을 제시하시오.

8. 공부하는 시간과 그 효과에 관한 연구 자료에 의하면, 학생들의 공부하는 시간을 늘리니까 매우 힘들어 했지만 결과적으로 성적이 오르고 진학률이 좋아졌다. 반대로 공부하는 시간을 줄이고 자율적으로 공부하게 했더니 우선은 편하지만 전체적으로 성적이 떨어지고 진학률도 좋지 않았다. 이러한 문제점을 해결할 수 있는 합리적인 방법은 무엇일까?

9. 나는 왕성한 식욕을 참자니 너무 힘들다. 그러나 조금만 방심하고 먹으면 바로 살이 찐다. 큰 마음먹고 다이어트를 하면 일시적으로 살이 빠지지만 결국 요요현상으로 되돌아간다. 이러한 갈등문제를 지혜롭게 해결할 수 있는 방법은 무엇일까?

요약

1. TRIZ란 '창의적 문제 해결 이론'을 뜻하며 기술, 발명 혁신 분야의 창의적 문제 해결을 돕는 강력한 구조 접근법이다.

2. 발명문제란 적어도 한 개 이상의 '모순(contraction)'을 포함하고 있는 것인데 이때 모순이란 시스템의 한 특성이 좋아지면 다른 특성이 나빠지는 현상을 말한다.

3. 나에게 익숙한 감정이나 생각, 그리고 행동 등을 떨쳐내기 힘든 현상을 심리적 관성이라고 한다. 심리적 관성의 의미에는 다음과 같은 내용이 있다.

4. 모순의 종류에는 기술적 모순과 물리적 모순이 있다.
   - ▶ 기술적 모순은 서로 다른 두 개의 요소가 충돌하는 것으로 시스템의 모수 A를 개선하면 모수 B가 악화되는 상황으로서 40가지 발명 원리로 그 모순을 해결할 수 있다.
   - ▶ 물리적 모순은 상황 동일한 하나의 변수에서 충돌하는 모순으로 어떤 상황에서는 증가하기를 원하고 또 다른 상황에서는 감소하기를 원하는, 혹은 어떤 상황에서는 존재해야 하고, 어떤 상황에서는 존재하지 않아야 하는 모수 C가 있는 상황이다.

5. 모순 행렬은 39가지 공학변수와 40가지 발명 원리로 구성되어 있는 행렬이며 공학변수는 수십만 건의 특허를 분석하여 기술적으로 모순이 되는 요소를 일반화하여 나타낸 값이다.

6. ARIZ는 TRIZ의 방법론들을 체계화 해놓은 알고리즘으로서 TRIZ의 마지막 단계로 사용하는 도구이다. 그 기초는 모호하거나 초기에 잘못 정의된 문제 및 상황을 분석하는 단계에 역점을 둔 논리적 절차이다.

제8장

공학설계 과정

▌학습 목표

1. 공학설계 과정의 개념을 이해할 수 있다.
2. 공학설계 과정의 다양한 기법을 적용할 수 있다.

공학설계 과정은 개념에서 얻어진 아이디어를 최종 시스템의 구현에 이르는 과정에서 고객 요구사항(requirement)을 만족시키는 문제해결 방법에 필요한 단계를 나타낸다. 많은 기술들은 시간 흐름에 따라 진화된 나름의 설계 과정을 가지고 있고, 현장에서 제품을 구현하는 사람들에 의해 이를 증명하여 효율적이라고 판단되면 설계 과정으로 정착된다.

예를 들면, 전자 제품에서 사용되는 집적 회로(Integrated circuit) 설계, 임베디드 시스템, 소프트웨어 시스템에 설계 과정과 다양한 방법론들이 적용되고 있지만 요구사항 분석, 기술 설계, 시스템 시험과 같은 공통점도 존재하고 있다.

설계 과정은 시대적 발전과 외부 환경에 따라 계속 진화하고 있으므로 공학설계는 과거에 비해 복잡해지고 있으며 이용 가능한 새로운 재료와 장치, 엔지니어에게 주어지는 새로운 문제 등이 많아짐으로써 문제해결 능력이 더 요구되고 있다. 또한 오늘날 설계되고 있는 많은 제품은 매우 다양한 형태를 가지고 있으며 이전에는 존재하지 않았던 것이다.

설계 과정은 규범적인 것과 기술적인 것으로 나누어진다. 규범적인 설계 과정은 시스템을 구축하는데 정확한 과정이나 절차를 정하거나 시스템적인 구현에 대한 과정을 제시하는 정형적 규정을 알려준다. 이 과정은 알고리즘적인 성격을 가지고 있고 논리적 순서를 플로우차트(Flow chart) 형태로 표현할 수 있다.

본 장에서는 먼저 공학설계 과정을 이해하고 공학설계 과정의 다양한 기법을 적용한 뒤 공학설계 과정을 이용하여 제품을 설계할 수 있는 능력을 가지는 것이 학습 목표이다.

1. 개 요

공학설계는 인간의 요구에 대한 해를 얻는 체계적인 과정이다. 이 과정은 다양한 복잡성을 갖는 문제에 적용할 수 있다. 예를 들어, 통신 분야 엔지니어들은 설계 과정을 사용하여 시스템의 입력 장치에서 전달 함수를 이용하여 출력 장치로 변환하는 데 필요한 효과적이고 효율적인 방법을 구한다.

기술적인 경험이 있는 엔지니어는 새롭고 개선된 제품과 시스템을 개발하지만, 그와 동시에 사회에 대한 우리 활동의 영향을 끊임없이 인식하고, 환경에 대한 일반적인 인식과 모든 관련 요소를 고려하는 관점에서 최상의 해법을 찾기 위한 노력을 기울여야 한다. 설계는 공학 교육 과정의 정점이다, 이것이 다른 전문분야와 다른 가장 중요한 특징이다.

공학설계는 목표와 기준을 세우고 조합, 분석, 제작, 시험, 평가하는 과정이며 이 공학설계 과정에 경제성, 안전성, 신뢰성, 심미성, 윤리성, 사회적 파급 효과 등과 같은 현실적 제한 조건을 반영해야 한다(Haik, 2003년).

Thomson(1998년)은 "공학설계는 공학의 가장 중요한 부분이며 시장의 욕구를 만족시켜 주는 제품의 제작을 위한 일련의 총체적인 과정이다."고 주장했다. 톰슨은 저서(Creative engineering Design)에서 공학설계의 속성을 다음과 같이 제시하였다.

① 다 분야 간 연계된 과정
② 매우 복잡한 과정
③ 창의력과 분석력이 필요한 과정
④ 상호작용적 활동 과정
⑤ 반복되는 과정

한편, Cross(2000년)는 공학설계 문제를 '잘 정의되고 잘 구조화된(well-defined

and well-structured)' 문제와는 달리 '잘 정의되지 못하고 잘 구조화되지 못한(ill-defined and ill-structured)' 문제로 정의하였다.

공학설계 과정을 따라야 하는 두 가지 기대 효과는 다음과 같다. 첫 번째는 사고 과정을 공식화함으로 합리적인 절차들을 밟도록 해서 혁신적인 해결책을 찾을 수 있다. 두 번째로 팀의 모든 조원들이 설계과정에서 어느 단계에 와 있는지 이해할 수 있다.

공학설계에서는 팀 구성원들이 설계 과정을 이해하는데 필요한 기본적인 지식과 경험을 획득하기 위해서는 의미 있는 활동에 참여해야 한다. '설계'를 간단히 정의하면 구조화된 문제 풀이 활동인 반면에 '과정'은 필요한 결과를 향해 나아가는 단계별 변화를 통해 식별된 현상이다.

설계과정의 모든 단계들이 마지막 유지보수 단계만 제외하고, 여러 단계의 설계에서 고객 요구사항이 만족하는지 확인하여 피드백으로 각 과정마다 이를 반영하고 있다.

공학설계에서 문제인식 단계목표는 여러 상황에 따라 다르겠지만, 문제와 고객의 필요 혹은 요구사항을 알아내는 것이다. 이것은 다양한 방식으로 이루어지는데 어떤 사람이 새로운 아이디어를 가지고 오거나, 고객이 해결해야 할 문제 혹은 수행하고 있는 업무에서 문제점이 발생하여 이를 해결해야 하는 상황에 부딪힐 수 있다.

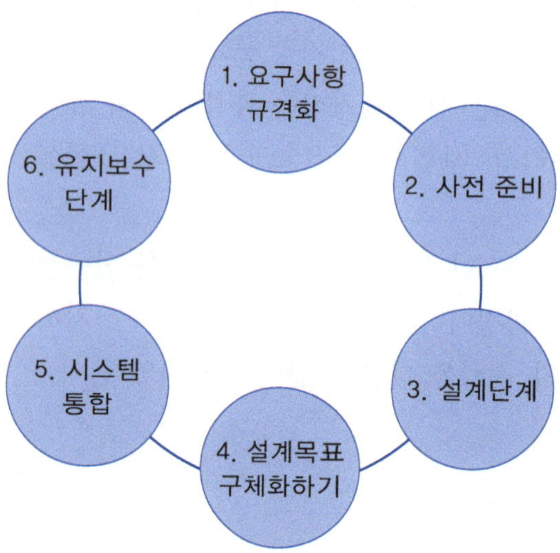

[그림 8-1] 공학설계 과정의 단계적 요소

요구 사항을 규격화한 후에 공학설계 과정이 시작된다. 1단계와 관련하여 설계 참여자들은 보통 고객 요구를 면밀히 검토하여 문제를 정의하는 것을 도와준다(2단계). 3단계에서는 정보를 수집하고, 상세한 시스템 설계를 만들어내는 기술적인 해결책을 반복해서 개발한다. 이어서 프로토타입과 구현 단계를 실행한 후에 시스템 통합을 거쳐 유지보수를 지속적으로 진행함으로써 고객 요구사항을 피드백 한다.

2. 요구사항 규격화

대부분의 공학 문제는 처음에는 분명하게 정의되지 않으며, 이를 풀기 위한 시도를 하기 전에 확인해야 한다. 그 분야에 대한 여론 조사, 역사적인 기록, 개인 관찰, 경험적 데이터, 물리적 측정 등의 여러 가지 데이터가 필요하다. 이와 같이 요구의 식별은 설계자가 해를 시도하기 전에 문제점에 대한 정보를 가능한 한 많이 축적해야 한다.

설계자들이 해결책에 집중하고, 설계과정에서 구현하는 것을 초기 단계에 정확하게 인식을 해야 설계상에 오류나 정확한 설계방향을 설정할 수 있어서 올바른 방향으로 해결책을 제안하기 때문이다.

정책 결정이 이루어진 후에 리더가 최종 프로젝트의 형태를 갖추기 위한 상세 설계, 도면 등을 준비하도록 설계 엔지니어는 연구, 조사, 시험 및 계산을 수행한다. 새로운 설계에 대한 도구는 기존 설계의 변형 또는 신제품의 등장일 수 있다.

예를 들면, 벽난로에 사용되는 땔감에 관한 일반적인 주제에 대해 팀 구성원들이 브레인스토밍을 통하여 다음과 같은 문제를 진술한다.

① 수많은 사람들이 그들의 집과 아파트에 벽난로를 설치하기로 결정했다.
② 땔감은 예전과 같이 시장에서 구할 수 없다.
③ 땔감의 가격이 현저히 상승했다.
④ 사람들이 이제 이전보다 훨씬 더 가까이 자신의 땔감을 자르고 분할하게 되었다.
⑤ 소형의 저렴한 체인 톱으로 땔감의 절단부를 보다 더 수용할만한 수준으로 자를 수 있었지만 나무를 분할하는 것은 여전히 문제였다.

땔감과 관련한 다른 것뿐만 아니라 이러한 주제에 대하여 어느 정도 토론을 진행한 후에 이들은 다음과 같은 요구에 관한 구체적인 진술에 동의하게 되었다.

"가정에서 사용하는 땔감을 저렴하게 공급하는 것에 대한 요구가 존재한다."

한편, 이러한 요구를 확인하는 방법으로는 [그림 8-2]와 [그림 8-3]에서 나타낸 바와 같이 설문조사 및 인터뷰 등이 있다. 예를 들면, 어떤 회사가 새로운 TV를 생산하고자 할 때, 초기 단계에서 소비자가 느끼는 필요성을 확인하여야 한다. 이를 위해서 회사는 고객이 다가오기를 기다리기보다 직접 고객에게 접근해 필요성을 확인해야 할 것이다.

[그림 8-2] 고객 설문 조사

[그림 8-3] 고객 인터뷰

현재의 고객이 원하는 바를 확인하는 방법 이외에 미래의 환경 변화를 고려하여 고객의 요구를 예측하는 것도 필요성을 인식하는 하나의 방법일 수 있다. 이 방법은 지구 환경의 변화, 트렌드의 변화 등을 고려하여 고객의 잠재적인 요구를 예측하고 제품 설계의 필요성을 인식하는 것이다.

요구사항은 전체 프로젝트를 이끄는 사명 선언서와 같고, 설계과정에 따라 요구사항 규격과 같은 문서를 정확하게 개발한다면 해결책을 찾는데 있어서 창의력과 혁신에 대한 유연성을 제공해 줄 수 있을 것이다.

3. 사전 준비

많은 설계를 필요로 하는 문제에 대해 창의적 아이디어를 창출하여 여러 해결책들이 개발된다. 좋은 설계는 문제에 대한 해결책이 여러 가지이며 목표는 요구사항을 가장 잘 만족시키면서 제약사항들을 피하도록 제안된다. 문제정의 단계에서는 활발한 창의력이 필요하다.

경쟁적인 여러 해결책과 대안들을 중대하게 평가하면서 팀원 간에 제시한 해결책을 조정한다. 설계에 따른 방향을 설정하는 단계로서 고객 혹은 문제해결을 만족하는 방향이 정립된다.

문제 정의를 위해서는 다음과 같은 사전 준비가 적극적으로 요구되며 초점을 맞추어야 할 것이다.

첫째로, 주어진 문제에 대하여 광범위하게 정의한다.

요구는 정확한 해법을 제공하는 것이 아니므로 우리가 문제에 대한 기술에 동의하기 전에 광범위한 대안을 고려할 기회를 갖게 된다. 눈이 많이 내리는 지역적 특성 때문에 쌓이는 눈의 무게를 견디지 못하고 안테나가 부서지는 문제가 발생하였다. 이 문제를 해결할 좋은 아이디어를 생각해보기로 한다.

① 스프링 지지대가 있는 안테나를 설치한다.
② 열선이 깔려있는 안테나를 설치한다.
③ 안테나의 원자재를 변경한다.
④ 안테나 덮개를 설치한다.
⑤ 안테나를 회전시킨다.
⑥ 방물면에 구멍을 낸다.

이것은 완전한 목록이 아니지만 첫 번째 항목은 많은 사람들이 사용하는 현재 해법이다. 이 항목은 특별한 변화를 요구하지 않으므로 열거하지 말자고 생각할 수 있다. 그렇게 하게 되면 적어도 임시방편인 가장 많이 선택하는 현재의 상황도 해법이므로 잘못된 해결책일 수 있다.

둘째로, 설계 방향이 결정되면 제한 요소를 정확하게 표현해야 한다. 설계 제한 요소는 고객과의 충분한 의사소통을 통하여 정량적으로 표현하는 것이 중요하다.

설계 제한 요소의 예를 들면 다음과 같다. 태양열을 이용해 연결 케이블이 없어도 충전할 수 있는 배터리를 설계하는 경우 사용자 측면 그리고 설계 공정 측면에서 효율적이어야 한다. 그러나 이러한 용어들은 사람들마다 그 기준이 다양하다. 고객과 설계자 간 또는 설계팀 내 구성원들 간의 정확한 의사소통을 위하여 설계 제한요소는 정량적으로 표현해야 한다.

셋째로, 주어진 문제에 대한 징후와 원인을 찾는다.

“오전에 수업을 받고 오후 늦은 시간에 수업을 받게 된다. 이런 경우 공강 시간을 효율적으로 활용하는 방법은 없을까?”라는 주제로 해결안을 제시하면 아르바이트, 스터디 그룹, 대외 활동, 동아리 활동 그리고 운동이 될 것이다.

물론 개인의 주관에 따라 나눈 것이기 때문에 사람들의 사고에 따라 얼마든지 달라질 수 있다. 그렇기 때문에 각자 자신의 상황을 고려하고 선호도와 가치관에 따라서 여러 대안들을 보완, 취사선택하여 합리적으로 효율적으로 활용해야 할 것이다.

넷째로, 근본적으로 잘못된 문제를 해결해야 한다.

1970년대 이후 자동차 사고의 결과로 사망자가 급증하는 것을 분명히 인식하게 되어 운전자와 전방 승객이 안전벨트를 사용할 경우에는 치사율이 현저히 감소하는 것을 알게 되었다. 실행을 위한 해법 기술은 자동차가 출발하기 전에 벨트에 걸쇠를 거는 인터록 시스템을 만드는 것이다. 그 해법은 분명히 문제를 해결할 수 있었지만 실상은 그렇지 않다.

벨트를 물리적으로 사용하는 문제는 해결했지만 실제 문제인 운전자의 태도는 전혀 해결하지 못했다. 인터록 시스템이 있어도 운전자와 전방 승객은 여전히 벨트를 착용하는 것을 싫어했고, 사고를 피하기 위해 예방 차원의 대책을 취하지 않았다.

4. 설계 단계

1) 목록 정리하기

팀이 궁극적으로 상세한 시스템을 만들어내는 기술적인 해결책을 반복해서 개발한다. 설계방향이 정립되어 설계단계에 들어서면 팀원의 아이디어를 수렴하여 구체적인 설계규격을 작성한다. 대부분의 시스템은 상위 기능 정점에서 계층적으로 내려가면서 세부기능을 정립한다.

여러 공학설계 목표를 나열하다 보면 포괄적인 목표도 있고 구체적인 목표도 있다. 즉, 상위 목표와 하위 목표로 구분할 수 있다. 여기서 하위 목표는 상위 목표를 달성하기 위한 수단이다.

상위 목표와 하위 목표로 구분한 목록을 시각화하여 제시하면 보다 구체적으로 목표 간의 상호관계와 위계를 확인할 수 있다. 이러한 목표들은 나무 형태의 그림으로 표현하는 것은 설계 문제의 목표에 관한 엔지니어의 이해를 명확히 하는데 도움을 준다. 또한 팀 구성원들 간의 의견을 일치시키는 데도 매우 효과적이다. 물론 목표 계층도는 설계 과정이 진행됨에 따라 변경될 수도 있다.

이렇게 목표 계층도를 작성하는 것은 전체의 공학설계 과정을 통해 유용하게 사용되므로 가능한 한 명료하게 구체화시켜서 표현하는 것이 매우 중요하다.

먼저 문제 인식을 예로 들고 [그림 8-4]에서 물 부족 해결 방안을 위하여 물에 대한 내용을 마인드맵을 이용하여 작성하면 소요되는 작업 시간을 절약할 수 있으며 손쉽게 수정할 수 있으므로 보다 효과적이다.

[문제 인식]

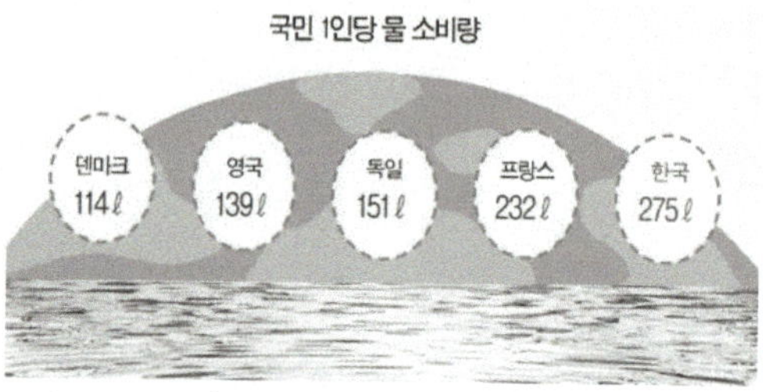

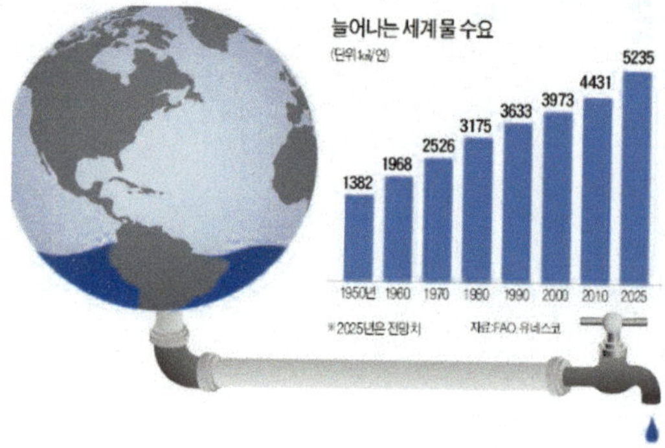

국제인구행동연구소(PAI)에 따르면, 우리나라는 1인당 연간 1453[m^3]에 달하는 물을 사용하고 있으며 153개국 중 129위로 물 부족국가로 평가되었다.

그러나 위의 그림에서 볼 수 있지만, 점점 늘어가는 물 수요와 하위권에 해당하는 물 부족 국가임에도 불구하고 한국의 1인당 물 소비량은 물이 풍부한 다른 유럽국가와 비교하여 높은 수준이다.

다른 무엇보다 국민들의 물 사용에 대한 의식의 변화가 매우 필요한 시점이지만, 이러한 물 부족 문제를 단순히 공익광고나 경각심을 불러일으키는 문구와 같이 현실의 문제와 적절히 타협을 하기 보다는 창의적인 발상기법을 활용하여 공학적인 방법을 통해 나름의 해결책을 만드는 것을 목적으로 하였다.

사진 출처: 좌–http://ahaeconomy.com/News.aha?method=newsView&n_id=7806&cid=13&pid=1
우–http://www.hankyung.com/news/app/newsview.php?aid=2014071544391

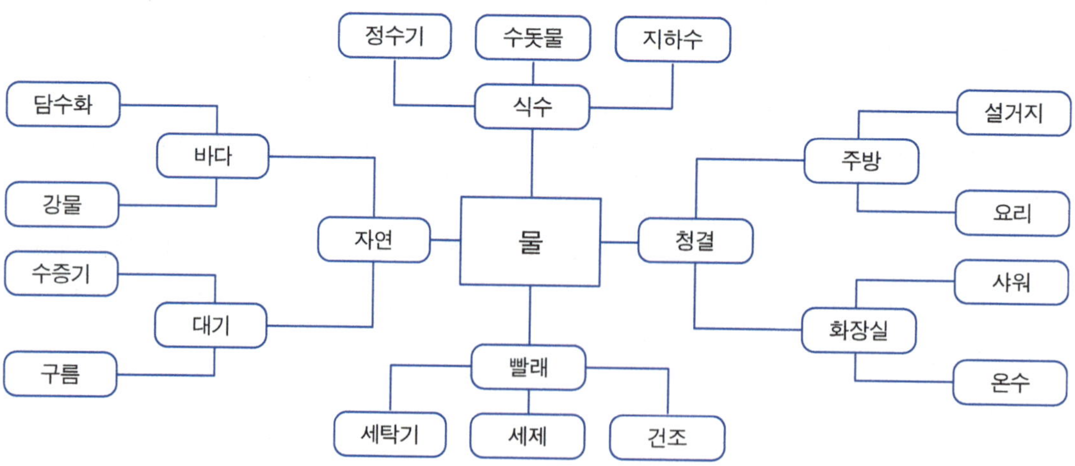

[그림 8-4] 문제 인식에 대한 목표 계층도

2) 요구사항 도출하기

생산적인 전문적 시간의 대부분을 모든 종류의 정보를 수집하고, 적용하고, 전달하는 데 소비하게 된다. 이것은 엔지니어가 수행하는 일이 무엇인가에 대한 일반적인 견해는 아니지만, 우리가 해야 할 방법이다. 엔지니어는 문제 해결사이며, 응용 수학과 과학에 능통하지만, 그들은 최초에 수집한 것보다 더 많은 데이터가 없으면 문제 해결을 시작할 수 없다. 이와 같은 정보 수집으로 문제를 재정의하는 결과가 되는 상황에 대한 사실을 나타낼 수 있다.

문제는 보통 어떤 종류의 데이터가 필요하게 된다고 기술된다. 필요한 것이 무엇이라고 인지한 사람은 아마도 어떤 것은 알려진 것이고 어떤 것은 알아야 할 것이라고 열거할 것이다. 문제를 정의한 사람은 주제에 대한 지식을 가지고 있거나 가지고 있지 않은 사람이다.

일반적으로 대부분의 문제를 풀기 시작할 때 우리가 찾아야 할 여러 가지 일이 존재한다. 예를 들어

① 어떤 내용이 쓰여 있는가?
② 그 문제를 풀 수 있는 방법이 시장에 이미 존재하는가?
③ 수행한 방법에서 무엇이 잘못되었는가?
④ 올바른 수행 방법은 무엇인가?
⑤ 현재 해법을 누가 만들었는가?
⑥ 비용이 얼마나 드는가?
⑦ 가격이 비싸도 사람들이 더 좋은 것을 살까?
⑧ 얼마나 많은 비용을 지불할까?

이때 고객의 요구 사항을 도출하는 방법은 여러 가지가 있다. 대표적인 방법으로는 설문 조사, 타운와칭(Town watching) 등이 있다.

가) 설문 조사(Questionnaire survey)

설문 조사는 원칙적으로 스스로가 자신의 의견을 기입할 수 있도록 작성된 조사이다. 설문지를 이용한 조사는 사회조사 및 여론조사 등에 있어서 매우 광범위하게 이용된다. 설문 조사는 요구 사항 과정에서 조사목적에 맞는 유용한 자료를 수집하는 수단이며, 이

를 통해 얻어진 자료를 분석하여 조사의 결론에 도달하는 중요한 부분이다.

설문 조사의 과정을 간단하게 제시하면 다음과 같다.

① 조사 목적과 조사 대상을 결정한다.
② 설문지를 작성한다.
③ 설문 조사 결과를 분석한다.

쉼터 **설문지 작성할 때의 기본 원칙**

설문지는 자료를 수집하기 위한 여러 개의 문항으로 구성되며 그 형태도 다양하다. 설문지를 작성하기 위해서는 조사목적에 맞도록 필요한 정보, 자료의 종류, 측정방법 등을 신중히 고려한 뒤에 설문지 문항의 작성에 들어가게 된다.

설문지 작성에 있어서 기본 원칙은 언어 사용문제이다. 사용된 언어는 응답자의 반응에 큰 영향을 미치기 때문이다.

(1) 고려 사항

● 가치중립성

질문을 만드는 데 있어서 가장 중요한 것은 조사자의 가치판단을 배제하고 중립적인 질문이 되도록 질문을 만드는 것이다.

● 균형성

상반된 의견이 있을 수 있는 질문을 할 경우에는 어느 한 쪽으로 치우치지 않도록 같은 비중으로 다루어 주어야 한다.

예 1. 가장 선호하는 자동차의 색깔은 무엇입니까?
예 2. 가장 선호하는 자동차 종류는 무엇입니까?

● 응답범주

폐쇄형의 질문의 경우, 응답범주간의 거리가 동일하도록 해야 하며, 상반되는 응답간에는 균형이 유지되도록 보기를 주어야 한다.

예: "아주 잘함, 잘함, 보통, 못함" 등으로 응답범주가 구성되어 있는 경우에는 균형을 잃고 있으므로 "아주 못함"이라는 응답범주를 추가해야 한다.

(2) 설문지의 형식

● 자유 응답식

자유 응답식은 제한 자유 응답형과 무제한 자유 응답형으로 구분되는데 장점으로는 쟁점이 복잡하여 응답의 형태를 몇 개의 범주로 압축할 수 없는 경우에 적합하고, 특히 예비 조사에 유용하다. 단점으로는 응답에 대한 부담이 커서 무응답이나 거절의 빈도가 높다.

① 제한 자유 응답형

예: 자동차를 구입할 때 가장 중요한 것 하나를 써주시오.

② 무제한 자유 응답형

예: 아름다운 자동차를 결정하는 요인을 생각나는 대로 항목별로 써주시오.

● 택일식(택 2 또는 택 3 포함)

여러 항목들에서 하나, 또는 둘 경우에 따라서는 셋을 선택하도록 한다. 이러한 방법은 항목에 응답자가 반응코자 하는 내용을 모두 포함토록 해야 하나, 그렇지 못한 수가 있기 때문에 항목 다음에 기타를 두어 마땅한 항목이 없을 때는 문장으로 자기의 의견이나 사실을 기입하게 할 수도 있다.

장점으로는 응답자의 부담을 줄일 수 있고, 소득이나 사생활과 같은 대답하기 민감한 문제에 대해 쉽게 응답할 수 있게 한다. 단점으로는 응답자의 자발적인 자기표현 기회를 제약함으로써, 얻을 수 있는 정보의 풍부함을 제한할 수 있다.

예 1. 가장 선호하는 자동차의 색깔은 무엇입니까?

① 흰색 ② 검정색 ③ 파란색 ④ 빨간색 ⑤ 은회색
⑥ 갈색 ⑦ 노란색 ⑧ 자주색 ⑨ 카멜레온색 ⑩ 기타(　　)

예 2. 가장 선호하는 자동차 종류는 무엇입니까?

① 경차 ② 소형차 ③ 준중형차 ④ 중형차 ⑤ 대형차

⑥ 스포츠카 ⑦ SUV ⑧ RV ⑨ 승합차 ⑩ 기타( )

● 체크리스트

체크리스트는 어떤 행동이나 특성을 목록화하고 해당하는 목록에 표시하는 방식의 설문 형식이다. 행동 특성이나 사건의 발생 여부에 관심이 있을 때 사용하는 것이 좋다.

예: 다음 질문을 읽고 해당하는 사항에 'O'표 하시오.

1. 자동차 튜닝을 해 본 적이 있다. 그렇다 ( ) 아니다 ( )
2. 자동차를 직접 정비해 본 적이 있다. 그렇다 ( ) 아니다 ( )

● 척도식(scale method)

이 방법은 조사대상자에게 미리 정해 놓은 척도에 따라 결정하도록 요구하는 방법이다. 척도에는 3, 5, 7, 9 단계 등이 있으나 가장 많이 사용되고 있는 것은 5단계이다.

예: 다음 각 문항을 읽고 해당하는 사항에 'O'표 하시오.

번호	문 항	매우 동의하지 않는다.	동의하지 않는다.	보통이다.	동의한다.	매우 동의한다.
1	자동차는 승차감이 가장 중요하다.					
2	자동차는 내구성이 가장 중요하다.					

나) 타운와칭(Town watching)

(1) 개 념

미국 · 일본 등 선진국에서 행해지고 있는 것으로 젊은이들이 모여드는 거리나 생활양식을 관찰하고 시대의 경향을 포착하는 방법을 타운와칭(Town watching)이라고 한다.

타운와칭은 다양한 생활 구성요소들의 상호작용이 만들어내는 거리에서 복합적 기호와 상징을 관찰하여 시대의 흐름을 읽고 소비자의 잠재 니즈를 파악하는 방법론이다.

타운와칭은 공학설계에서도 소비자들의 요구사항을 파악하는데 유용하게 활용할 수 있다. 또한 개발 중인 설계 제품과 개발된 제품에 관한 소비자들의 직접적인 평가 기회를 가질 수 있어 개선을 위한 매우 다양하고 풍부한 정보를 얻기에도 좋은 방법이다.

일반적으로 타운와칭의 보편적인 과정은 다음과 같이 구분할 수 있다.

첫째로 계획수립 단계에서는 관찰 장소를 선정한다. 탐구하고자 하는 목표를 설정한 후 이들이 주로 모이는 장소와 시간을 정하게 된다.

둘째로 관찰 기간을 설정한다. 일반적으로 단기, 장기로 나누어지는데 단발적인 타운와칭으로는 좋은 결과를 얻기 어려우므로 최소 4주 이상의 기간을 둔다.

셋째로 실제 거리관찰 및 자료 수집 단계로, 거리를 구성하는 여러 요소와 상징물들의 상호작용을 관찰한다. 특히 이미지, 기호, 상징, 공간, 사람들이 복합적으로 교환하는 상호작용의 의미를 파악하는데 중점을 둔다.

넷째로 분석 단계이며 자료의 차이점, 연관성, 공통점 등을 분석하고 이를 시각화하고 마지막으로는 트렌드 키워드를 추출한다. 핵심 키워드와 이를 통해 파생되는 사람들의 잠재 니즈를 추출하면 타운와칭은 성공적으로 끝나게 된다.

(2) 구현 방법

타운와칭에는 세 가지 방법이 구현되고 있는 데 정점법, 비교법 그리고 탐정법이 있으며 그 내용은 다음과 같다. 실제로 타운와칭에서는 이 세 가지 방법이 복합적으로 사용되고 있다.

먼저 정점(定點)법은 특징이 잘 집약된 특정지점이나 관찰자의 기획 의도에 적합하다고 여겨지는 장소를 설정하여 집중적으로 관찰하는 방법으로 세밀한 조사가 가능하다.

이 방법은 단시간 내에 트렌드를 일목요연하게 파악할 수 있는 장점을 가지고 있으며 특히 관찰자의 의도에 적합한 장소를 선정하는 것이 매우 중요하다.

여기서 중요한 것은 단순한 거리의 외관만을 보는 수동적 보기(seeing)가 아니라 장소를 구성하고 있는 여러 요소들이 창조하는 이미지와 상징을 관찰하여 시대의 분위기와 트렌드를 읽어내야 한다.

둘째로 비교법은 거리와 거리, 장소와 장소, 사람과 사람을 상호 비교하는 방법이다. 이는 거리 전체의 이미지 혹은 공간–장소–사람간의 관련성 파악 등 초기 단계에 유용한 방법이다.

또는 한 지역을 대상으로 하되, 시차(계절, 월, 주별 등 비교적 긴 기간)에 따라 비교할 수도 있다. 이는 시간 축을 중심으로 특정 지역의 변화과정을 살피는 데 적합하다. 한 지역을 대상으로 시기와 시기를 비교하는 방법은 사라지는 것과 새로 생기는 것 또는 퇴조하는 것과 새로 유행하는 것을 비교하는 데 유용하다.

마지막으로 탐정법의 경우는 탐정의 입장에서 수집한 자료 중 관심을 끄는 특정 사항을 선택하여 진원지, 전파경로, 현재 상황, 앞으로의 진행 등을 세밀하게 짚어나가는 방법이다. 어떤 트렌드의 진원지나 전파 경로, 현재의 상황과 앞으로의 진행 방향 등을 세밀하게 짚어나가는 방법이다.

문제에는 위기의 위, 어려움(위험)과 기, 기회(도전)이라는 두 가지 면이 있는데 위기를 다루는 탐정의 마음가짐 그리고 기회를 개척하는 탐험가의 마음가짐이 문제를 다룰 때 필요하다.

탐정과 탐험가의 마음가짐 중에서 문제의 정의 단계에서는 탐험가의 마음가짐이 더욱 중요하고, 탐정의 수렴적 사고 및 탐험가의 발산적 사고의 반복적인 적용이 필요하다.

이때, 탐정법에서 탐정이 사용하는 도구는 다음과 같다.

① 질문하기

② 설문조사

③ 통계적 공정 관리(SPC) : 검사표(Check Sheet), 히스토그램, 특성요인도, 산포도

④ FMEA(Failure Mode and Effect Analysis) :
개발제품에 대하여 예상 가능한 모든 고장의 형태가 고객에게 어떤 영향을 미치며 고장의 원인이 어디에 있는지를 추정하여 해석해 가는 수법으로서 설계 단계에서 실행하여 목표 품질의 조기 확보와 양질의 제품을 고객에게 인도하기 위한 수단이다.

⑤ FTA(Fault Tree Analysis) :
시스템에 발생하는 중대한 장애가 어떠한 원인에 의하여 발생하는가를 이론적으로 분석하고 세분화하여 최종적으로는 하나의 부품의 고장 원인까지 규명해 나가는 톱다운(topdown)의 수법이다.

⑥ 와이불(Weibull) 분포 :

일부의 고장이 부품 전체의 파손, 기능 정지 등을 야기하는 사상(事象)에 적용되는 확률 분포. 광섬유의 파단(破斷) 확률이나 수명 추정을 할 때 사용된다.

쉼터 탐험가가 사용하는 도구

① 네트워킹 : 직접적인 문제영역 밖의 것들이나 그 외의 인간관계가 미래의 성공에 아주 중요한 요소이다.
② 웹 탐색 : 어떤 문제와 그에 따른 제반 주제들을 탐색하는 데 시간을 투자한다.
③ 아이디어 파일을 만들라.
④ 문제에 대한 모델 만들기 : 물리적인 모델을 여러 가지 재료를 써서 만든다. (특히 시각화를 관점으로)
⑤ 특허에 대한 조사를 실시한다.
⑥ 형태학상의 창의력 : 문제의 요소를 밝히고 요소의 각 성분을 알아낸다.
⑦ 창조적 문제 해법 : 브레인스토밍, 상상력이 풍부한 해결방법을 개발한다.

(3) 관찰 대상

타운와칭에서 가장 많이 활용되는 관찰 대상으로 사람, 상품, 매장을 들 수 있다. 이들에 대해서 자세히 살펴보면 다음과 같다.

사람은 움직이는 정보원이라고 할 수 있다. 다양한 유형의 사람에 따라 다른 행동 양식과 가치관을 보여준다. 이런 점들을 세심하게 관찰하는 것이 중요하다.

상품은 사람의 감성이나 트렌드가 결집된 응집체이다. 상품을 통하여 무엇을 선호하고 그 이유가 무엇인지를 알아내는 것이 중요하다.

매장은 소비자의 교류 장소이며 디스플레이나 인테리어를 통해 고유한 개성을 나타내는 장소이다. 사람의 감성이 어떠한 형태로 표현되고 있는가를 탐색할 수 있는 장소이다.

3) 요구사항 종합하기

설계단계의 실질적 시작 단계로서 분석된 고객 요구사항과 문제의 해결을 위한 기초적인 개념을 설계하여야 한다. 예를 들면, 자동차 설계에 있어서 정상적인 길과 울퉁불퉁한 길을 효과적으로 달릴 수 있는 기초적인 개념으로 계층적인 개념을 정립하여 설계 개념을 완성해야 한다.

요구사항 종합하기에서는 설계자의 무한한 창의력이 필요하며, 앞에서 설명한 고객 요구사항, 범위, 설계규격 등을 상세히 분석하여 수행하여야 한다. 수작업 스케치나 렌더링 및 간단한 스케일이나 치수 등에 대한 검토도 필요하다. 고객 요구사항에 대하여 정확하게 파악하여 이를 형상화하고 다시 고객과 협의하여 고객 요구사항이 충족되는가를 확인해야 한다. 만약 이러한 개념을 설계과정에서 생략하고 진행하면, 추후 프로젝트가 상당히 많이 진행되었을 때 고객 요구사항과 상이한 점이 발견되면 시간적, 경제적으로 어려운 상황에 빠질 수 있다.

쉼터 기능 분석법

고객의 요구를 도출한 후에는 경쟁 제품 또는 기존에 개발된 제품에 관해서 분석을 하는 것이 중요하다. 기존 제품에 관한 분석은 다른 엔지니어가 비슷한 유형의 공학설계 문제들을 어떻게 해결했는지를 확인할 수 있는 기회를 갖게 된다.

기존의 제품을 분석할 때 유용한 방법으로 기능분석법이 있다. 기능 분석법은 기존 제품의 필수적인 기능들을 체계적으로 확인할 수 있으며, 더 나아가 설계될 제품이 충족시켜야 할 최소한의 조건들을 구체화하는데 도움을 준다.

기능분석법은 다음과 같은 과정을 거쳐서 수행된다.

① 제품의 전체 기능을 입력과 출력으로 전환하여 블랙박스로 표현하기
② 전체 기능을 필수적인 기능들로 세분화하기
③ 필수 기능들 간의 상호작용을 보여주는 블랙다이어그램 그리기

5. 설계 목표 구체화하기

설계 목표 구체화하기 단계에서는 고객의 요구사항을 충족시킬 수 있는 제품 설계를 위하여 공학적 특성을 명확하게 하고 설계 목표를 구체적으로 정립한다.

설계단계에서 도출된 요구사항을 구체화하며 개념설계의 추상적인 골격에 있던 가장 중요한 공학적 속성을 설계 개념으로 구체화한다. 예를 들면, 건물 기둥 크기, 방 면적, 창 크기, 외부와의 열 전달율 등 구체적이고 원칙에 의한 결과물을 도출하는 과정으로 볼 수 있다. 크기, 효율성 등에 대해 설계자의 경험을 반영하는 경험적인 방법이 많이 사용된다.

엔지니어는 제품의 물리적 요소에 관하여 결정하며, 이에 따라 제품의 공학적 속성을 결정한다. 또한 제품의 공학적 속성은 제품의 특성을 결정하게 되며, 제품의 특성은 고객의 요구와 제품의 필수 조건을 충족시키게 된다. 즉, 고객의 요구를 만족시키기 위해서 제품의 특성을 규정하고 제품의 특성을 만족시킬 수 있는 공학적 속성을 규정한다. 고객의 요구를 적극적으로 반영하여야 상업적 성공 여부가 결정된다.

고객의 요구사항과 공학적 속성을 자세히 검토하기 위하여 품질기능전개법(Quality Function Deployment, 이하 QFD라고 한다.)을 활용하는데 QFD는 고객의 요구사항을 제품의 기술특성으로 변환하는 기법이다.

QFD는 1960년대 후반 일본에서 연구가 시작되었으며, 1972년 미쓰비시중공업의 고베조선소에서 원양어선 건조에 처음 사용되었다. 엄격한 정부의 규제사항과 고객의 요구사항을 동시에 고려하기 위한 수단으로 미쓰비시중공업에서 사용된 행렬도표가 QFD의 시초이다. 이 도표는 그 형태가 집과 비슷하다고 하여 품질주택(HOQ, House of Quality)이라 부르기도 한다. 그 후 토요타는 QFD를 이용하여 1977년부터 1984년 사이에 생산 직전 단계까지의 비용을 60[%]가량 절감하였으며, 시장출고까지의 기간도 3분의 1가량 단축하였다. 또한 제품의 품질도 향상시킬 수 있었다.

QFD는 신제품의 개념 정립, 설계, 부품계획, 공정계획 그리고 생산계획과 판매까지 모든 단계에 활용할 수 있다. 특히 앞서 말한 바와 같이 집과 모양이 비슷한 행렬도표, 즉 품질 주택은 QFD 활용의 핵심적 수단이다.

[그림 8-4]와 같이 QFD를 작성하는 절차는 다음과 같다.

① 고객의 요구사항(Customer attributes, CA) 파악하기
② 공학적 속성(Engineering Characteristics, EC) 도출하기
③ 고객의 요구사항과 공학적 속성 간의 관계 확인하기
④ 공학적 속성 간의 상호관계 확인하기
⑤ 고객의 인식 비교하기
⑥ 공학적 속성의 값 비교 및 목표치 설정하기

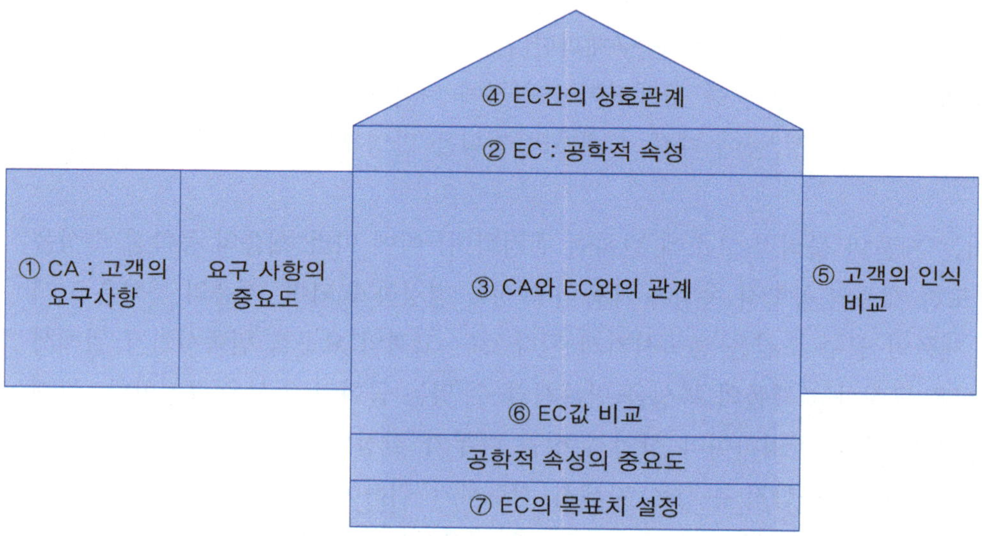

[그림 8-5] QFD 개념도

QFD는 설계 단계에서 고객 요구 속성을 철저히 탐색하는 까닭에 일반적인 제품 설계보다 조금 시간이 더 들 수 있다. 그러나 일단 제품이 설계되고 나면 QFD는 중요한 고객 요구 속성들을 선별해내고 그것들에 디자인 역량을 집중하기 때문에 여러 시도에 의한 과잉한 제품 설계를 피하게 해주며, 고객의 만족도 문제에 처음부터 집중하기 때문에 재설계를 최대한 줄일 수 있어서 제품 설계에 소요되는 시간을 상당히 줄일 수 있다.

나아가 QFD는 제품 개발에 참여하는 여러 부서 간에 의사소통을 원활하게 만들어주기

때문에 의사소통 상의 문제로 야기되는 설계상의 하자를 줄여줄 수 있다. 이처럼 제품 개발 시간을 절약한다는 것은 기업에게는 비용 절감을 의미할 뿐만 아니라 변화하는 고객 목소리에 발 빠르게 대처하여 시장 경쟁에서 우위에 설 수 있음도 의미한다.

설계단계 과정을 지나면 시스템의 다른 요소들이 구현되어 기능모듈 단위로 테스트한다. 이때 설계단계에서 제시된 설계규격에 따라 제품(가공물)을 프로토타이핑(prototyping)하며, 가시적으로 시스템의 일부를 모델화해서 최종 구현단계에서 적용될 부분을 보여주어야 한다. 시스템 개발을 진행하면서 많은 프로토타입은 버려지거나 수정된다. 본 단계는 설계규격에 따른 프로토타입을 구현하여 실험하고, 개념의 원칙들을 확인하고 이해를 증진하는 단계이다.

다음은 친환경 조리기에 관한 설계를 할 문제 인식의 QFD 사용 예를 [그림 8-4]의 품질 주택을 사용하여 차례대로 설명하기로 한다.

> 기존의 조리기는 전기에너지를 이용함으로 에너지 자원고갈에 대해 취약하다. 친환경 시대를 맞이하여 태양열을 이용하여 자원고갈에 우려가 없는 조리기를 만들 수 없을까?

1) 고객의 요구사항 파악하기

엔지니어는 다양한 요구사항들 중에서 설계할 제품의 특성에 가장 큰 영향을 미치는 내용이 무엇인지가 궁금할 것이다. 따라서 고객의 요구사항에 대해서 상대적인 중요도를 매길 필요성이 있다. 상대적인 중요도는 평가행렬법을 적용하여 정할 수 있다.

문제 인식에서 새로운 설계를 하고자 할 경우, 고객의 요구사항은 다음과 같다.

- 태양열의 세기에 따라 조리기를 자유자재로 움직여 온도를 조절할 수 있어야 한다.
- 모아두었던 태양열 에너지를 유사시에 쓸 수 있도록 해야 한다.
- 한 곳에 모인 태양열 에너지를 반사시켜서 분산시켜주는 기능이 있어야 한다.
- 온실효과를 적용시켜 박스 안에 태양열 에너지를 모아서 조리할 수 있어야 한다.

[표 8-1] 고객의 요구사항별 중요도

고객의 요구사항	중요도
태양열의 세기에 따라 조리기를 자유자재로 움직여 온도를 조절할 수 있어야 한다.	4
모아두었던 태양열 에너지를 유사시에 쓸 수 있도록 해야 한다.	2
한 곳에 모인 태양열 에너지를 반사시켜서 분산시켜주는 기능이 있어야 한다.	1
온실효과를 적용시켜 박스 안에 태양열 에너지를 모아서 조리할 수 있어야 한다.	3

고객의 요구사항들 중에서 설계자가 좀 더 집중해야 할 요구사항을 확인하기 위하여 각각의 요구사항에 대해서 가중치를 매겨 상대적 중요도를 파악한다. 상대적 중요도를 예시로 제시하면 [표 8-1]과 같다.

2) 공학적 속성 도출하기

고객은 전문가가 아니기 때문에 자신의 요구 사항에 영향을 주는 공학적 속성을 구체화하기는 어렵다. 예를 들면, 태양열 조리기 제작자는 자신이 조리기에서 '민감하다'고 느끼는 것이 무엇인지 알고 있겠지만, 태양열과 관련해서 정확하게 무엇을 민감하게 느낀다고 단정하기는 어렵다.

따라서 엔지니어는 고객의 요구 사항을 충족시킬 수 있는 공학적 속성이 무엇인지 파악할 필요가 있다. 예를 들면 '태양열 조리기의 집광 능력'뿐만 아니라 '태양열 조리기의 반사판에 대한 재질' 등이 제조자에게 민감하다고 느끼는데 영향을 미칠 수 있음을 파악해야 한다.

태양열 조리기에 대해서 설정된 고객의 요구 사항을 검토하여 이와 관련된 속성을 도출하면 [표 8-2]와 같다.

[표 8-2] 고객의 요구사항과 공학적 속성

고객의 요구사항	공학적 속성
태양열의 세기에 따라 조리기를 자유자재로 움직여 온도를 조절할 수 있어야 한다.	조리기 각도 조절 방법
모아두었던 태양열 에너지를 유사시에 쓸 수 있도록 해야 한다.	태양열 집열판 재질, 면적, 위치
한 곳에 모인 태양열 에너지를 반사시켜서 분산시켜주는 기능이 있어야 한다.	반사판 면적, 비용, FB비
온실효과를 적용시켜 박스 안에 태양열 에너지를 모아서 조리할 수 있어야 한다.	태양열 박스 부피, 무게

3) 고객의 요구 사항과 공학적 속성 간의 관계 확인하기

모든 공학적 속성들이 모든 제품 특성에 영향을 주는 것은 아니며, 설계자가 제품 특성에 영향을 주는 것은 아니며, 설계자가 제품 특성에 영향을 주는 공학적 속성들을 파악하는 것은 QFD 도표를 그려보는 것으로 가능하다.

고객의 요구 사항은 QFD 도표의 왼쪽에 세로로 배열하고, 공학적 속성은 QFD 도표의 위쪽에 가로로 배열한다. 즉 고객의 요구 사항들은 세로줄을 구성하고 공학적 속성들은 가로줄을 구성한다. 매트릭스의 각 칸들은 고객의 요구사항과 공학적 속성 간의 상호 작용이나 관계를 나타낸다.

고객의 요구사항과 관계있는 공학적 속성이 무엇인지는 매트릭스를 이루는 칸들을 검토함으로써 파악할 수 있다. 각각의 요구사항들과 공학적 속성들과의 관계가 모두 똑같은 값을 갖는 것은 아니다. 어떤 공학적 속성은 어떤 요구사항에 큰 관계가 있을 수 있고, 어떤 요구사항과는 별로 관계가 없을 수도 있다.

4) 공학적 속성 간의 상호 관계 확인하기

고객의 요구 사항을 만족시키기 위해 어떤 공학적 속성을 변경할 경우 이것이 다른 공학적 속성에 어떤 영향을 미칠 것인가를 고려해야 한다. 예를 들면 친환경 태양열 조리기를 만들기 위해 쉐플러 반사판의 면적을 크게 한다면 비용적인 측면이 장애요소가 될 수 있다.

이와 같이 공학적 속성 간의 관계를 확인할 필요가 있을 때 QFD 도표의 지붕에 위치하는 부분을 활용하면 된다.

5) 고객의 인식 비교하기

제품 경쟁에서 앞서기 위해서는 고객으로부터 제품에 관한 인식을 미리 현장 조사할 필요가 있다. 자사 제품과 타사 제품에 관해서 요구사항에 관한 고객의 인식을 조사함으로써 자사 제품의 강점과 약점 등을 사전에 확인할 수 있으며 제품의 품질 향상을 위한 정보를 얻을 수 있다.

고객의 인식에 관한 정보는 QFD 도표의 오른쪽에 표현한다. 고객 요구사항에 대한 각 항목을 자사 제품과 타사 제품으로 나누어 고객의 인식을 5점 척도를 이용하여 표현하면 된다.

6) 공학적 속성의 값 비교 및 목표치 설정하기

각각의 공학적 속성에 관한 비교는 자사와 경쟁사의 제품에 관한 공학적 속성을 조사하여 얻어진다. 이는 QFD 도표의 아랫부분에 위치하게 되는데 각각의 공학적 속성에 관한 자사 제품과 경쟁사 제품에 관한 조사 결과를 표시한다.

가장 아랫부분에 공학적 속성의 목표치를 기록한다. 공학적 속성에 관한 목표치는 QFD 도표에 작성한 모든 정보를 이용하여 고객의 요구사항을 가장 잘 만족시킬 수 있는 값으로 정한다.

고객의 요구사항과 공학적 속성 간의 관계와 고객의 요구사항의 상대적인 중요도를 곱하여 공학적 속성별로 그 합을 계산하여 중요도를 구한다. 가장 높은 점수를 얻은 공학적 속성을 가장 중요한 공학적 속성으로 간주한다. 이를 바탕으로 공학적 속성의 목표치를 설정하여 설계 목표를 구체화한다.

쉼터 사물 인터넷(Internet of Things)

각종 사물에 센서와 통신 기능을 내장하여 인터넷에 연결하는 기술을 의미하며 약어로는 짧게 'IoT'로 쓴다. 여기서 사물이란 가전제품, 모바일 장비, 웨어러블 컴퓨터 등 다양한 임베디드 시스템이 된다.

사물인터넷에 연결되는 사물들은 자신을 구별할 수 있는 유일한 IP를 가지고 인터넷으로 연결되어야 하며, 외부 환경으로부터의 데이터 취득을 위해 센서를 내장할 수 있다.이와 같이 많은 사물이 연결되면 인터넷을 통해 방대한 데이터가 모이게 되는데, 이렇게 모인 데이터는 기존 기술로 분석하기 힘들 정도로 방대해진다. 이것을 빅 데이터라고 부른다. 따라서 빅 데이터를 분석하는 효율적인 알고리즘을 개발하는 기술의 필요성이 사물인터넷의 등장에 따라 함께 대두되고 있다.

사물인터넷의 적용분야는 다음과 같이 들 수 있다.

- 차량을 인터넷으로 연결하여 안전하고 편리한 운전을 돕는다.
- 심장박동, 운동량 등의 정보를 제공하여 개인의 건강을 증진시킨다.
- 주거환경을 통합 제어할 기술을 마련하여 생활 편의를 높이고 안전성을 제고한다.
- 공정을 분석하고 시설물을 모니터링 하여 작업 효율과 안전을 제고한다.
- CCTV, 노약자 GPS 등의 사물인터넷 정보를 사용해 재난이나 재해를 예방한다.

6. 시스템 통합

[그림 8-6] 시스템 통합

그림 출처: http://semd.tistory.com/entry/

상위의 시스템에 대한 기능별 집합체인 하위 시스템 개발이 완성되면, 이들 하위시스템이 전체로 작동하는 시스템을 만들기 위해 합쳐진다. 이 단계는 많은 설계 도구들이 접근화(인터페이스화)되어야 하고, 팀에서 모든 것들이 작동하도록 만들기 위해 일해야 되기 때문에 많은 시간이 소요된다.

설계 단계에서 시스템 통합(System integration, SI)을 돕기 위해 취해진 동작들은 하위 시스템들 간의 인터페이스와 작동 여부를 명확하게 정의하고 구현되어야 한다. 시스템 통합은 시험 단계와 밀접하게 연관되어 있고, 모든 시스템이 모든 요구사항들을 충족시키는지 시험하고 이를 확인해야 한다.

궁극적으로 시스템이 고객에게 전달되고, 서로 합의된 절차에 의해 표준화된 시험규격에 따라 시험된다. 개별 기능 모듈의 시험이 완료되면 각 모듈과 접속을 하여 시스템 레벨의 통합이 이루어지게 된다.

정보 시스템에서도 하드웨어, 소프트웨어, 통신망, 전산인력 등의 전산자원을 일의 목적과 특성에 맞게 통합해 최적의 해결점을 제시하고 정보시스템을 개발 · 유지 · 보수하는 과정까지 포함하는 광범위한 개념을 시스템 통합이라고 한다. 요즘 큰 관심을 모으고 있는 리엔지니어링도 SI의 기초단계이다.

7. 유지 보수 단계

설계 과제를 통한 문제 해결이나 제품 개발은 시스템(제품)이 서비스(판매)를 시작하면 종료되는 것이 아니다. 서비스 자체가 바로 유지보수 단계에 들어가 유지되며, 추후 시스템의 수정 보완에 따라 업그레이드되고, 새로운 기능을 추가하고, 설계상의 문제들이 해결된다. 이러한 유지 보수는 피드백 되어 다른 제품을 설계하고자 하는 경우에도 기존에 가졌던 시행착오를 수정하여 사전 규격화함으로써 보다 고객이 만족할 수 있는 제품 설계 단계를 할 수 있게 된다.

이러한 과정들이 유연하며, 설계자가 다른 단계들 사이에서 시스템을 구현하기 위해 변화가 필요하다. 주어진 설계과정의 단계에서 요구사항이나 필요한 것들은 완전히 이해하지 못해 다른 중간단계의 설계과정의 단계에서 요구사항이나 필요한 것들은 완전히 이해하지 못해 다른 중간단계의 설계과정을 다시 밟을 수도 있다. 그렇다고 첫 번째 시도에서 최고의 시스템을 만들 수 없다는 의미는 아니다. 가능하면 그렇게 되도록 노력하되 유연성 있게 다음에 보완하는 설계의 과정도 필요하다.

연습문제

1. 문제를 다룰 때 두 가지 마음가짐, 즉 탐정과 탐험가의 마음가짐을 간단히 설명하고, 각각 사용하는 도구(5가지)를 열거하시오.

2. 설문 조사(Questionnaire survey)할 때 고려 사항과 설문지의 형식에 대하여 자세히 설명하시오.

3. 타운와칭(town watching)의 개념 및 구현 방법을 설명하고 설문조사와 비교하여 우월성을 자세히 서술하시오.

4. 다음과 같은 문제 인식을 설계하기 위하여 QFD의 품질 주택을 사용하여 차례대로 자세하게 전개하시오.

기존의 조리기는 전기에너지를 이용함으로 에너지 자원고갈에 대해 취약하다. 그린 환경을 구현하는 시대에 태양열을 이용하여 자원고갈에 우려가 없는 친환경 조리기를 만들 수 없을까?

5. 다음을 간단히 설명하시오.
   1) FMEA(Failure Mode and Effect Analysis)
   2) 와이블(Weibull) 분포

요약

1. Thomson은 "공학설계는 공학의 가장 중요한 부분이며 시장의 욕구를 만족시켜 주는 제품의 제작을 위한 일련의 총체적인 과정이다."고 주장했다.

2. Cross는 공학설계 문제를 '잘 정의되고 잘 구조화된(well-defined and well-structured)' 문제와는 달리 '잘 정의되지 못하고 잘 구조화되지 못한(ill-defined and ill-structured)' 문제로 정의하였다.

3. 설문 조사는 요구 사항 과정에서 조사목적에 맞는 유용한 자료를 수집하는 수단이며, 이를 통해 얻어진 자료를 분석하여 조사의 결론에 도달하는 중요한 부분이다.

4. 타운와칭은 다양한 생활 구성요소들의 상호작용이 만들어내는 거리에서 복합적 기호와 상징을 관찰하여 시대의 흐름을 읽고 소비자의 잠재 니즈를 파악하는 방법론이다.

5. FMEA(Failure Mode and Effect Analysis)는 개발제품에 대하여 예상 가능한 모든 고장의 형태가 고객에게 어떤 영향을 미치며 고장의 원인이 어디에 있는지를 추정하여 해석해 가는 수법이다.

6. FTA(Fault Tree Analysis)는 시스템에 발생하는 중대한 장애가 어떠한 원인에 의하여 발생하는가를 이론적으로 분석하고 세분화하여 최종적으로는 하나의 부품의 고장 원인까지 규명해 나가는 톱다운(topdown)의 수법이다.

7. 와이불(Weibull) 분포는 일부의 고장이 부품 전체의 파손, 기능 정지 등을 야기하는 사상(事象)에 적용되는 확률 분포. 광섬유의 파단(破斷) 확률이나 수명 추정을 할 때 사용된다.

8. 고객의 요구사항과 공학적 속성을 자세히 검토하기 위하여 품질기능전개법(Quality Function Deployment, 이하 QFD라고 한다.)을 활용하는데 QFD는 고객의 요구사항을 제품의 기술특성으로 변환하는 기법이다.

제9장

공학설계 프로젝트 관리

학습 목표

1. 공학 윤리에 대해서 이해할 수 있다.
2. 프로젝트 인프라를 살펴볼 수 있다.
3. 프로젝트 관리 기법을 공부할 수 있다.
4. 프로젝트 관리 문서를 알아볼 수 있다.

창의적 사고의 관점에서 공학설계를 수행하고자 할 때 어떤 정보들이 중요한 열쇠가 될지는 알 수 없으므로 프로젝트 수행을 위한 인프라가 반드시 제시되어야 한다. 사소하게 지나가면서 한번 만져본 것이 어딘가에서 중요한 정보가 될 수 있으므로 체계적인 프로젝트 관리의 정형적인 구조가 과제를 수행하는 팀 구성원들에게 제공되어 목표 합의가 도출될 것이다. 그렇지 않으면 결과만을 바라보고 정신없이 뛰어버리면 창의적 사고의 씨앗이 되는 많은 것들을 놓쳐버리게 된다.

프로젝트 수행 과정이 좋지 않은 결과는 진정한 의미에서 좋은 결과가 될 수 없다. 창의적 사고를 위해서도 결과보다 과정을 중요하게 생각하고 과정 중에서 많은 것을 배우려 노력해야만 팀 구성원들이 만족할 수 있는 프로젝트를 수행하게 될 것이다.

회사에 적용되는 프로젝트 관리의 정형적 구조는 오랜 세월동안 활용되었던 검증된 프로젝트 관리 방법을 이용한다. 이러한 프로젝트 관리 기법을 아이디어 탐구를 수행하는 설계 팀이나 부서의 과제에 적용할 수 있다. 이 장에서는 회사에 취업하여 프로젝트를 수행할 때 활용되는 프로젝트 관리 기법을 학습하기로 한다.

1. 개 요

오늘날 사회는 개인주의가 널리 퍼져 있으며, 책, TV 드라마와 영화 등의 주제로 자주 등장하고 있다. 극복하기 힘든 난관에 맞서 진실과 정의를 수호하는 이미지는 보는 사람들에게 보다 많은 감동을 주게 될 것이다. 이러한 개척 정신은 경제적 기술적 어려움을 극복해가며 창업가 혼자 힘으로 MS나 인텔을 능가할 신생기업의 대표를 꿈꾸게 할 수도 있다.

그러나 현실에서 공학 분야의 엔지니어가 혼자서 일하는 경우는 드물다. 실제로 프로젝트 수행 과정이 진행된 후에 많은 사람들은 물체에 대한 '낭만'이 사라지는 것을 느끼게 될 것이다. 해법에 대한 긴장감과 불확실성은 사라졌지만, 많은 작업들이 여전히 앞에 남아 있다. 새로운 아이디어가 기술적인 혁신이 아니더라도 현존하는 기술을 개선한 것이라면 이를 팀 구성원들에게 분명하게 정의해야 한다. 많은 매우 창조적인 사람들은 그들의 제안한 해법이 정확하게 무엇인가를 다른 사람에게 전달하는 것에 준비가 잘 되어 있지 않다.

그러므로 훌륭한 엔지니어는 팀 조직 안에서 일하고, 성과 달성을 위해 프로젝트 계획서에 따른 과제 진행을 유지하고, 각종 기술문서를 작성하며, 법률적 이슈, 정의된 계획에서 업무를 수행하는 방법을 알아야 한다. 결국 훌륭한 팀을 이끌기 위해서는 팀원의 협력과 팀장의 리더십, 프로젝트를 관리하는 효과적인 기법이 추가되면 좋은 성과를 거둘 수 있다.

뿐만 아니라 성공적인 엔지니어가 숙달해야 할 의사소통 매체의 하나는 언어이다. 대부분의 엔지니어는 비교적 기술적인 역량과 경험이 없는 사람들에게 분명하고 간결하게 기술적으로 말해야 한다. 이들은 예산을 엄격하게 통제하는 정부 관리일 수 있으며, 최상의 설명으로 반대자들을 충분히 설득하여 대중들이 충분히 수용하는 것이 필요하다. 그들은 또한 자본이 부족하다는 것을 아는 업계 인사일 수 있으며, 불량한 보고로 이해당사

자를 방어할 수 없다. 적절한 근거 자료가 없으면 그들은 상대방의 아이디어가 훌륭하다고 확신하는 사람들은 거의 없다. 그러므로 본 장에서는 공학설계의 핵심 요소인 프로젝트 관리 기술을 학습하여 적재적소에 인력을 배치하고 이들이 협력하며 일할 수 있게 함으로써 프로젝트의 성공을 보장할 수 있다.

2. 공학 윤리

공학 윤리는 공학설계 프로젝트를 관리하기 전에 팀 구성원들이 따라야 할 행동규범이다. 이 윤리는 전문가 윤리의 전형이고 그 자체는 개인 윤리와 다른 사회적 역할을 점하고 있는 사람들이 가질 수 있는 윤리적 의무와 구별될 수 있다. 공학 윤리는 명확한 기준과 이러한 기준들을 특별한 상황에 어떻게 적용해야 하는가에 대한 문제와 관계있다.

미국의 전문공학자협회(National Society of Professional Engineers, NSPE)가 정한 윤리강령을 통해 엔지니어가 실천해야 할 공학 윤리에 대해 살펴보기로 한다.

먼저 기본규범에는 엔지니어가 자신의 직무를 수행할 때

① 대중의 건강, 안전, 복지를 가장 중요하게 생각한다.
② 자신이 할 수 있는 영역의 서비스만을 한다.
③ 객관적이고 신뢰할 수 있는 공적 발언을 한다.
④ 전문인으로서 고용주나 고객에 대한 믿을만한 대리인 또는 수탁자로 행동한다.
⑤ 기만적인 행위를 하지 않는다.

또한 실천규정에서 기본규정에서 정한 5가지에 대한 세부 실천규정을 제시하고 있다.

① 엔지니어는 대중의 건강, 안전, 복지를 가장 중요하게 생각한다.
② 엔지니어는 자신이 할 수 있는 영역의 서비스만을 한다.
③ 엔지니어는 객관적이고 신뢰할 수 있는 공적 발언을 한다.
④ 엔지니어는 전문인으로서 고용주나 고객에 대한 믿을만한 대리인 또는 수탁자로 행동한다.

⑤ 엔지니어는 기만적인 행위를 하지 않는다.

그리고 전문가로서의 의무에 대하여 다음과 같이 기술하고 있다.

① 엔지니어는 자신의 직무에 관해 최상의 정직성을 유지한다.
② 엔지니어는 항상 공공의 이익을 위해 봉사한다.
③ 엔지니어는 엔지니어링 전문 직업을 불신하게 하거나, 대중을 속일 가능성이 있는 행동이나 업무를 피한다.
④ 엔지니어는 현재 혹은 과거의 의뢰인, 고용주와의 업무에 관한 비밀을 의뢰인 및 고용주의 허락 없이는 공개하지 않는다.
⑤ 엔지니어는 자신의 이익과 고객 혹은 고용주의 이익이 상충되는 경우에, 자신의 이해관계로 인해 의무 이행에 영향을 주지 않는다.
⑥ 엔지니어는 엔지니어링 업무에 종사하는 자에게 적정한 대가를 주어야 한다는 원칙을 지킨다.
⑦ 엔지니어는 고용, 승진, 업무 수행을 위하여 다른 엔지니어를 비판하거나 부적절한 방법을 사용하지 않는다.
⑧ 엔지니어는 직접 혹은 간접으로 다른 엔지니어의 평판, 전망, 업무 혹은 고용에 관해 악의적으로 혹은 그릇된 손상을 입히지 않고, 다른 엔지니어의 일에 관해 불성실하게 비판하지 않는다. 그러나 엔지니어는 다른 엔지니어가 비윤리적이거나 위법적인 업무수행을 하고 있다고 믿어질 때는 이에 대해 조치할 수 있는 관계당국에 보고한다.
⑨ 엔지니어는 중대한 태만(gross negligence)에 의하지 않고, 달리 엔지니어의 손해를 보전할 방법이 없을 때, 면책된다는 조건으로 자기의 직무에 관한 책임을 진다.
⑩ 엔지니어는 타인에게 업무를 맡긴 경우, 그 타인을 신뢰하고 타인의 이익을 우선한다.
⑪ 엔지니어는 다른 엔지니어, 예비 엔지니어(students)와 정보와 경험을 서로 나눔으로써 전문직무의 효율성을 신장시키는 데 협력하고 지도를 통해 전문직이 발전하도록 노력한다.

우리의 경우 짧은 시간에 산업이 발전함에 따라 공학 윤리에 대한 이해가 부족한 현실이다. 국가 경쟁력 강화를 위해서는 엔지니어의 노력이 필수적이며 엔지니어의 윤리 교육이 그 어느 때보다도 강조되고 있는 현 시점에서 이러한 윤리강령은 우리에게 많은 것을 시사하고 있겠다. 다양한 공학윤리강령이 제정되고 이를 윤리원리가 과학기술의 영역에 적용되도록 노력해야 하며 반드시 공학설계 프로젝트를 현장에서 관리하기 전에 사회적 윤리와 다른 차원에서 공학 윤리를 적용해야 할 것이다.

3. 프로젝트 인프라

1) 직무기술서(Job description)

직무기술서는 공학 분야에 관련된 기업에서 근무하는 직원의 담당업무를 명문화한 문서이다. 직무기술서는 회사 내에 명문화된 문서이거나 여러 페이지에 걸친 구체적인 문서일 수도 있다. 일반적으로 회사 규모가 크고 조직도가 복잡할수록 개개인을 위한 직무기술서도 구체적으로 작성된다. 작은 규모의 회사는 운영하기 위한 과제들을 처리할 수 있는 인원이 많지 않기 때문에 직무기술서가 대략적으로 작성되기 쉽다.

직무기술서는 직무 행위의 개선 사항까지 포함되므로 반드시 실제로 행해지는 직무행위에만 제한되지 않는다. 따라서 이상적이라 기대되는 직무행위에 대한 기술을 포함해도 무방하다.

직무기술서는 수행해야 할 업무에 연계되어 작성된다. 팀이나 부서에서 수행하는 사업이나 과제는 별도의 사업계획서 혹은 회사 조직도에서 그에 따른 역할이 주어진다. 회사에서 직무기술서는 모집공고가 날 때 가장 명확해진다.

직무에 관한 정확한 정보를 기술하여야 하므로 명확한 표현, 일의 범위와 성격, 구체적 행동, 감독책임 등의 기본적인 요건을 충족시키되, 간단명료하게 표현되었는지 등에 유의하여 작성하여야 한다.

일반적으로 직무기술서는 다음과 같은 정보를 포함하고 있다.

- **직무표지 정보**

  직무의 명칭, 소속부서, 근무지, 직무분석자, 직무분석 일시 등이 기입되어 있는 것으로 직무기술서의 서두에 해당된다.

[표 9-1] 직무 기술서의 양식 예

(주) ○○○	직무 기술서	결재	담 당	부서장	임 원	사 장

부 서	○○○○부	직 무 명	
작 성 자	○ ○ ○	작성일자	○○○○.○○.○○.

주요 직무 내용	상 세 내 용	기 록	비 고

본인 부재 시 업무 활성	○○○에게 인수 ○○○ 부재 시 인수해서 진행
기술교육 이전 및 공유	상사 또는 동료에게 배우고, 연구 개발한다. 새로운 사항이나 연구개발 된 내용은 공개해서 업무생산성을 높이도록 한다.
효율적인 SYSTEM화	조직도에 따른 상하 업무를 익히고 업무를 원활히 수행 할 수 있도록 한다.

* 본 직무기술서는 직무별로 작성한다.

● 직무개요

해당직무의 수행의무, 책임, 조직에서의 물리적 위치 등이 간략하게 요약되어 있다.

● 직무내용

해당 직무를 통해 어떤 일을 수행하고 책임을 져야 하는지에 대한 것으로 직무 수행 과정의 중요한 의무가 무엇인가를 규정하고 있다.

● 자격요건

직무명세서 부분으로 해당 직무를 수행하기 위해서 필요한 인력의 특성, 지식, 기술, 능력에 대한 요건을 말한다.

2) 직무명세서(Job specification)

직무명세서란 직무분석의 결과에 의거하여 직무수행에 필요한 종업원의 행동, 기능, 능력, 지식 등을 일정한 양식에 기록한 문서이다. 직무기술서에서 유추될 수 있으며, 직접 직무분석에 의하여 작성되기도 한다. 인적특성이 직무성과를 예측하도록 하는 것이 직무명세서의 주된 목적이다.

직무분석의 목적에 따라 고용명세서, 교육훈련용 직무명세서, 조직 확립용 직무명세서, 임금관리용 직무명세서, 안전관리용 직무명세서, 작업방법 및 공정개선 명세서 등으로 작성될 수 있다.

일반적으로 직무명세서는 다음과 같은 정보를 포함하고 있다.

● 교육경험

최소한의 교육연수, 교육형태, 실무경험, 자격면허, 또는 직무관련 특정분야의 교육내용 등이 명기된다.

● 육체적 특성과 건강

일반적인 신체적 특성과 직무에 필요한 신체 및 정신적 건강과 안전성이 명기된다.

● 지적 능력 및 특수한 지식

해당 직무에 필요한 최소한의 일반적인 지적 능력과 특수한 과업을 수행하기 위한 직무지식이 명기된다.

● 과거 직무경험

과거 직무에 대한 경험 정도를 말하며, 위험하거나 중요한 직무일수록 경험 정도를 중요시한다.

직무명세서와 직무기술서의 공통점은 직무분석의 결과가 문서로 정리 및 기록되었다는 점에서 동일하다.

한편, 직무명세서와 직무기술서의 차이점은 다음과 같이 표현되어 질 수 있다.

● 기술방법

직무기술서는 직무분석의 결과 직무에 관하여 개선하고 정리한 후에 그 요점을 기술한 문서인데 비해, 직무명세서는 보다 구체적이고 인사관리의 성격에 맞게 세분화시켜 기술한 문서이다.

● 강조대상

직무기술서는 주로 직무의 내용과 직무의 요점에 동일한 비중을 두고 있는데 반하여, 직무명세서는 직무내용보다도 직무요건에, 또 직무요건 중에서도 인적 요건에 큰 비중을 두고 있다.

● 활용

직무기술서는 주로 팀 구성원들의 직무 내용과 교육훈련, 업적평가 등 기본 자료로 활용되며, 직무명세서는 주로 모집과 선발에 활용된다.

[표 9-2] 직무기술서와 직무명세서와의 차이

직무 기술서(Job Description)	직무 명세서(Job Specification)	
직무 관련 사항(과업, 임무, 책임)	사람 관련 사항(지식, 스킬, 능력, 기타)	
▶ 직무의 명칭 및 부서 ▶ 직무수행(근무) 위치 ▶ 보고채널 및 다른 직무와의 관계 ▶ 직무내용의 요약 ▶ 사용하는 설비, 도구, 기계 등 ▶ 원재료, 가공품 등 직무대상 ▶ 직무를 이루고 있는 구체적인 과업의 종류 및 내용 ▶ 대내외 접촉기관 등	▶ 지식 ▶ 능력 ▶ 적성 ▶ 흥미 ▶ 가치관 ▶ 태도 ▶ 경험/경력 ▶ 자격요건	▶ 기술 ▶ 성격

3) 팀원 간의 의사소통

팀이 구성된 후에 프로젝트에 직접 혹은 간접적으로 참여하는 모든 인원에 대한 연락처 명부를 유지하는 것은 중요한 일이다. 팀 구성원 중 한 명이 연락처를 지속적으로 관리를 담당해야 한다.

그런 다음 공학설계 팀은 프로젝트 진행 상황, 설계 이슈, 문제 해결 등을 검토하기 위해 정기적으로 회의를 가진다. 회의 횟수는 팀에 따라 달라지겠지만, 대개 팀 리더가 정한다. 회사, 연구소 등과 같은 많은 기관에서 주 1회 정기회의를 개최한다. 팀 리더나 구성원들이 필요성을 느끼면 임시 회의로 회의를 갖는 경우도 있으며, 특별한 사안이나 긴박한 결정을 해야 하는 경우에는 매일 회의를 하기도 한다. 주기에 관계없이 회의가 엉망이 되지 않도록 격식을 갖추는 것도 중요하다.

사람들은 지식, 경험, 능력 등이 똑같을 수 없으며, 매우 다양하기 마련이다. 따라서 팀을 이루어 함께 문제 해결을 위해서 협력하면 매우 다양하게 문제를 해석하고, 많은 양들의 정보들을 수집하며, 상승 작용을 얻을 수 있다. 즉, 창의적인 아이디어 창출 능력이 증폭되는 것이다. 혼자 일을 수행할 경우에는 자신감이 부족할 수 있으나, 팀을 이루어 함께 하면 자신감이 증대되어 과감히 일을 추진하게 된다.

팀 구성원들 간에는 긍정적인 태도를 통한 의사소통을 통해 창의력이 계발되며, 이러한 활동들을 활성화시키는 도구가 바로 칭찬이다.

"칭찬을 하면 고래도 춤을 춘다."는 말과 같이 칭찬을 하면 함께 하는 팀원들의 마음이 열리고, 열린 마음으로부터 새로운 아이디어가 많이 창출되며, 팀워크 활동이 활발히 진행되어 결과적으로 창의력이 매우 높아진다.

반대로 비난, 비평, 불평은 팀원들에게 적대감을 주게 되고, 서로 배타적이 되어 창의력도 고갈되며, 일의 추진력도 저하된다. 그러나 사람들은 이와 같은 부정적 분위기에 쉽게 말려드는 특성이 있으므로, 항상 의식적으로 경계하여 서로 칭찬하는 분위기를 유도해야 한다.

4) 협력(cooperation)

상용 제품을 개발하는 회사에서는 1개 프로젝트에 여러 팀을 배정하여 진행한다. 많은 기업에서 사용되고 있는 전형적인 이력을 담당업무에 따라 연구, 개발, 제조, 영업 등의 영역들로 구분하여 운영한다. 일반적으로 제품을 생산하는 프로젝트 관리에서는 앞에서 말한 4가지 기능을 가진 팀들이 각각의 맡은 업무를 완료하여 다음 팀에 넘기는 순차적인 절차로 진행한다.

이와 같은 순차적 시나리오에서 연구팀은 창의적 아이디어를 발상하여 설계방향과 문제해결의 실마리를 찾아서 해결방안을 제시하고 형상화를 한다. 개발팀은 연구팀에서 제시한 설계방향에 따라 문제해결을 위한 실현 방법을 찾고, 제조팀은 제품의 대량생산 방법을 정하여 상용제품을 생산한다. 상용제품이 출시되면 영업팀에서 마케팅을 하거나 해결방안이 해소되면 프로젝트를 종결한다. 그러나 마지막으로 제품이 고객에게 넘겨지면 고객 요구사항에 맞는지 다시 한 번 고객을 상대로 조사를 하여 개선사항이 있는지 확인을 해야 한다. 따라서 영업팀은 연구팀에게 고객의 조사 내용과 의견을 전달하여 제품에 대한 검토를 하도록 피드백 과정이 이루어진다. 이러한 피드백과 팀 간의 경쟁 관계는 설계과정에서 걸림돌이 될 수 있으나, 한 편으로 보면 설계목표를 달성하는데 필수적인 요소로 볼 수 있다. 그러나 너무 잦은 피드백은 개념단계에서 최종 제품에 이르는 기간을 크게 연장시킬 수 있다.

기업, 기관, 팀에 따라 앞에 서술한 팀 분류에 따른 명확한 경계가 존재하지 않는 경우도 있다. 1개 혹은 그룹에서 연구, 개발, 제조 등을 모두 담당할 수도 있다. [그림 9-1]에서 팀 철학과 작업 단위 구조는 팀에 기초하고 있다. 예를 들면, 작업 단위는 자동차 생산에 관련된 기본 작업들을 담당하며, 모듈은 비슷한 유형의 작업을 수행하는 작업 단위들로 이루어지는 그룹이다. 작업 단위와 모듈 모두 원 내부에서 이루어지는 모든 의사결정을 자체적으로 수행하며, 각 원은 직속 상위 서클에 대한 자신의 대표를 선임한다.

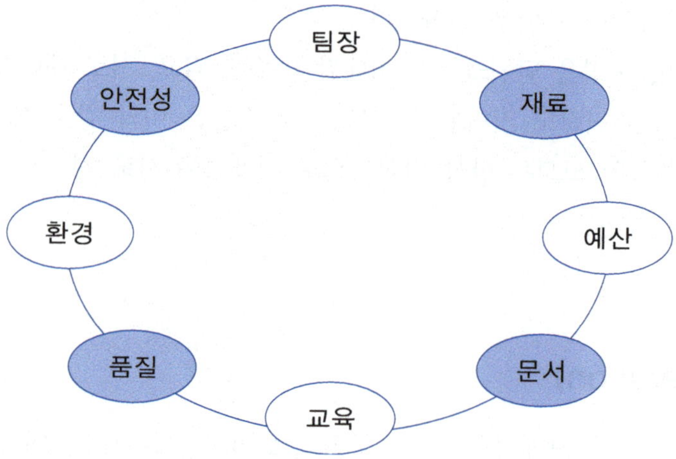

[그림 9-1] 프로젝트 작업 단위

4. 프로젝트 관리 기법

스케줄 관리는 공학설계 프로젝트에서 성공의 핵심요소이다. 진행경과 보고, 프로토타입 시험, 외부 영업팀에게 보여주기 위한 어떤 것 등에 대한 요구와 조직생활의 압력 등으로 인해 엔지니어는 제품 개발의 각 측면에 얼마만큼의 시간이 소요되는가에 대한 감각을 키워가게 된다.

아무리 단순한 설계 프로젝트라도 스케줄 관리는 필수적이다. 계획성 없이 물이 흘러가듯이 프로젝트를 운영하는 방식보다는 설계 작업들에 대한 체계적 접근 방식이 바람직하다. 스케줄 관리는 제품과 프로젝트 주제에 따라 복잡하겠지만, 모든 엔지니어들이 이해해야 할 기초가 될 관리 도구가 있다.

1) 체크리스트 시간 관리법

체크리스트 시간 관리법은 수행할 업무의 목록을 작성하고 그에 대한 처리를 확인하는 방법으로 설계 프로젝트에 관련된 공정작업들을 모니터링할 수 있다.

시간 관리법의 원리는 네비게이터를 사용하면서 자가용을 운전하여 목적지까지 가는 원리와 매우 비슷하다. 운전하는 과정에서 많은 일들이 일어나는 데 그때그때 일어나는 문제들을 잘 해결해 나가면서 목적지에 도달한다.

네비게이터를 통해 경로를 분석하는 활동은 목표달성을 위한 실행전략과 매일의 일상에 대한 활동 전략을 세우는 일로 비유할 수 있다. 목적지는 정했지만 어떻게 가야 할지 모른다면 목표와 자기주도성은 실천으로 연결되지 못한다.

마지막으로 운전을 하는 것은 바로 전략에 따라 실천하는 것이다. 실질적인 성과를 실천을 통해서 이루어지고 이것이 있어야 전략수정 및 실행방법의 변화를 꾀할 수 있다.

체크리스트 방법은 매일 혹은 매주 공학설계 업무수행에 적용되는 작업을 조목조목 기록하여 수행하므로 목적지에 도달하는 것만큼 도달하는 과정도 중요하다. 체크리스트에 나열된 작업들은 특정 순서를 따르거나 목록을 구성하는 구체적이며 완벽하게 기록할 필요는 없다.

여기서 한 가지 미리 짚고 넘어가야 할 것이 있는데 프로젝트를 수행하는데 소요되는 시간은 목표를 달성하는 순간보다 목표를 향해가는 과정에서 더 많이 쓰이기 때문이다.

[표 9-3] 시간관리 체크리스트

질 문	예	아니오
1. 시스템 기본특성을 먼저 파악한다.		
2. 시스템 필요조건을 정리한다.		
3. 각 회선의 특징을 감안하여 적용 불가능한 회선을 판정한다.		
4. 적용 가능한 회선의 소요 경비를 산출한다.		
5. 시스템 공사 소요 경비를 평가한다.		
6. 시스템 전체로서의 가치적 평가를 한다.		

위 항목에서 5개 이상 '예'를 답했으면 현재 시간 관리를 훌륭하게 하고 있다는 것을 증명하고 있다. 단순히 몇몇 기법을 아는 것에 그치지 않고 이론을 이해하고 실천으로 잘 연결하고 있는 것이다.

2-4개라면 시간 관리에 대해 평소에 관심을 가지고 있고 나름대로의 방법을 통해 신경을 쓰고 있다는 것을 증명하고 있다. 하지만 정확한 이론은 이해하고 있지 못하거나 방법론을 확실히 알지 못해 노력에 비해 성과가 적은 경우라고 할 수 있다.

2) 간트 도표

간트 도표는 카롤 아다미키(Karol Adamiecki)가 고안한 것이지만 헨리 간트(Henry Gantt)에 의하여 1910년에 엔지니어링 매거진에 발표되었기 때문에 간트차트라고 불린다. 간트차트는 프로젝트의 전체 일정을 한눈에 알아볼 수 있게 작성한 것이다. 정해진 프로젝트의 일정 기간 내에서 업무가 어떤 흐름을 가지고 있는 지를 파악하기 위하여 프로젝트 일정에 따른 업무간의 상호 연관관계를 그래프로 표시한 것이다.

한편, Bar 도표는 횡축에 일수를 잡는데 [표 9-5]에서 각 수행 업무의 소요일수를 알 수 있고, 또 업무가 왼쪽에서 오른쪽으로 진행되어 막연하지만 업무간의 관련을 파악할 수 있다. 그러나 과제 수행에 영향을 주는 critical 업무가 무엇인지 알기 어렵다.

[표 9-4] 간트 도표에 의한 과제 수행 예

일련 번호	세부 내용	세부추진일정(10주)										비고
		1	2	3	4	5	6	7	8	9	10	
1	시스템 기본특성 파악하기	■										
2	시스템 필요조건 정리하기	■	■									
3	적용 불가능한 회선 판정하기			■								
4	회선의 소요 경비 산출하기				■	■	■					
5	시스템 공사 경비 평가하기						■	■	■	■		
6	시스템 가치적 평가하기										■	

[표 9-5] Bar 도표에 의한 과제 수행 예

일련 번호	세부 내용	세부추진 소요일수(일)										비고
		5	10	15	20	25	30	35	40	45	50	
1	시스템 기본특성 파악하기	■										
2	시스템 필요조건 정리하기	■	■									
3	적용 불가능한 회선 판정하기			■								
4	회선의 소요 경비 산출하기				■	■	■					
5	시스템 공사 경비 평가하기						■	■	■	■		
6	시스템 가치적 평가하기										■	

3) PERT (Project Evaluation and Review Technique)

가) 개발 배경

PERT는 프로젝트가 종료될 것 같은 시점을 계산하기 위해 1958년 미 해군 폴라리스 잠수함용 미사일의 개발진척 상황을 측정·관리하기 위하여 해밀턴사(Booz Allen & Hamilton Inc.)가 개발한 사업관리 기술이다.

프로젝트를 추진함에 있어 비관적인 경우, 낙천적인 경우, 그리고 가장 가망성 있는 경우 등으로 나누어 프로젝트의 각 단계별 종료 시기를 추정한다. 이 과정에서 PERT는 복잡한 작업이나 프로젝트를 끝내는데 필요한 프로세스들의 기간을 네트워크 분석의 형태로 나타낸다.

즉 가능한 종료 시간의 범위를 계산하고, 근거 있는 자료에 바탕을 두고 프로세스들의 일정조정에 대한 결정을 내리는데 도움을 주기 위해 사용된다. PERT의 주목적은 공기 단축에 있기 때문에 신규 사업이나 반복되지 않는 사업, 그리고 사업 수행 경험이 없는 사업 등에 적당하다.

나) 구현 방법

상태 다이어그램(State diagram)처럼 그래프 형식으로 표시되는 데 PERT 도표는 여러 개의 주요 사건과 연결선들로 구성된다. 각 연결선에는 진행방향의 작업을 완료하기 위해 배정되는 시간(날짜, 주, 월) 등이 적절하게 시간단위 라벨로 표시된다. 간트 도표와 마찬가지로 PERT 도표도 각 작업에 배정된 시간을 요약하고 있으며 작업완료 이정표를 제시한다. 그러나 PERT 도표는 간트 도표와 달리 작업들 사이의 종속관계를 표시한다. 작업 단위 별로 현 진행 상태를 나타내면서 이들 간에 종속관계를 연결선으로 표시한다.

PERT 도표에서 완료된 작업들에 대해서는 프로젝트 관리자가 완료표시를 하여 전체 프로젝트 진행 상황을 모니터링 할 수 있으며, 특정 작업에 대한 진행과정인 경로상의 지연에 대해서도 쉽게 파악할 수 있다. 많은 프로젝트 관리자들은 작업 혹은 작업 모듈 사이의 종속성을 명확히 보여주는 PERT 도표를 간트 도표보다 선호한다. 그러나 PERT 도표는 해석하기가 훨씬 더 어려우며, 특히 복잡한 프로젝트의 경우 작성하는 데 어려움이 있다.

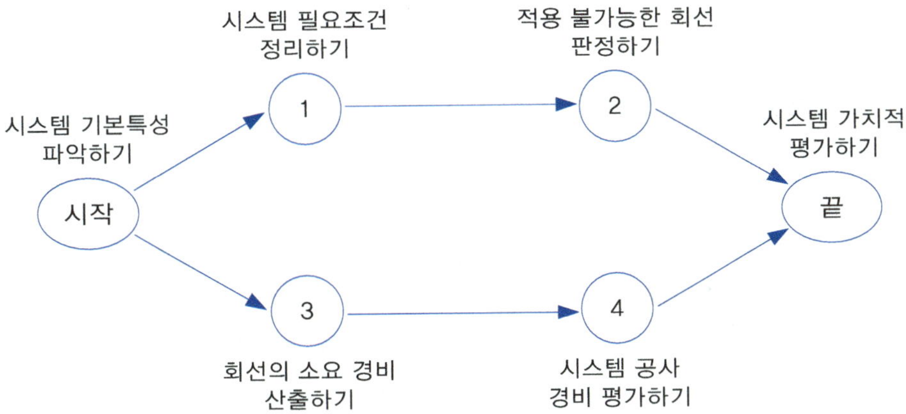

[그림 9-2] PERT를 적용한 설계 프로젝트

다) 장 점

① 필요한 정도에 따라 얼마든지 프로젝트를 세분하여 표시할 수 있다.

② 장래 예측이 가능하며, 전향적(Forward looking) 관리 방식이다.

③ 전체 프로젝트를 수행하는 데 필요한 기간을 상당히 정확하게 추정할 수 있다.

④ 진도보고와 기록에 편리한 기준자료가 된다.

⑤ 프로젝트 변경이나 지체가 수행기간에 주는 영향을 평가하는 데 기준을 제공한다.

쉼터 **마야인의 수수께끼**

기원전 3000년경, 과테말라 북부 페텐지역을 중심으로 번성한 고대 문명으로 현재 그들의 후손은 과테말라, 유카탄 반도의 전역과 온두라스에 일부 퍼져있다.

1. 마야인들의 과학력은 타문명은 생각도 못할 정도로 뛰어났는데도 왜 인간이 살기 어려운 밀림 속에 도시를 건설했을까?

흔히 말하는 고대 4문명이 온대기후인데다 강을 끼고 있는 비옥한 토지에서 발생한 것에 비하면 마야문명은 밀림이 우거지고 습기와 더위로 전염병이 발생하기 쉬운 곳에 위치하고 있다.

2. 마야인들이 세운 거대한 석조 건축물의 신비

현재 남아 있는 페텐의 밀림 속의 티칼은 아메리카 대륙의 최대 유적이라 할 수 있을 정도이다. 신전, 궁전, 승원 등 석조 건축물이 3000개 이상이나 되는 대도시인데 이런 대도시를 건설하면서도 각 도시간 연결도로를 만들지 않았다. 또한 바퀴를 만들 수 있었음에도 사용하지 않고 자재를 직접 운반했다고 한다.

3. 현대인도 놀랄만한 역법, 천문학, 수학은 어떻게 알게 된 것일까?

우선 0의 사용만 하더라도 인도보다 3백년 앞서 있으며, 아라비아 상인보다는 7백년정도 앞서 있다. 천문학은 더욱 놀라운데 그들은 1년이 365.2420일이라 하였는데 이는 오늘날 정확한 과학조사로 밝혀진 365.2422일과 불과 17.28초 밖에 차이나지 않는다. 또한 달의 운행은 29.5320일이라고 하였는데, 이것은 현재 밝혀진 것과 겨우 0.00039일 차이이며, 금성력이라는 584일 주기의 달력도 만들었는데 이 또한 오차가 0.08일에 불과하다.

5. 프로젝트 관리 문서

엔지니어들이 서로 잘 소통할 수 있는 방법은 세심한 기록과 문서관리 체계를 효과적으로 활용하는 것이다. 설계팀 일원으로 일한다면 문서화는 매우 중요한 업무이므로 많은 인력이 투입되는 프로젝트는 프로젝트 관리 기법에 반드시 문서를 관리하는 별도의 도구와 문서관리 시스템을 활용하고 있다. 따라서 프로젝트에 참여한 엔지니어는 설계개념, 스케치, 기능 설계서, 세부 도면, 테스트 시나리오와 규격, 테스트 결과, 재설계 자료, 각종 보고서, 개략도 등 프로젝트에 관련된 모든 기록을 유지할 책임이 있다.

문서 관리는 프로토타입에서 설계한 제품을 제조하는 사람, 발명에 기초하여 특허를 출원하는 사람, 혹은 참여 연구원이 승진하거나 다른 회사로 이직할 때 업무를 인수할 사람 등에게는 중요하다.

프로젝트 수행과정으로 발생한 문서는 자신과 팀 구성원들 간의 의사소통에도 유용한 방법이다. 프로젝트에서 팀 구성원 하나가 빠지게 될 경우, 다른 팀 구성원이 바로 그 일을 재개할 수 있을 정도의 문서작업 상태가 체계적이며 철저하게 유지되어야 한다.

1) 전자 문서

전자 문서란 컴퓨터 등 정보처리능력을 가진 장치에 의하여 전자적인 형태로 작성되어 송수신되거나 저장된 문서형식의 자료로서 표준화된 것을 말한다. 이와 비슷한 규정으로, 전자거래기본법에 따르면, '전자문서'라 함은 정보처리시스템에 의하여 전자적 형태로 작성, 송신 · 수신 또는 저장된 정보를 말한다.

한편, 전자서명법에도 유사하게, '전자문서'라 함은 정보처리시스템에 의하여 전자적 형태로 작성되어 송신 또는 수신되거나 저장된 정보를 말한다. 서명이나 낙인의 경우 전자서명으로 대체한다. 수신자의 컴퓨터에 파일로 등록된 때부터 효력이 발생한다.

기술문서뿐만 아니라 개인적 혹은 회사 차원에서 연구개발과 업무수행에 따른 다양한 정보를 전자문서로써 조직적, 논리적 방식으로 저장 및 관리하는 것도 중요하다.

소규모 프로젝트라면 모든 문서를 하나의 폴더 안에 저장하여 관리할 수도 있다. 그러나 빅 데이터를 비롯한 대규모 프로젝트의 경우 여러 팀 혹은 많은 참여 인력들이 체계적적으로 작성된 기술문서를 열람하고 업무에 활용하기 위해서는 별도의 서버와 이를 운영하는 문서관리 시스템이 요구된다.

용어설명 **빅 데이터**

빅 데이터(Big data)란 기존 데이터베이스 관리도구로 데이터를 수집, 저장, 관리, 분석할 수 있는 역량을 넘어서는 대량의 정형 또는 비정형 데이터 집합 및 이러한 데이터로부터 가치를 추출하고 결과를 분석하는 기술을 의미한다.

다양한 종류의 대규모 데이터에 대한 생성, 수집, 분석, 표현을 그 특징으로 하는 빅 데이터 기술의 발전은 다변화된 현대 사회를 더욱 정확하게 예측하여 효율적으로 작동케 하고 개인화된 현대 사회 구성원 마다 맞춤형 정보를 제공, 관리, 분석 가능케 하며 과거에는 불가능했던 기술을 실현시키기도 한다.

이같이 빅 데이터는 정치, 사회, 경제, 문화, 과학 기술 등 전 영역에 걸쳐서 사회와 인류에게 가치 있는 정보를 제공할 수 있는 가능성을 제시하며 그 중요성이 부각되고 있다.

하지만 문제점은 바로 사생활 침해와 보안 측면에 자리하고 있다. 빅 데이터는 수많은 개인들의 수많은 정보의 집합이다. 데이터들이 보안 문제로 유출된다면, 이 역시 거의 모든 사람들의 정보가 유출되는 것이기에 큰 문제가 될 수 있다.

2) 업무 일지

가) 개 념

업무일지는 업무 진행의 기간, 업무의 종류, 업무의 목적에 따라 그 진행 상황을 기록하여 작성하는 서식이다. 업무일지는 일정한 형식에 따라 진행하고 있는 업무에 관하여 정리를 함으로써 효율적인 업무 진행을 가능하게 해주는 문서이다. 업무일지는 업무의 요약, 진행상황, 특이사항 등의 항목으로 작성하여 업무계획과 목표에 따라 업무가 잘 진행되고 있는지 체크할 수 있도록 한다.

업무일지는 설계도구로 사용될 수 있는데 업무를 수행하는 과정에서 아무런 관련 없이 보이더라도 모든 사항을 업무일지 · 노트에 기록해야 하며 아이디어가 생각나면 현재로서 추진할 계획이 없더라도 기록을 해야 한다. 기계, 구조, 전기 시스템, 비행, 흐름, 압력, 성능 등 모든 측면의 시험결과를 최종설계에서 이용되지 않는다고 해도 기록한다. 이러한 습관은 때로 어렵지만 길러야 하며, 이를 위한 훈련이 필요하고 그만한 노력을 들일 가치가 있다. 잊어버릴 수도 있는 중요한 정보가 업무 일지에 담겨있을 것이며 나중에 필요할 때를 위해 보존될 것이다.

나) 종 류

업무일지는 일일 · 주간 · 월간 등 기간별로 작성하는 것과 영업일지, 당직일지, 상담일지 등 업무의 내용에 따라 작성하는 업무일지가 있다. 업무일지는 회사의 업종이나 내부 규정에 따라 다양한 형태가 있을 수 있지만 일반적으로 업무 담당자의 정보, 지난 업무사항, 현재 업무처리현황, 향후 진행업무 등의 항목으로 구성된다. 별도로 특이사항, 체크포인트 등을 기재할 수 있다.

[표 9-5] 업무일지의 종류

종 류	내 용
일일업무일지	내용을 세분화하여 업무 내용을 자세히 기록하는 것이 좋다.
주간업무일지	한 주 동안의 업무보고(종료상황 및 진행상황)와 금주의 업무계획(진행일정), 특이사항, 협조사항, 문제점 등에 대해 핵심을 간략하게 기재하는 형식으로 구성된다.
월간업무일지	월별로 진행된 업무를 체크하고 실적으로 보고하는 형태로 작성하며, 향후 업무계획을 세우는데 기초자료로 활용된다.
전문업무일지	업무의 내용에 따라 당직일지, 출장일지, 영업일지, 상담일지, 생산일지, 판매일지 등 다양한 형태로 작성할 수 있다. 업무의 목적을 달성할 수 있도록 업무의 특성을 반영하여 작성한다.

부서별 업무일지

작 성 자 :

작성일자 : 20 년 월 일

<table>
<tr><td rowspan="2">결
재</td><td>담 당</td><td>부서장</td><td>임 원</td><td>사 장</td></tr>
<tr><td></td><td></td><td></td><td></td></tr>
</table>

■ 부서별 주간계획

월	화	수	목	금

<table>
<tr><td colspan="2">금 일</td><td colspan="5">익 일</td></tr>
<tr><td colspan="2"></td><td colspan="5"></td></tr>
<tr><td rowspan="2">지 시
사 항</td><td rowspan="2"></td><td>담 당</td><td>정</td><td></td><td>부</td><td></td></tr>
<tr><td>비 고</td><td colspan="4"></td></tr>
</table>

다) 기대 효과

① 불필요한 시간을 최소화하고 업무 효율을 높일 수 있다.
② 스케줄을 체크하여 업무가 지연되지 않도록 한다.
③ 근무실적을 파악할 수 있는 근거 자료가 된다.
④ 성과를 수치화해 객관적인 자료로 만들 수 있다.
⑤ 개인별, 팀별 업무일지는 원활한 의사소통에 도움을 준다.

3) 기술 보고서

업무일지는 프로젝트 보고 혹은 업무 수행에 대한 내부적 문서이지만, 엔지니어들은 의사소통 방법으로 프로젝트를 수행하는 주요 기준시점에 다양한 기술보고서를 작성한다. 기술보고서는 이론, 데이터, 시험결과, 계산, 설계변수, 제작방법, 제품규격 등을 포함한다. 기술보고서는 기업의 기술축적 자료로써 중추적인 데이터베이스이다.

기술보고서는 제목과 색인번호를 가지며, 회사나 기관에서 정한 문서관리 체제에 따라 데이터베이스에 저장한다. 기술보고서에 포함될 정보와 내용은 정확하고 최신 상태가 유지되어 있는 업무일지나 연구노트 등의 자료를 기초로 작성한다. 특허 명세서, 학술논문, 제품설명서 등을 작성할 시점이 되면, 기술보고서는 없어서는 안 될 중요한 참고자료가 된다.

한편, 설계 실패에 관한 기술보고서도 원래의 프로젝트 수행 당시에 참여하지 않았던 엔지니어들이 동일한 설계개념을 다시 검토하게 될 경우 상당한 시간을 절약할 수 있게 해 준다.

연습문제

1. 공학윤리의 정의, 기본 규범 그리고 실천규정에 대하여 설명하시오.

2. 직무기술서와 직무명세서를 비교 설명하시오.

3. 체크리스트 시간 관리법의 정의와 실제 사용 예를 도시하시오.

4. 간트 도표(Gantt chart)와 Bar 도표(Bar chart)를 비교하여 설명하시오.

5. 소프트웨어 프로젝트 관리에서 PERT는 개발일정 및 개발단계의 결과물을 확인하는데 유용하게 사용된다. 소프트웨어를 개발하는 프로젝트의 PERT를 인터넷에서 검색하여 찾아보고 해당 PERT를 설명하시오.

요약

1. 공학윤리는 공학설계 프로젝트를 관리하기 전에 팀 구성원들이 따라야 할 행동규범이다.

2. 직무기술서는 공학 분야에 관련된 기업에서 근무하는 직원의 담당업무를 명문화한 문서이다.

3. 직무명세서란 직무분석의 결과에 의거하여 직무수행에 필요한 종업원의 행동, 기능, 능력, 지식 등을 일정한 양식에 기록한 문서이다.

4. 체크리스트 시간 관리법은 수행할 업무의 목록을 작성하고 그에 대한 처리를 확인하는 방법으로 설계 프로젝트에 관련된 공정작업들을 모니터링할 수 있다.

5. 간트차트는 정해진 프로젝트의 일정 기간 내에서 업무가 어떤 흐름을 가지고 있는지를 파악하기 위하여 프로젝트 일정에 따른 업무간의 상호 연관관계를 그래프로 표시한 것이다.

6. Bar 도표는 각 수행 업무의 소요일수를 알 수 있고, 또 업무가 왼쪽에서 오른쪽으로 진행되어 막연하지만 업무간의 관련을 파악할 수 있다.

7. PERT(Project Evaluation and Review Technique)는 프로젝트가 종료될 것 같은 시점을 계산하기 위해 해밀턴사가 개발한 사업관리 기술이다.

참고문헌

1. 또 하나의 교육 창의성, 문정화 외 1인, 학지사, 1999년.
2. 창의성 교육의 기반, 박병기, 교육과학사, 2002년.
3. 창의성 공학, 김윤해 외 3인, 문운당, 2011년.
4. 교육과 창의성, 김선, 집문당, 2005년.
5. Freshman을 위한 공학설계입문, 김태훈 외 4인, 한티미디어, 2012년.
6. 공학설계와 프로젝트, 신영석, 성진미디어, 2012년.
7. 공학입문자를 위한 창의공학설계, 이창훈 외 1인, 한티미디어, 2007년.
8. 성공적인 소프트웨어 개발 방법론(상권), 윤청, 생능출판사, 2000년.
9. 성공적인 소프트웨어 개발 방법론(하권), 윤청, 생능출판사, 2000년.
10. 공학설계, 송동주, 영 출판사, 2010년.
11. 창의공학설계입문, 박성균 외 2인, 인터비젼, 2011년.
12. 창의공학설계, 송윤섭 외 1인, 복두출판사, 2014년.
13. 6단계 창의성을 적용한 실용 트리즈, 김호종, 두양사, 2006년.
14. 공학문제해결의 길라잡이, 박강 외, 인터비젼, 2006년.
15. Rudolph J. Eggert, Engineering Design, Pearson Education, 2005년.
16. Creative Problem Solving and Engineering Design, McGraw-Hill, 2014년.
17. 중앙일보, http://joongang.joinsmsn.com
18. 조선일보, http://www.chosun.com
19. 전자신문, http://www.etnews.co.kr
20. 네이버 사전, http://dic.naver.com
21. 미국공학교육인증협회(ABET), http://www.abet.org

찾아보기

ㄷ

ㄹ

ㅁ

ㅂ

ㅅ

ㅇ

ㅈ

ㅊ

ㅋ

ㅌ

ㅍ

ㅎ

저자와의
협의에 의해
인지 생략

최신 **창의적 공학설계 기초**

2판 3쇄 2022년 7월 15일

저 자 김창환
발행인 송광헌
발행처 복두출판사
주 소 서울특별시 영등포구 경인로82길 3-4
센터플러스 807호 (우) 07371
전 화 02-2164-2580
FAX 02-2164-2584
등 록 1993. 11. 22. 제 10-902 호

정가 : 18,000원

ISBN : 979-11-5906-288-9 93550

한국과학기술출판협회 회원사

* 본 도서의 자료 업데이트가 있을 경우 본사 홈페이지 자료실에 업로드 됩니다. 정기적으로 들러서 유익한 자료를 받아가시기 바랍니다.